用户画像

平台构建与业务实践

张型龙 著

USER PORTRAIT

Platform Construction and Business Practices

机械工业出版社
CHINA MACHINE PRESS

图书在版编目（CIP）数据

用户画像：平台构建与业务实践 / 张型龙著 . —北京：机械工业出版社，2023.8
ISBN 978-7-111-73184-9

I. ①用… II. ①张… III. ①数据处理 IV. ① TP274

中国国家版本馆 CIP 数据核字（2023）第 087572 号

机械工业出版社（北京市百万庄大街 22 号　邮政编码 100037）
策划编辑：杨福川　　　　　　　责任编辑：杨福川
责任校对：龚思文　　陈　洁　　责任印制：常天培
北京铭成印刷有限公司印刷
2023 年 8 月第 1 版第 1 次印刷
186mm × 240mm · 20 印张 · 434 千字
标准书号：ISBN 978-7-111-73184-9
定价：109.00 元

电话服务　　　　　　　　　网络服务
客服电话：010-88361066　机　工　官　网：www.cmpbook.com
　　　　　010-88379833　机　工　官　博：weibo.com/cmp1952
　　　　　010-68326294　金　书　网：www.golden-book.com
封底无防伪标均为盗版　机工教育服务网：www.cmpedu.com

为何写作本书

我第一次接触用户画像是在某节数据挖掘课堂上。那时，我对用户画像只有一个概念上的认识。工作后，我接触到了画像平台，并在平台上查询了自己的画像信息。我发现查询结果非常准确，这让我对平台背后的画像技术产生了浓厚的兴趣。再后来，我有幸参与了画像平台的建设工作，并对用户画像有了更深入的了解。

我们所负责的产品的用户量不断增长，构建画像数据并搭建画像平台主要是为了解决以下两个问题。

❑ 清晰、明确地描述用户特点。针对每一款产品，我们需要了解用户来自哪些渠道、使用产品的行为特点以及为何离开产品等问题。机器学习虽然广泛地应用于各类业务中并取得了明显的成果，但是无法清晰、明确地描述用户特点并对用户群体进行统计分析，而画像平台可以借助标签数据回答上述问题。

❑ 提高分析效率，释放数据价值。虽然部门内有独立的数据分析师团队，但是面对大量的分析需求时人力也比较紧张。画像平台建设的目标之一是做好画像分析，提高分析师的工作效率并降低人力消耗，通过可视化的平台功能帮助普通用户进行自主分析，充分挖掘并释放数据价值。

作为研发工程师，我有幸参与了画像平台从 0 到 1 的构建过程并见证了平台的发展历程。首先，我们完成了画像平台基础功能建设，并顺利解决了上述两个问题。然后，我们根据业务需求不断完善画像平台功能，对人群圈选和画像分析完成了技术升级，使得服务质量得到了保障。最后，我们将画像平台作为基础服务，开始广泛地对部门及公司内其他业务提供通用画像服务，取得了不错的效果。在工作过程中，我学习并掌握了构建画像平台的主要流程与方法，对于算法和大数据等技术也有了更加深入的了解。

在对外提供画像服务的过程中，我对于画像的重要性以及使用方式也有了更加清晰的认识。画像是一种最简单的直接体现大数据价值的方式，画像数据在业务中的使用场景非常广泛：

- 可以作为特征应用在算法中，提高算法的准召率。
- 可以作为分析维度应用在数据分析中，全方位、多角度地了解用户。
- 借助画像标签或者人群可以极大地提高运营效率，实现精细化运营。

在大数据时代，如何有效地挖掘数据价值并通过画像数据进行呈现，如何基于画像数据构建平台功能并提高业务产出，是值得各类公司和业务人员思考并付诸实践的事情。

出于对用户画像的兴趣以及工作经验，我萌生了写一本与画像平台相关图书的想法。写这本书的主要目的有三个。

- 通过画像释放大数据价值。大数据时代不缺少数据，而是缺乏挖掘数据价值的系统性方法，希望借助本书提高读者对画像的认识，引导各公司和业务人员从画像的角度更加充分地利用大数据资源并释放更多的数据价值。
- 介绍清楚画像平台是什么。通过本书将画像平台的构建过程以及赋能业务的方式讲清楚，帮助读者全面且深入地了解画像平台。参考书中内容，读者在构建画像平台和使用画像数据的过程中会更加有的放矢。
- 总结构建画像平台的经验，实现技术沉淀，并通过写书锻炼自己。我一直记得高中老师说过的一句话："人活一辈子，应该给这个世界留下点什么。"希望我这些浅薄的经验和知识能够通过本书被记录下来。

本书主要内容

本书共9章，采用总—分—总结构，首先整体介绍什么是画像平台，然后分模块详细介绍画像平台的实现方案，最后从实践的角度介绍如何构建和使用画像平台。各章详细内容介绍如下。

第1章的重点是了解画像平台。首先介绍画像的基本概念及其重要性，并引出了画像平台的定位；然后介绍与画像平台紧密相关的OLAP（Online Analytical Processing，联机分析处理）技术及其发展历程，为从技术角度更全面地认识画像平台奠定了理论基础；之后介绍4款业界主流的画像数据平台，通过功能截图和架构图描述了4款平台的核心功能与实现逻辑，让读者了解画像平台的发展现状；最后介绍在开发画像平台过程中涉及的各类岗位及主要分工。

第2章描述画像平台的主要功能、技术架构和数据模型。首先介绍画像平台的4个主要功能模块，并通过示意图介绍各模块的主要功能点；然后通过一张架构图展现画像平台的关键技术模块，并结合实践案例描述各模块的技术选型方案；最后介绍画像平台的核心——数据的3种常见组织模型。

第3章介绍标签生产及其管理功能的实现方案。首先介绍标签生产和管理功能技术架构，让读者对技术方案有个整体认识；然后介绍标签的主要分类方式并给出了一个具体的分类示例；之后详细介绍标签管理各功能模块的实现方案，涉及标签存储、标签生产和标签数据监控功能，并用一个具体工程实现案例进行详细分析；最后介绍标签管理功能涉及的各岗位的主要分工及注意事项。

第4章介绍标签服务的实现方案。首先介绍标签服务的整体架构；然后介绍标签查询服务实现方式，其中涉及标签数据灌入缓存、标签数据结构的选择以及标签数据处理过程；随后介绍标签元数据查询服务；之后介绍标签实时预测服务；最后介绍画像领域常见的ID-Mapping实现方案以及标签服务模块各岗位的主要分工及注意事项。

第5章介绍分群功能的实现方案。首先介绍分群功能的整体架构；然后介绍分群功能所依赖的底层画像宽表和BitMap的生成方案；之后介绍规则圈选、导入人群、组合人群、行为明细、人群Lookalike、挖掘人群等常见的人群创建方式及其工程实现逻辑；随后介绍如何对外输出人群数据以及常见的人群附加功能；接着重点介绍什么是人群判存以及实现人群判存服务的3种技术方案；最后介绍分群功能的岗位分工及主要注意事项。

第6章介绍画像分析的实现方案。首先介绍画像分析功能的整体架构，包含各主要功能模块及关键技术组件；然后介绍几种常见的人群画像分析方式，包括分布分析、指标分析、下钻分析、交叉分析等；之后介绍在规则圈选这一特定场景下，无须创建人群便可使用的人群即席分析能力；接着介绍几种常见的行为明细分析模型，以及几种常见的单用户分析功能；最后介绍画像分析中的岗位分工。

第7章介绍如何从0到1构建画像平台。首先介绍画像平台运行环境配置，包括基础准备、大数据环境搭建和存储引擎安装；然后介绍工程框架的搭建方法，重点介绍服务端工程和前端工程的搭建方法；最后介绍在本地运行开源代码的主要步骤。本章涉及的安装包和代码示例都已上传至开源平台，读者可自行下载使用。

第8章介绍画像平台应用与业务实践。首先通过一些实际应用案例介绍画像平台各核心功能模块可以支持的各类业务需求；然后从用户生命周期的角度说明画像在各阶段可以起到辅助作用；最后介绍用户画像在几个典型业务场景下的综合应用方式，这些业务覆盖了用户增长、用户运营、电商卖货和内容推荐等。

第9章总结画像平台建设过程中的一些优化思路和个人感悟。首先介绍任务模式的引入过程，并详细描述采用任务模式的原因以及主要收益；然后介绍人群圈选优化进阶的主要流程以及 BitMap 在画像平台各功能模块中的使用方案；之后展开介绍生成画像宽表的优化过程；接着延伸介绍如何构建一个类似神策的平台；最后给出一些常见的技术优化思路，并结合画像平台建设过程进行详细说明。

本书内容特色

1. 平台建设与业务思考

本书目的明确，就是要告诉读者如何实现一个功能完善的画像平台。书中首先整体介绍画像平台相关概念以及技术架构，然后深入介绍具体的功能模块实现逻辑，最后描述如何从 0 到 1 构建一个可运行的画像平台。

本书内容不局限于工程实现方案的介绍，还会兼顾业务思考和技术总结。研发人员往往局限于功能的实现而缺乏对业务的思考，这对职业发展不利。技术的应用最终都是服务于业务，那么了解业务必然是重中之重。本书会在很多章节中穿插描述一些对用户画像和平台功能的思考与总结，希望能引导研发人员在后续工作中加强对业务的思考。

书中也对画像平台的主要参与者进行了详细描述，其中包含数据工程师、算法工程师、研发工程师、产品经理以及运营人员，在部分章节中还介绍了各岗位的主要分工和注意事项。这些内容不仅可以促进各岗位深入思考业务特点，而且可以提高画像平台开发过程中的合作效率，提前规避业务风险。

2. 技术广度和深度

广度是扩展大家的认知范围。画像平台建设涉及的技术领域比较多，包括大数据处理、算法挖掘、分布式与高并发服务开发等。本书不局限于对某一门技术的介绍，而是尽量从全局的角度描述画像的发展现状、相关技术、平台整体架构及技术选型优缺点等。读者可以更清晰地了解画像平台的相关技术，知道自身业务处于什么位置，了解哪种技术类型更适合自己。

深度是夯实大家的技术功底。画像平台各功能模块的实现方案都会落地到具体技术上面，书中会结合案例深入介绍部分技术的运行原理及其使用方式。对于人群圈选和画像宽表生成等核心功能，本书也有专门的章节详细介绍其优化方案，让读者由浅入深地了解平台优化过程。

有了广度的认识和深度的研究，我们在开发画像平台时会更加得心应手。每个项目的业务背景和技术方案都不同，希望本书可以给读者带来一些启发并应用到自身的项目中。

3. 业界前沿技术

业界也有介绍画像平台的技术文章和书籍，但其中涉及的技术方案可能不适用于超大规模的数据场景或者无法满足复杂的业务需求。本书介绍的技术方案均来源于实际项目，项目中涉及百亿级的画像数据，产品功能包括标签管理、人群圈选和画像分析等。书中给出的画像平台技术方案不仅实用，而且具有一定的先进性。它在传统的大数据架构之上引入了近几年比较流行的 OLAP 引擎 ClickHouse，其在画像平台部分功能上性能表现优异。书中还穿插介绍了一些前沿的技术和发展方向，希望能帮助读者了解画像平台相关技术的发展趋势。

4. 可运行的代码示例

本书不仅详尽地介绍了如何从 0 到 1 构建画像平台，包括大数据环境的配置以及工程搭建方案，而且给出了可运行的核心代码示例。书中涉及的安装包和代码也已经上传至开源平台（https://gitee.com/duomengwuyou/userprofile-demo），读者可以自行下载后按照书中的介绍搭建运行环境并在代码示例基础上进行扩展完善，最终构建出满足自身业务需求的画像平台。

本书读者对象

严格来说，画像平台是一个比较重要但比较小众的平台，涉及的技术领域较多且在大数据量下才能凸显价值，所以目前只有大公司或者数据服务厂商才会构建符合自身业务特点的画像平台。但是画像数据已经广泛应用到了各类业务中。比如：在使用 DMP（Data Management Platform，数据管理平台）和 CDP（Customer Data Platform，客户数据中台）系统时就涉及人群圈选和分析等功能；在客服和风控系统中查询用户基本信息可以归为画像查询范畴；通过问卷调研结果标注用户可以看作给用户设置画像标签数值；各业务数据监控报表中涉及群体用户的统计分析，这也可以归为人群画像分析范畴。基于画像平台建设和数据的使用现状，本书面向的读者对象按照相关性由近及远可以分为三类。

- ❑ 正在建设或者计划建设画像相关功能的人员。此类读者如果正在进行画像平台建设或者计划构建画像平台（或者说有类似功能的平台），可以通过本书对画像平台有更加全面的认识，辅助做好产品规划和技术选型。
- ❑ 对画像感兴趣的公司和个人。画像是一种简单且能直接体现大数据价值的方式，画像数据及相关平台功能建设肯定会被逐渐重视起来。对画像感兴趣的读者可以通过本书加深对画像数据及平台功能的了解和认识。

❑ 互联网从业人员。画像平台涉及的岗位较多，用到的技术也比较广泛。本书完整地呈现了画像平台的核心功能及技术实现方案，其中很多技术点和优化思路也适用于互联网其他业务领域。了解如何基于大数据构建完整的标签体系、如何保证标签质量、如何处理实时标签数据等，对数据工程师有一定的启发作用。画像平台中的标签查询、人群判存以及人群数据输出涉及分布式及高并发场景，了解如何保证服务高可用并不断提高系统性能对研发工程师有一定的借鉴价值。画像平台功能模块介绍、技术发展趋势、平台选型的优劣、相关技术的适用场景说明等，可以帮助产品经理更深入地了解大数据产品。了解画像平台基本运行原理，对运营人员更高效地使用标签和人群数据来提高运营效率也有一定的参考价值。

勘误和支持

画像平台建设需要各岗位的参与，每个岗位在其中都贡献了非常专业的技术知识。但是我个人能力有限，在书中某些业务场景和技术领域的描述上可能不够专业，存在一些疏漏和错误，希望读者朋友批评指正。如果对用户画像感兴趣，也欢迎随时找我沟通交流。

三人行必有我师，期待与大家交流学习。我的联系邮箱：zhangxinglong1990@163.com。

致谢

写这本书大概用了一年的时间。在这期间，陪伴家人的时间比较少。最终能够顺利成书，离不开家人一直以来的理解和支持。感谢父母、妻子和孩子！特别感谢我的好友周越、皇甫杨、张杰在百忙之中抽时间帮忙审读稿件，并提出了很多宝贵意见！

书中内容源于实际学习和工作经验总结，感谢一路上遇到的人和事，让这本书变得更加完善！因为我是第一次写书，所以在编写过程中遇到了很多问题，感谢机械工业出版社老师们给予的专业且耐心的指导，我在这个过程中也学到了很多知识。

每当回顾写书的历程时，总能感受到坚持的力量。一本书需要从每一个字、每一张图做起，不积跬步，无以至千里。感谢能够坚持到今天的自己，也希望借助写书这件事情给孩子树立一个榜样，做自己想做的事情且要持之以恒，最终必然会有收获！

Contents 目　录

第1章 *Chapter 1*

了解画像平台

画像概念由来已久，画像数据目前已经被广泛地应用到各种业务中。为了提高画像数据的使用效率，我们需要借助画像平台来将数据产品化和功能化。

本章首先介绍画像的基本概念以及大数据时代画像数据的重要性。画像数据的功能化依赖平台建设，这也是画像平台的由来。画像平台建设过程中应用了大量的 OLAP 技术，为了让读者能够更容易地理解后续内容，本章会优先介绍 OLAP 技术的特征以及发展历史。目前画像平台的产品化比较成熟，市面上已经有现成的商业平台可供使用，因此本章会介绍业界比较知名的 4 款用户画像类产品，并通过产品功能截图和实现架构图描述画像平台的发展现状。在开发画像平台的过程中需要各种岗位，本章最后将介绍画像平台所依赖的主要岗位，这些岗位的具体分工会在后文中详细说明。

1.1 画像基本概念

画像是体现大数据价值的一种方式。作为画像数据产品化的主要途径，画像平台尤为重要。本节将介绍画像的基本概念以及画像数据的重要性，引入画像平台并描述其功能定位。

1.1.1 什么是画像

介绍画像之前，先了解一下标签。标签用于描述事物的某项特征，具有抽象性和概括性。以人来举例，男和女是人的特征，这类特征可以抽象为"性别"，性别便可以作为一个标签。以短视频用户为例，在观看短视频过程中用户表现出了对军事或者体育类视频的兴趣，这类特征可以抽象为"兴趣爱好"，这也是一个标签。画像依托于标签。当提到画像的时候，往往是一组具体标签值的组合，比如兴趣爱好包含军事且性别为男的用户。用户画像字面含义偏重"用户"，往往是指对"人"这一主体的画像。

1.1.2 画像的重要性

自 2014 年以来大数据的重要性逐年凸显起来。2020 年 3 月 30 日，中共中央、国务院发布《关于构建更加完善的要素市场化配置体制机制的意见》，将数据与土地、劳动力、资本、技术并列，作为新的生产要素，并提出"加快培育数据要素市场"。2021 年国家"十四五"规划明确提出要"激活数据要素潜能"，并将大数据视为已融入经济社会发展各领域的重要应用。图 1-1 展示了我国数据战略的发展历程。

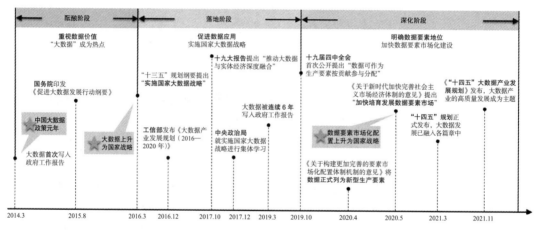

图 1-1　我国数据战略的发展历程

在大数据时代，画像的重要性主要体现在三个方面。

❑ 画像是大数据价值体现的一种方式。虽然大数据已经被各行各业重视起来，但是目前大数据的利用率仍比较低，IDC（Internet Data Center，互联网数据中心）和希捷科技的调研预测，未来两年企业数据将以 42.2% 的速度保持高速增长。但是目前企业运营中的数据只有 56% 能够被及时捕获，而被捕获的数据中也仅有 57% 的数据得到了利用。换句话说，只有约 32% 的企业数据价值能够被激活。在数据利用率较低的情况下，如何更好地挖掘数据价值便非常重要。画像开发依托于比较成熟的大数据技术体系，各类企业可以借助大数据技术快速进行画像开发并构建完善的画像数据体系，最终通过工程化手段提高画像数据使用的便利性，借助画像释放大数据的价值。

❑ 画像应用场景广阔。画像数据可以直接应用于各类机器学习算法中，提高算法的准召率；也可以应用于各类分析场景中，提高对业务发展变化的洞察力；还可以用于精细化运营，提高投入产出比。在电商领域，将画像数据应用到推荐算法中可以精准挖掘用户的购买需求，做到千人千面；在销售领域，通过对用户做详尽的洞察分析，如性别分布、常住地域分布、购买力分布等，可以做更有倾向性的产品规划和市场布局；在广告投放领域，客户使用广告投放平台时可以利用画像数据精准定位目标人群，借此提高广告投放转化率。综上可知，画像数据具有非常广阔的应用场景，且已经应用到互联网领域各类业务中并取得了不错的成果。

❑ 画像可理解性和可解释性强。目前，机器学习算法尤其是深度学习算法已经应用到各类场景中，虽然取得了突出的成绩，但是在算法结果的解释上一直缺乏明确性。以某 App 推荐为例，每个用户接收到的推荐列表是不同的，但是很难从算法的角度给出明确的推荐理由。这是由于机器学习算法应用了海量的特征及特征组合数据，经由复杂的算法模型处理后，这些数据很难明确地解释清楚用户的特点和动机。与之相反，画像数据可以直接且明确地表达用户的特点，可解释性较强。比如给喜欢 NBA 的男性用户推荐了篮球，这个推荐的理由非常明确且容易理解。在数据分析过程中也同样需要明确的用户画像数据，比如分析近一个月山东省男性用户在线时长变化，需要明确指定用户的性别和常住省信息。

综上可知，在大数据时代，画像是一种充分体现数据价值的方式，在当下和未来都非常重要。基于现在比较成熟的大数据技术便可以进行画像数据开发，而且其可理解性和可解释性强，不仅可以在数据分析领域起到重要作用，产出的画像数据还可以应用在其他各类业务场景中。

1.1.3 画像平台定位

画像数据一般存储在数据表中，如果只是通过数据表的形式对外提供服务，很难充分发挥数据的价值。画像平台是一款可视化的用于体现画像数据价值的应用，其底层依托于画像数据，借助工程手段以平台功能或服务接口的形式对外提供广泛的画像服务，并由此提高画像数据利用率，扩大画像数据价值。画像平台是本书重点，后文将通过平台发展现状和整体架构介绍引申出平台的常见核心功能，并分别介绍各核心功能的详细架构和实现方案。

1.2 OLAP 介绍

画像数据产出、画像平台工程化实现都会涉及 OLAP 技术领域，所以本节先介绍一下 OLAP 是什么以及相关技术的发展历程。借助本节内容，读者可以对 OLAP 领域相关大数据技术有一个广泛的认识，这对于理解后文内容也有一定帮助。

1.2.1 OLAP 与 OLTP 对比

提到 OLAP，必然会涉及 OLTP。那两者有什么区别？

OLAP（Online Analytical Processing，联机分析处理）是数据仓库系统的主要应用方式，支持复杂的分析操作，侧重决策支持，并且提供直观易懂的查询结果，一般以大数据量的查询为主，修改和删除的操作较少。

OLTP（Online Transaction Processing，联机事务处理）是传统关系型数据库的主要应用方式，支持基本的、日常的事务处理能力，一般都应用在高可用的在线系统中，比如银行交易。

表 1-1 给出了 OLTP 与 OLAP 的对比说明。

表 1-1　OLTP 与 OLAP 对比说明

	OLTP	OLAP
用户	功能操作人员	数据分析师、决策人员
目的	支持基本业务运行	发现和分析问题、支持决策
特点	处理大量支持事务的任务	对大量数据进行复杂查询
查询类型	简单的、标准化的查询	复杂查询
数据操作	频繁的增、删、改操作；读取数据量不大	修改和删除操作很少；以读为主，读取数据量大
时间要求	实时性要求高	实时性要求不严格
存储格式	修改操作频繁，通常是行存储	查询数据量大，通常是列式存储
主要应用	数据库	数据仓库
模型设计	规范化的数据模型，至少满足第三范式	非规范化的数据模型
并发要求	高并发	低并发
事务要求	支持事务	没有要求
技术典范	MySQL、Oracle、SQL Server	SQL-On-Hadoop

1.2.2　OLAP 场景关键特征

根据 ClickHouse 官网所述，OLAP 场景有如下关键特征：

❑ 绝大多数是读请求。

❑ 数据以相当大的批次（大于 1000 行）进行更新，而不是单行更新或者没有更新。

❑ 已添加到数据库的数据很少修改。

❑ 对于数据读取，从数据库中读取相当多的行，但只提取小部分列数据。

❑ 宽表，即每个表包含大量的列。

❑ 查询操作相对较少（通常每台服务器每秒查询数百次或更少）。

❑ 对于简单查询，允许延迟大于 50ms。

❑ 列中的数据相对较小：数字和短字符串。

❑ 处理单个查询时需要高吞吐量（每台服务器每秒可处理数十亿行）。

❑ 事务不是必需的。

❑ 对数据一致性要求低。

❑ 查询结果明显小于源数据。数据经过过滤或聚合后，数据量比较小。

1.2.3 OLAP 的 3 种建模类型

OLAP 按建模类型主要划分为 3 种：MOLAP（Multidimensional OLAP，多维 OLAP）、ROLAP（Relational OLAP，关系型 OLAP）、HOLAP（Hybrid OLAP，混合 OLAP）。表 1-2 对 3 种建模类型进行了对比，包括典型代表、优缺点及适用场景等。

表 1-2　OLAP 的 3 种建模类型对比

	MOLAP	ROLAP	HOLAP
典型代表	Druid、Kylin	Hive、Spark SQL、Presto、Impala、ClickHouse、Elasticsearch	—
优点	一般会根据用户定义的数据维度、指标在数据写入时生成预聚合数据，避免了查询时大量的即时计算，提升了查询性能	整个过程都是即时计算，不需要进行数据预处理，支持灵活查询，有很强的可扩展性	很好地结合了 MOLAP 和 ROLAP 的优势
缺点	需要预先定义维度进行预计算；如果业务发生需求变更，需要重新进行建模和预计算；不支持明细数据的查询；所有计算都在构建多维数据集时执行，多维数据集包含的数据量有限	基于大量数据进行即时查询，响应速度较慢，影响用户的查询体验；当数据量较大或查询较为复杂时，查询性能不稳定，可用性也会降低	需要同时支持 MOLAP 和 ROLAP，本身的体系结构非常复杂
适用场景	适用于查询场景相对固定并且对查询性能要求非常高的场景，如广告投放平台中广告投放报表分析功能	适用于查询模式不固定、查询灵活性要求高的场景，如数据分析类产品，因为预先不能确定分析内容，所以需要更高的查询灵活性	复合类应用场景，即对查询性能有要求，又支持很好的查询灵活性

1.2.4 OLAP 相关技术发展历程

OLAP 场景往往涉及大量的数据，其实现依赖大数据相关技术，其发展过程也与大数据技术的演进密切相关。本节主要介绍可用于 OLAP 场景下的主流大数据分析引擎的发展历程。

1. 源于 Google 的三驾马车

Google 在 2004 年前后发表了三篇论文，内容涉及分布式文件系统 GFS、大数据分布式计算框架 MapReduce 和 NoSQL 数据库系统 BigTable。Lucene 项目的创始人 Doug Cutting 阅读了 Google 的论文后，根据论文原理初步实现了类似 GFS 的分布式文件系统 HDFS 以及大数据计算引擎 MapReduce，也就是今天大家使用的 Hadoop。2008 年 Hadoop 正式成为 Apache 的顶级项目。为了运营 Hadoop 商业化版本，Cloudera 成立并大力支持 Hadoop 的商业化建设。

2. 提高 MapReduce 的开发效率

Yahoo 的一些人在使用 MapReduce 的过程中，发现进行大数据编程太麻烦，于是便开发了 Pig。Pig 使用类 SQL 的语法，经过编译后会生成 MapReduce 程序，然后便可以在 Hadoop 上运行。使用 Pig 需要学习新的脚本语法，有一定的学习成本。Facebook 在 2010 年发布了 Hive，Hive 可以把 SQL 语句转化成 MapReduce 的计算程序。后来 Hive 发展迅速，目前已经成为构建数据仓库的标准组件。Pig 和 Hive 的出现，都是为了简化 MapReduce 的编写过程。换句话说，编写常见的 SQL 语句便可以实现大数据处理，这极大地降低了大数据分析和处理的门槛。

3. MapReduce 比较慢，需要提速

MapReduce 运行非常稳定，但是计算效率较低。为了解决这一问题，几款查询性能卓越的数据引擎应运而生。Facebook 工程师为了实现大数据快速查询发明了 Presto。加州大学伯克利分校 AMP 实验室马铁博士发现使用 MapReduce 进行机器学习计算时性能非常差，于是发明了 Spark。自此 Spark 被业界熟悉并逐渐流行起来，目前基本已经替代 MapReduce 在企业应用中的地位。Cloudera 公司也开发了新型查询系统 Impala，其能够基于 HDFS 和 HBase 进行 PB 级大数据处理，而且对 SQL 支持较好。2014 年，eBay 上海分公司研发了 Kylin 并开源，这是一款由国人主导的基于 MOLAP 模型的大数据分析引擎。

4. 离开 Hadoop 生态实现 OLAP 引擎

ClickHouse 是由俄罗斯 IT 公司 Yandex 为 Yandex.Metrica 网络分析服务开发的，该系统以高性能为目标而且支持对实时更新类数据进行分析。自 2016 年 6 月开源以来 ClickHouse 受到了各大互联网公司的青睐，国内阿里、腾讯、头条、快手等对其均有大量的应用。2011 年 Metamarkets 公司开发了 Druid，并于 2012 年开源，Druid 是一款基于 MOLAP 思路构建的大数据引擎，目前在业界使用也比较广泛。Doris 是百度大数据部研发的产品，来自百度 Palo 项目，2018 年贡献给了 Apache 社区，在 OLAP 领域有一定的影响力。以上 3 个引擎已经脱离了 Hadoop 生态，简单部署便可以支持超大规模数据的分析处理。

5. OLAP 引擎不断进化

为了解决 OLAP 引擎不适合做数据修改和删除的问题，Cloudera 研发了 Apache Kudu 并于 2016 年开源，其可以同时提供低延迟的随机读写和高效的数据分析能力。TiDB 是 PingCAP 公司自主设计研发的开源分布式关系型数据库，是一款同时支持在线事务处理与在线分析处理的融合型分布式数据库产品，也是国人贡献的一款比较前沿的大数据引擎。

除了上述大数据引擎，在 OLAP 及画像领域还经常用到 Elasticsearch。Elasticsearch 提供了一个分布式、支持多租户的全文搜索引擎，擅长查询简单且高 QPS（每秒查询率）的场景。上述各类引擎处理的业务场景都被称作批处理计算。在大数据领域，有些应用场景需要对实时产生的数据进行即时计算，被称为实时数据处理，如 Flink 主要用于该类计算场景。目前 Flink 的一个主要发展方向是流批一体，后续大数据实时处理和离线处理便可借助 Flink 引擎统一实现。

1.3 业界画像平台介绍

画像平台涉及的技术并不复杂，主要依托现有的大数据技术来实现相关功能。但是要

实现一个好用且有用的画像平台，需要产研团队不断打磨。目前业界除了大公司之外，很少有公司自研画像平台。原因有两点：一是自研周期长、成本高，不如直接使用商业方案；二是绝大部分公司的互联网应用生命周期较短且用户量少，使用画像平台的效果不佳。

本节将介绍 4 款商用的用户画像相关平台（神策数据、火山引擎增长分析、GrowingIO、阿里云智能用户增长），包括它们的主要功能、技术架构和实现逻辑，帮助读者了解画像平台发展现状、常见功能及架构设计，为自研画像平台提供参考依据。

1.3.1　神策数据

神策数据（Sensors Data）的创始人是《数据驱动：从方法到实践》的作者桑文峰，他在 2015 年从工作了八年的百度离职之后创建了神策数据。神策数据（以下简称神策）的定位是国内专业的大数据分析和营销科技服务提供商。截至 2022 年 3 月，神策已经服务于 30 多个行业，付费客户达到 2000 多个。

神策提出了基于数据流的感知—决策—行动—反馈运营框架，简称 SDAF（Sense、Decision、Action、Feedback）。基于这一框架理论，神策提供全渠道的数据采集和全域用户 ID 打通能力，实现了数据感知。神策分析平台可以进行全场景、多维度的数据分析，从而辅助进行数据决策。神策智能运营是基于用户行为洞察的一站式智能运营平台，能实现全通道的精准用户触达；这对应行动。神策运营相关的各类数据最终可以通过数据采集再次回到系统中，从而实现反馈。目前神策基于上述框架，围绕数据分析和营销构建了多款产品，如神策用户画像是面向业务的用户标签及用户画像管理中台，全端采集的数据整合后可以构建标签库，也就是用户画像数据，并最终可在神策分析和神策智能运营产品中使用。综上所述，神策提供的是从数据采集到智能运营全方位的数据服务，用户画像是其中一个比较重要的子系统。以下是神策平台用户画像的主要功能介绍。

1）标签管理。如图 1-2 所示，标签管理功能可以对标签进行增、删、改、查操作，标签数据可用于用户分群和画像分析等场景。图 1-3 展示了神策平台支持的标签创建方式，包括规则创建、SQL 创建和导入创建，可以满足各种标签创建需求。

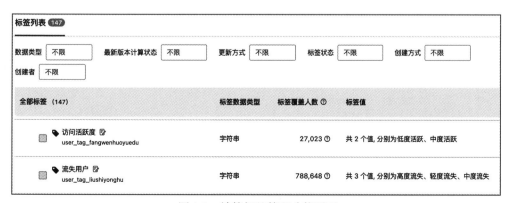

图 1-2　神策标签管理功能页面

图 1-3　神策平台支持的标签创建方式

2）用户分群。图 1-4 展示了基于用户属性和行为数据的规则人群创建页面，可以配置不同筛选条件的组合关系，支持例行更新或者手动更新，最终筛选出的用户会生成人群。

图 1-4　神策用户分群功能页面

3）用户群画像。基于用户属性和行为可以筛选出满足条件的用户并分析画像信息，分析结果包括属性分布和指标变化等。图 1-5 展示了神策用户群画像功能页面。

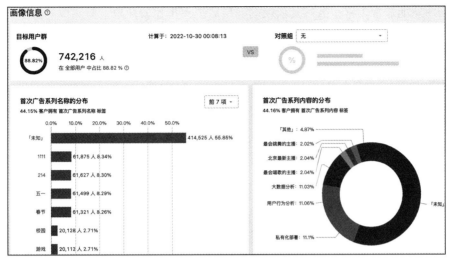

图 1-5　神策用户群画像功能页面

由上可知，神策用户画像主要包含标签管理、用户分群以及用户群画像功能。根据神策提供的官方文档，其基础数据流和架构如图 1-6 所示，数据从左向右进行流转。最左侧为数据采集模块，借助神策提供的 SDK（Software Development Kit，软件开发工具包）以及开源工具，可以从不同的数据源采集数据。不同源头的数据最终统一传递到数据接入子系统，在该模块下对数据做 ETL（Extract，Transform，Load，抽取，转换，加载）处理并将处理好的数据通过消息队列 Kafka 发送出去。导入子系统消费 Kafka 消息后，将数据落盘到存储子系统中，存储子系统借助大数据存储组件 HDFS、Kudu 以及 Parquest 实现。行为分析和人群圈选等任务由批量计算子系统来完成。神策查询引擎使用的是 Impala，神策对于 Impala 比较熟悉并且在该引擎上做了大量的优化工作。大数据资源调度借助 Yarn 来实现。标签存储和管理模块实现了对各类标签的管理，采用 Redis 来缓存数据，实现高效查询。神策平台可以通过标签在线服务接口和平台功能对外提供服务。

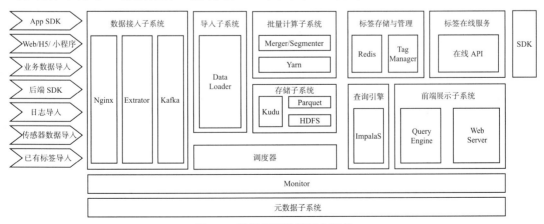

图 1-6　神策基础数据流与架构

神策的功能非常丰富，虽然其依赖的底层数据模型比较简单，但简单的模型为上层业务灵活性奠定了基础。图 1-7 展示了神策所使用的"事件模型"，主要包括事件和用户两个核心实体。

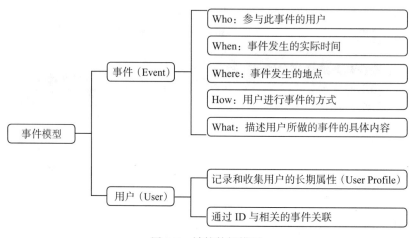

图 1-7　神策数据模型

1.3.2　火山引擎增长分析

2020 年 6 月，字节跳动推出了火山引擎。火山引擎主要依托字节自身在服务海量用户过程中所沉淀的云基础、大数据、智能应用等技术能力，为企业提供系统化的技术服务，助力企业持续快速增长。截至 2022 年 3 月，火山引擎已经服务了京东、36 氪、猿辅导等多个知名企业。从产品功能角度来看，火山引擎更像阿里云服务，但是其功能点偏重促进业务智能增长。

火山引擎目前分为五个模块。云基础模块主要提供云基础设施，包括云服务器、对象存储、负载均衡、云数据库等常见的云服务。视频与内容分发模块偏重视频点播、视频直播、内容分发网络等视频处理和分发相关的技术能力。智能应用模块提供了智能推荐、音视频处理技术、机器学习平台等功能。开发与运维模块提供了一站式应用开发和管理服务功能，包括移动研发平台、持续交付、云监控等功能。数智平台模块提供搭建数据中台以及增长营销套件，其中增长营销套件包含客户数据平台、增长分析和增长营销功能。增长分析提供了一站式用户分析和运营平台，其功能包括各类行为分析、用户标签与分群、运营优化等。以下是火山引擎增长分析中用户画像主要功能介绍。

1）用户标签。图 1-8 展示了增长分析用户标签列表页面，可以对标签进行增、删、改、查操作。图 1-9 展示了新增标签的主要创建方式，支持自定义标签，也支持根据具体特征、SQL 和上传文件生成标签等。

2）用户分群。图 1-10 展示了用户分群管理页面，支持对人群进行增、删、改、查操作，右侧操作栏支持用户画像的下载、查看等功能。图 1-11 展示了按规则创建分群页面，可以根据用户属性和行为等数据圈选用户并生成分群，分群支持自动更新。火山引擎也支持通过上传文件的方式创建分群。

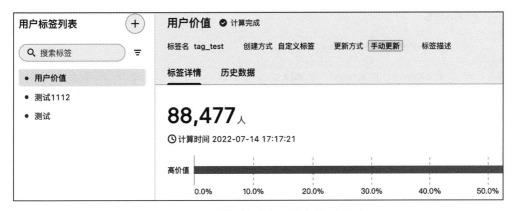

图 1-8　火山引擎增长分析用户标签列表页面

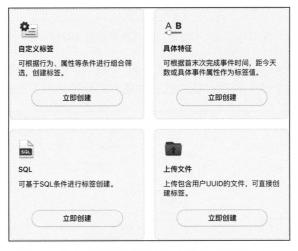

图 1-9　火山引擎增长分析新增标签的主要创建方式

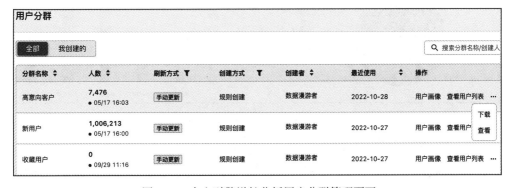

图 1-10　火山引擎增长分析用户分群管理页面

图 1-11　火山引擎增长分析按规则创建分群页面

3）用户画像。图 1-12 展示了用户画像页面，可以选择指定用户分群查看画像分布，也支持对分群下用户进行全局筛选，图中通过饼图和柱状图展示了用户性别和年龄分布。

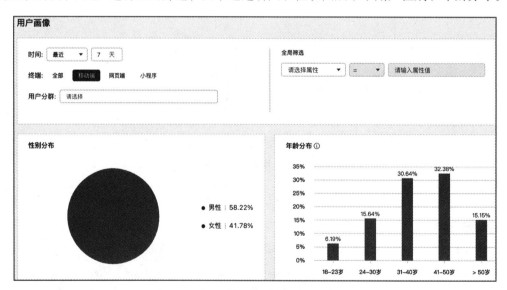

图 1-12　火山引擎增长分析用户画像页面

由上可知，增长分析平台画像相关功能主要包含用户标签、用户分群和用户画像功能。依据火山引擎对外公开文档，增长分析平台产品架构如图 1-13 所示。平台支持多种埋点形式，可以采集 App、小程序、公众号、服务端日志等数据，再按照统一的数据指标体系构建用户数据、行为数据和内容数据,并基于这些数据实现用户分析、行为分析和智能分析功能。从图 1-13 中可以看出,增长分析平台的数据模型包含用户、行为和内容三个主要部分。

图 1-13　火山引擎增长分析平台产品架构图

1.3.3　GrowingIO

　　GrowingIO 是一款起步较早的数据分析及应用平台,目标是提供一站式数据增长引擎服务。GrowingIO 的创始人是畅销书《首席增长官》的作者张溪梦,他先后在 eBay、LinkedIn 等公司负责商务数据分析工作。截至 2022 年 3 月,GrowingIO 已服务上千家客户,日均处理数据量近千亿条。

　　GrowingIO 的产品分为数据平台、智能分析和增长应用三部分。数据平台借助 GrowingIO 提供的多源数据采集能力将数据汇总、整合到一起,从而打破数据孤岛;基于底层数据可以为企业构建体系化的标签能力,支持深度分析和客户特征洞察,从而发掘业务增长点并发挥数据资产价值。智能分析可以实现用户行为实时监测和精准洞察,从而实现数据驱动产品优化;智能推荐和个性化功能模块是 AI 在 GrowingIO 平台上的能力体现,可以实现推荐自动化,借助算法助力增长。增长应用的重点是营销自动化,可以构建实时用户画像精准筛选受众,通过站内和站外渠道实现自动化用户触达。本书介绍的画像平台在 GrowingIO 中被称为"用户库",主要实现用户标签、用户分群和用户分析等功能。以下是 GrowingIO 用户画像主要功能介绍。

　　1)用户标签。图 1-14 展示了用户标签页面,支持对标签进行增、删、改、查等操作。GrowingIO 支持通过标签统计值、事件属性和标签分层创建新的标签。图 1-15 展示了通过标签统计值自定义标签的功能。

图 1-14　GrowingIO 用户标签页面

图 1-15　GrowingIO 新增标签页面

2）用户分群。图 1-16 展示了 GrowingIO 新建分群功能页面，可以基于用户属性和行为数据圈选用户，也支持通过上传数据生成分群。图 1-17 展示了用户分群列表页面，可以实现分群的收藏、下载和编辑等功能。

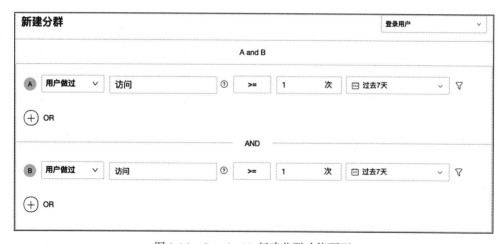

图 1-16　GrowingIO 新建分群功能页面

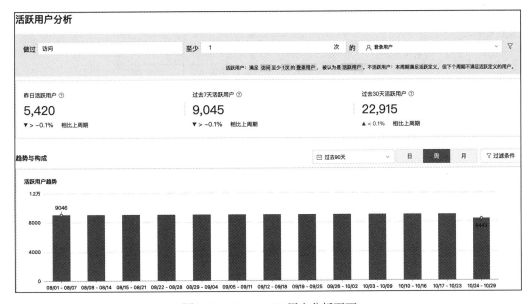

图 1-17　GrowingIO 用户分群列表页面

3）用户分析。图 1-18 展示了 GrowingIO 用户分析页面，可以筛选出满足条件的用户并进行画像分布、指标变化趋势分析。

图 1-18　GrowingIO 用户分析页面

依据 GrowingIO 对外公开的文档，其架构如图 1-19 所示。GrowingIO 推荐使用 SDK全埋点方案，用户无须编写埋点代码，只需要引入 SDK 便可收集全量用户数据。AWS为 GrowingIO 提供了支持负载均衡的数据接入服务，经由 ETL 处理后将数据写入 Kafka中。实时数据接入系统主要通过 Spark Streaming 消费 Kafka 数据并将处理后的数据写入Elasticsearch 和 HBase ；离线计算系统则借助 Spark 从 HBase 和 Elasticsearch 中读取数据，最终将计算结果存储到 HBase 和 HDFS 中供后续业务查询使用。

由上可知，GrowingIO 用户画像的主要功能包括用户标签、用户分群和用户分析。GrowingIO 公开文档中没有给出数据模型介绍。GrowingIO 的用户分群和用户分析功能主要基于 HBase 来实现，HBase 中存储了用户的行为明细数据和标签信息。数据可视化交互工作台上的操作最终会转化为 SQL 语句并通过 Phoenix 对 HBase 进行数据查询和统计。

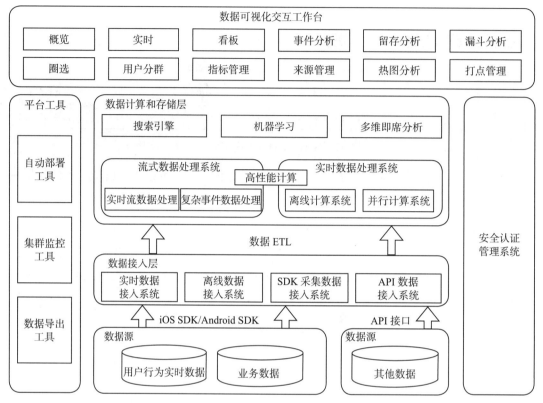

图 1-19 GrowingIO 架构

1.3.4 阿里云智能用户增长

阿里云在 2019 年 12 月推出了智能用户增长（Quick Audience）运营平台，并于 2021 年 7 月推出了商业化版本。其定位是以消费者为核心，通过丰富的用户洞察模型和便捷的策略配置，完成消费者多维洞察分析和多渠道触达，助力企业实现用户增长。

智能用户增长主要包含的功能模块有数据源配置、用户洞察和营销触达。数据源配置提供了多种数据集的接入能力，用户洞察包含用户标签、受众管理和洞察分析等功能，营销触达包含用户营销和自动化营销等功能。本书讨论的用户画像相关功能主要集中在用户洞察功能模块。下文展示了阿里云智能用户增长主要支持的几个画像功能。

1）标签管理。不仅支持对标签进行增、删、改、查等操作，而且支持按照类目对标签进行划分。智能用户增长支持自定义添加标签，可以根据出现次数最多或者数值最大的属性创建用户的偏好类标签，也可以根据最后一次行为时间或者累计行为天数、频次等数据创建忠诚度标签，还可以创建购买力标签和用户阶段标签等。

2）人群管理。支持查看所有的人群列表并对人群进行增、删、改、查、下载、推送等操作。智能用户增长支持多种人群筛选方式，包括基于用户标签的标签筛选、基于行为数据的行为筛选、基于已有人群交并差计算的人群交并筛选、基于 AIPL（Aware Interest

Purchase Loyalty，认知、兴趣、购买、忠诚）和 RFM（Recency Frequency Monetary，消费时间、频率、金额）模型的人群筛选。人群推送功能支持将人群发送至消息队列、数据银行或者各投放模块。

3）人群分析。支持透视分析和 RFM 分析。人群透视分析可以计算出当前人群的标签取值分布情况并通过可视化的组件展示分析结果，透视分析结果支持与其他人群进行数据对比。RFM 分析重点分析人群的 RFM 指标情况，洞察人群的购买力价值。

根据阿里云对外提供的文档，智能用户增长架构如图 1-20 所示。最底层为数据源接入层，阿里云智能用户增长主要通过数据源和数据集管理来接入数据。数据源主推阿里云配套的数据存储服务。人群洞察层基于底层数据可以直接进行人群透视分析、RFM 分析。人群圈选层基于底层数据可以进行人群圈选和人群管理。最上层为人群应用层，主要使用人群数据进行营销活动，支持多种方式传输人群数据。

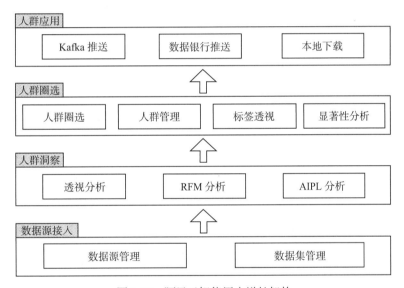

图 1-20　阿里云智能用户增长架构

以上 4 个平台是目前比较流行的且与画像功能相关的商业化平台。虽然画像相关功能只是其全部功能的子集，但是在各平台中都起着重要作用。以上平台都包含标签创建和管理功能，基于这些标签数据可以实现人群圈选和画像分析，生成的人群数据可用于各类营销活动。画像平台通过标签和人群体现出数据价值，借助分析和营销场景赋能到实际生产活动中。从各平台的定位介绍中能看出，目前画像平台的主要方向是辅助业务做好大数据分析和用户营销，并最终作用于用户增长。为了实现更精准的人群定位，借助机器学习实现智能人群圈选和分析也是当前各平台的主要探索方向。

提示　以上产品均可以进入官网体验相关 DEMO 功能。因产品更新迭代，本书截图与产品最新功能可能存在差异，以官网发布内容为准。

1.4 画像平台涉及的岗位

画像平台业务逻辑并不复杂，但是涉及的技术面及相关岗位比较多。标签数据的产出、画像数据质量的维护依赖数据工程师；挖掘类标签以及人群生成需要通过算法工程师完成；标签及人群管理功能、标签及人群服务的实现依赖服务端工程师，其实现方案涉及大数据和分布式技术；平台最终通过可视化的方式对外提供服务，这依赖前端工程师实现；产品的规划与设计、画像平台推广与优化迭代主要靠产品经理；运营人员是画像平台主要应用方之一。下面将详细介绍每个岗位在画像平台中的主要工作内容。

1.4.1 数据工程师

画像平台强依赖标签数据，而标签数据的产出依赖数据工程师。

数据工程包含数据的获取、存储及处理，数据工程师的主要职责就是做好上述工作。在画像平台项目中，数据工程师主要负责大部分底层标签建设，特别是规则类和统计类标签建设，借助大数据工具按时保质保量产出标签数据。对于每一个标签，数据工程师都需要进行前期调研、数据获取以及数据加工工作，对于处理好的数据需要按照业务需求进行存储。为了保证数据异常可以被及时发现，数据工程师需要做好完善的数据监控工作，保证数据生产流程的稳定性和数据结果的可用性。

1.4.2 算法工程师

算法工程师主要负责画像平台挖掘类标签和人群的生成。

画像平台的标签有很多，并不是所有的标签都可以通过现有数据按明确规则生成，有些标签需要借助算法进行挖掘。比如用户的购买意向很难通过数据统计给出结果，需要借助算法预测用户对指定商品的购买意愿。算法工程师需要首先找到一批有购买行为的用户作为样本，分析用户的购买历史并提取购买行为的特征供机器学习算法进行学习，训练出针对该商品的用户购买意愿预测模型，然后使用该模型预测其他用户的购买意愿值，最后根据购买意愿值大小将用户划分成高、中、低三个等级，并最终作为用户标签录入画像平台。

除了生成挖掘类标签，算法工程师还可以生成挖掘类人群。比如人群 Lookalike，可以借助用户的特征向量来计算相似度，从而找到与种子人群比较相似的用户群并生成目标人群，其中用户向量由算法工程师负责产出。目前借助算法能力实现智能化人群圈选也是画像平台的发展趋势，算法工程师在画像平台建设中的作用也越来越大。

1.4.3 研发工程师

画像平台属于运营类工具平台，其功能包括前端可视化页面和服务端功能实现，还可以通过接口的形式对外提供画像基础服务并赋能更多业务。以上功能的实现依赖研发工程师。

画像平台的目标就是放大画像数据的价值。对画像数据的具体需求可以抽象为画像平台功能并通过可视化的页面提供给用户使用，如画像平台常见的标签管理、人群圈选及画像分析等功能都依赖前端和服务端研发工程师来实现。

画像平台除了提供可视化页面，也会提供画像基础服务，比如标签查询服务、分群服务、人群判存服务和画像分析服务，这些服务的封装及对外输出需要服务端研发工程师来实现。有些画像服务涉及分布式和高并发场景，服务调用方对服务的稳定性和可用性有很高的要求，服务端研发工程师在其中发挥着重要作用。

1.4.4 产品经理

画像平台要成为一款可用且有用的平台，离不开产品经理的精心规划与设计。

平台建设最终是为了解决业务痛点，这需要产品经理深入理解需求并将需求沉淀为产品方案。业界不同画像平台间的功能虽然相似，但是根据不同的业务特点，功能侧重点和具体细节都不相同，这需要产品经理对自身业务有明确的认识和清晰的判断，设计出更符合自身业务需求的画像平台。对于已经交付的功能，产品经理要及时收集用户使用反馈，不断打磨产品，提高产品质量。

画像平台相关产品以及技术也在快速迭代，产品经理要有开阔的视野，要不断地学习并了解业界发展趋势，结合自身业务特点实现画像平台功能的迭代更新。

1.4.5 运营人员

运营人员是画像平台的核心用户之一，是画像平台主要需求来源方和平台使用反馈方，也是平台的潜在宣传者。

在画像平台的使用者中运营人员占大多数。运营人员可以借助画像平台功能来满足自身需求，如单用户画像查询、人群圈选及画像分析，并最终将人群应用到运营活动中。运营人员的使用反馈对于画像平台非常重要，可以基于实际反馈进行平台功能优化升级。如果运营人员使用画像平台取得了不错的业务成绩，对于画像平台的宣传也有积极作用。

1.5 本章小结

本章从画像基本概念出发，介绍了用户画像在大数据时代的重要性。画像平台用到的技术大部分属于OLAP技术。为了加深对后续技术选型的理解，本章介绍了OLAP的基本概念以及相关大数据技术的发展历程。在数据分析和画像功能领域，业界已经有很多成熟的产品及技术方案。本章重点介绍了神策等4个商业化产品的发展现状及技术架构。画像平台是多个岗位共同合作的产物，本章最后介绍了平台开发过程中涉及的各类岗位及其主要分工。

作为本书的开篇，本章重点介绍了画像平台的基本概念、业界平台发展现状以及相关岗位职责，让读者对画像平台有一个概念化的认识。下一章将从功能与架构的角度介绍画像平台，包括画像平台主要功能、技术架构和数据模型。

第 2 章

画像平台功能与架构

第 1 章介绍了画像平台基本概念、相关技术发展历程以及业界 4 款商业化画像平台。本章依托第 1 章内容，将具体介绍画像平台主要功能、技术架构和数据模型，读者可以从功能和技术角度更深入地了解画像平台。

本章将按照功能、架构、数据模型的顺序进行介绍。首先，介绍画像平台的主要功能模块，并通过功能示意图展示其核心功能点。其次，通过一张架构图展现画像平台的关键技术模块，结合实践案例介绍各模块的具体技术选型方案。画像平台的核心是画像数据，不同数据模型可以支持的功能范围不同。最后，介绍 3 种常见的画像平台数据模型。

画像平台各类功能针对的实体可以是人或者其他主体，但是为了表达方便，本书会统一具象到"人"这一实体并通过"用户"这一字眼进行表达。本章主要描述的是一些通用功能的设计理念和实现方案，在现实业务中可以根据实际需求进行调整。

2.1 画像平台主要功能

通过第 1 章的介绍，我们可以总结出画像平台主要包含 4 个功能模块：标签管理、标签服务、分群功能和画像分析。本节将对各功能模块进行详细的介绍，为了使读者更加直观地了解各种功能，在介绍时会给出相关功能示意图。

2.1.1 标签管理

为了高效地使用画像标签，需要对标签进行统筹管理。标签管理最基本的功能是对标签进行增删改查操作，其中增加标签的方式多种多样；其次是围绕标签数据的信息管理，包括标签的分类、标签值分布以及标签生产调度信息等。

1. 标签增删改查

标签是画像平台的数据基石，基于标签数据才能衍生出画像平台的各种功能。标签管理的主要功能是支持标签的增删改查操作，其中增加标签是标签管理的核心功能。标签管理支持通过不同的方式增加标签。可以根据标签数据源将增加标签的方式分为两类：基于现有数据统计获取和基于外部数据导入。

基于现有数据统计获取的标签示例：基于用户购买行为数据可以生产标签"最近一周总购买次数"，即根据每日购买行为数据统计出最近一周的购买次数；基于用户送礼行为统计"距今最近一次送礼天数""近一个月平均送礼金额"；基于用户登录行为统计出"使用App 高频用户"和"使用 App 低频用户""用户的活跃等级（低活、中活、高活）"等。以上新标签的生产都基于已有的某一组数据，也可以通过组合多组数据共建一个新标签。比如基于职业和历史消费行为，可以新增"是否为高消费白领"标签；基于出生日期和兴趣爱好，可以添加"二次元青少年"标签。基于现有数据统计获取方式创建的标签可以支持自动更新功能，比如每日定时更新或者指定周期更新。图 2-1 为基于规则统计新增标签的功能示意图，可以基于现有的属性和用户行为数据构建新的标签并指定其更新频率。

图 2-1　基于规则统计新增标签的功能示意图

基于外部数据导入的标签示例：用户的兴趣标签可以基于文件或者现有数据表进行导入创建，比如将 Hive 表中存储的用户兴趣数据导入画像平台构建"兴趣爱好"标签；基于 Excel 文件上传用户的婚姻状况数据可以构建"是否已婚"标签。通过导入外部数据来创建标签的方式非常灵活，几乎可以支持所有途径创建的标签数据接入画像平台。图 2-2 为基于外部数据导入方式创建标签的功能示意图。

图 2-2　基于外部数据导入方式创建标签的功能示意图

标签管理功能支持对标签进行修改和删除操作。标签在使用过程中可能会暴露一些问题，此时需要对标签进行修改。比如随着业务发展需要，将"用户活跃度"标签中的高活跃用户统计规则的统计口径由原来的"最近一个月活跃天数超过 15 天"改为"最近一个月活跃天数超过 20 天"；比如某些标签生产逻辑复杂、资源消耗大，但使用率较低，此时可以对标签进行删除操作，停止该标签的后续生产并及时清理存储空间。

标签管理支持标签查询功能，可以基于标签的 ID、名称、创建者、创建时间等对标签进行筛选，支持快速定位标签并进行后续操作。图 2-3 为标签管理常见功能示意图，左侧展示了标签的分类，右侧展示了标签列表以及常见功能。

图 2-3　标签管理常见功能示意图

2. 标签数据管理

为了方便管理大量标签，可以对标签进行分类；为了了解标签数据是否正常，可以借助标签值分布情况进行分析；为了掌握标签的生产情况，可以统计标签生产信息。标签管理功能可以支持上述 3 种标签数据管理功能。

标签分类管理功能：随着标签数量的增加，选择并使用标签的过程逐渐烦琐。通过标签分类对标签进行合理划分可以提高后续使用标签的便捷度，也可以提高标签使用的准确率。借助标签分类还可以满足一些特殊场景需求，比如对指定分类下的标签进行权限控制，通过标签分类构建标签专场来提高标签的认知度和使用范围。

标签分布功能：一个标签有多个不同的标签值，比如性别标签的取值有男、女，兴趣爱好标签的取值有军事、娱乐等，用户活跃度标签的取值分为高活、中活、低活。那么不同标签取值覆盖的数据比例是多少？这需要借助标签值数据分布功能来查看。通过该功能可以了解指定标签下不同取值的分布情况，比如男女比例，兴趣爱好分布，进而加深对业务的了解。基于分布数据可以做标签监控，当标签值分布波动较大时可以发出报警信息并及时修正标签数据，防止底层数据异常影响上层应用。图 2-4 是标签分布功能示意图，展示了性别标签的男女占比以及过去一段时间的占比趋势变化。

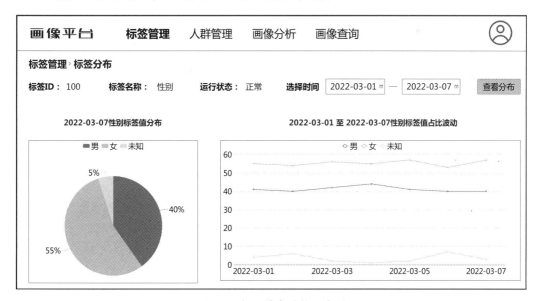

图 2-4　标签分布功能示意图

标签生产管理功能：对于定时更新类标签，必须记录标签的历史产出信息，包括标签更新起止时间、标签版本信息、标签覆盖率和用户量等。标签需要支持手动重算，当标签修改了生产规则或者依赖的上游数据有变动时，可以及时重算标签。为了回刷标签历史数据，需要支持按指定时间段生产标签。

2.1.2　标签服务

标签服务主要以数据服务的形式存在，一般通过接口或者底层数据表的形式对外提供服务，其中接口服务主要包括标签查询服务和元数据查询服务。

标签查询服务：标签数据可以进行数据服务化并支持标签查询功能，比如给出用户 ID 可以返回该用户的性别、年龄等标签信息；给出设备 ID 可以返回设备操作系统、App 版本等信息。标签查询服务最终可以通过微服务的形式对外提供，大部分场景下标签查询请求量较大且 QPS 较高，需要支持分布式和高并发。图 2-5 以性别标签为例展示了标签服务化功能示意图。

画像平台	标签管理	人群管理	画像分析	画像查询	

标签管理 › 服务化

标签ID：100　　标签名称：性别　　运行状态：正常　　是否支持例行服务化：是　　服务化状态：正常

停止服务化

日期	开始服务时间	服务时长（小时）	数据行数	版本号	服务调用量	操作
2022-03-07	20:17:10	—	5004323	v17	—	产出信息
2022-03-06	19:33:22	25	5004310	v16	21000	重新服务化　产出信息
2022-03-05	19:34:53	24	5004200	v15	20089	重新服务化　产出信息
2022-03-04	20:41:20	23	5004157	v14	18987	重新服务化　产出信息
2022-03-03	20:54:32	24	5001300	v13	20768	重新服务化　产出信息
2022-03-02	19:37:16	25	4998781	v12	19876	重新服务化　产出信息
2022-03-01	18:28:07	25	4987672	v11	18453	重新服务化　产出信息
2022-02-28	20:42:52	22	4915646	v10	19345	重新服务化　产出信息
2022-02-27	20:33:06	24	4897658	v9	17654	重新服务化　产出信息

图 2-5　标签服务化功能示意图

元数据查询服务：标签元数据包括标签名称、创建人、标签准确率和覆盖率、标签存储信息、标签生产规则、标签值及其占比分布等信息。画像平台中涉及展示标签信息的功能模块都会调用标签元数据查询服务，比如在规则类标签生产、规则人群创建等页面上需要展示出标签的基本信息以及标签值选项。为了引导用户更合理地使用标签，平台需要增加标签注释信息，注释中的数据口径、标签准确率和覆盖率信息等都来自元数据查询服务。元数据查询服务的使用场景较多，但是大部分请求的 QPS 并不高，需要严格保证元数据的准确性。

离线数据服务：业界大部分标签会存储在 Hive 表中，数据规模较小的标签可以存储在 MySQL 等传统关系型数据库或者文件中。在某些需求场景下画像平台可以直接提供数据底表供业务人员使用，比如数据分析师需要使用"常住省"标签进行统计分析，此时通过接口的形式提供数据服务不再适用。注意，随着数据安全意识的提高以及数据统一管理的需要，大部分情况下标签服务都以接口的形式对外提供。

2.1.3 分群功能

分群功能就是找出满足条件的目标用户，创建人群，并提供相关服务。基于底层的标签数据或者其他数据源，可以实现多种人群圈选方式；人群创建成功后，可以在其基础上支持多种附加功能；人群判存是基于人群的一种常见服务。

1. 创建人群

创建人群即找到满足条件的用户并构建人群，根据创建方式的不同可以分为规则圈选、导入人群、组合人群、行为明细、挖掘人群等。

基于规则圈选创建人群：画像平台底层存在大量的画像标签，可以直接基于标签间的交、并、差操作进行人群圈选，比如圈选出常住省是山东省且性别为男的用户，最近一个月送礼次数超过 5 次且爱好军事的用户，常住省是河北省或者陕西省、性别为男但不喜欢军事的用户。规则圈选是一种最常见、简单且易理解的人群圈选方式。图 2-6 为基于规则圈选创建人群的功能示意图，可以基于已有属性和用户行为数据进行人群创建。

图 2-6 基于规则圈选创建人群的功能示意图

基于导入方式创建人群：通过文件导入或者数据表导入的方式创建人群，其中数据表可以来自 Hive、MySQL 等各类数据源。基于规则的人群圈选可筛选的用户局限于底层标签数据所覆盖的用户范围，而导入人群可以支持任何用户，不再局限于标签数据中包含的用户，这无疑可以扩大人群所能覆盖的用户范围。导入人群也提高了人群创建的灵活性，通过各种方式获取到的用户都可以导入画像平台并沉淀为人群，比如数据分析师挖掘出的潜在高价值用户，问卷调研回收到的一些正反馈用户，某次运营活动带来的新用户等。图 2-7 是基于导入方式创建人群的功能示意图，图中展示了通过 Hive 表和上传文件创建人群的主要配置。

图 2-7　基于导入方式创建人群的功能示意图

　　基于组合方式创建人群：基于已有人群进行交、并、差操作可以构建组合人群，比如对于已经构建成功的 A、B 两个人群，可以通过交、并、差操作构建新的人群 C。组合人群可以对各类人群进行上层组合，满足了更加多元的圈选需求。

　　基于行为明细创建人群：行为明细圈选是基于用户的行为明细数据进行圈选，其数据粒度较细且与时间紧密相关。基于这一特点，可以实现行为次数统计和行为序列圈选。行为数据的来源大部分是用户操作日志，其中记录了用户在什么时间点做了哪些事情，比如小明在 2022-03-18 08:00:00 点赞了小红的视频。基于此类行为数据，可以统计出在指定时间范围内对指定视频点赞超过 10 次的所有用户，或者在该段时间内先后发生了点赞和评论行为的用户。

　　上面是几种常见的人群圈选方式，但是不同的场景对人群圈选方式的要求不同，下面再介绍两种特殊场景下的人群圈选方式。

　　人群 Lookalike：人群 Lookalike 借助算法能力实现人群的放大与缩小。给定一个种子人群，可以根据相似规则找到与该种子人群相似的用户并产出目标人群。比如对于电商场景下提供了用户量级为 100 万的高消费种子人群，利用用户之间消费行为相似这一特点可以找出与种子人群中每个用户最相似的 10 个用户，最终将种子人群放大为 1000 万的目标人群。同理，也可以借助算法能力缩小种子人群，找出其中最满足条件的用户。

　　LBS（Location Based Service，基于地理位置的服务）人群圈选：基于用户上报的经纬度信息筛选出满足条件的用户。常见的圈选方式是在地图中圈定一个范围并找到在该范围内出现过的用户。比如在地图上构建一个围绕清华大学的多边形，可以找到在指定时间范围内出现在该区域的用户。

　　以上就是一些常见的人群圈选方式，更多圈选方式以及实现方案会在后续章节做详细介绍。

2. 人群附加功能

为了方便使用人群，我们需要在人群基础上添加一些附加功能，常见的功能包括人群拆分与截取、人群自动更新、人群下载、人群编辑与重算、人群抽样等操作。图 2-8 为人群管理常见附加功能示意图，其中人群管理支持多种附加操作。

人群ID	人群名称	人群状态	创建时间	创建者	操作						
100	测试人群名称	初始状态	2021-03-10 12:10:22	张三	编辑	删除	抽样	下载	判存设置	拆分	下载 分析画像
101	人群名称1	初始状态	2021-03-10 14:15:11	张三	编辑	删除	抽样	下载	判存设置	拆分	下载 分析画像
102	体育爱好者	人群创建成功	2021-03-10 15:01:54	张三	编辑	删除	抽样	下载	判存设置	拆分	下载 分析画像
103	人群名称3	人群创建中	2021-03-10 15:10:23	张三	编辑	删除	抽样	下载	判存设置	拆分	下载 分析画像
104	山东省男性用户	画像分析中	2021-03-10 16:23:32	张三	编辑	删除	抽样	下载	判存设置	拆分	下载 分析画像
105	喜欢购物人群	画像分析完成	2021-03-10 16:34:25	张三	编辑	删除	抽样	下载	判存设置	拆分	下载 分析画像
106	iOS高消费人群	人群创建成功	2021-03-10 16:50:03	张三	编辑	删除	抽样	下载	判存设置	拆分	下载 分析画像
107	最近高活跃用户	人群创建成功	2021-03-10 18:06:03	张三	编辑	删除	抽样	下载	判存设置	拆分	下载 分析画像
108	广点通新增用户	画像分析完成	2021-03-10 20:20:20	张三	编辑	删除	抽样	下载	判存设置	拆分	下载 分析画像

图 2-8　人群管理常见附加功能示意图

人群拆分与截取：当一个人群用户量较大而业务只需要其中一部分用户时，需要对人群进行拆分或者截取。拆分是在原来人群的基础上随机拆出一定比例的用户，比如 100 万量级的人群按 20% 的比例随机拆分，可以构建一个 20 万用户的子人群。当一个大的人群需要同时拆分成多个子人群时，各子人群之间需要保证互斥性，即不同子人群之间没有重叠用户。截取发生在人群生成的过程中，比如按照在线时长截取头部 20 万的用户，此时会在人群生成的过程中按照在线时长对用户排序后进行截取。拆分与截取是在不同阶段从一个较大的人群中找到更小范围用户的常见功能。

人群自动更新：有些人群需要每日定时更新来满足业务需求，比如每天需要给昨日新增且有点赞行为的用户发红包，这就需要用到人群自动更新功能。自动更新可以支持每日更新、每周更新或者指定任意天数更新，也可以指定人群自动更新的时间范围，防止无限期更新造成资源浪费。人群自动更新带来了人群版本的概念，需要记录当前人群版本信息，方便后续数据追溯。

人群下载：画像平台用户有时需要将人群下载成指定格式，比如 txt、Excel 或者 Hive 表等。如果人群涉及权限控制，当数据导出时需要进行权限校验；当数据导出到 Hive 表时也要考虑后续使用者的数据表权限问题。

人群编辑与重算：当人群生成规则有异常或者不满足业务需求时，可以对人群进行编辑，编辑后的人群需要支持人群重算，重算后相关改动才能生效并产出最新版本的人群。人群编辑功能涉及人群配置版本的概念，对于产出的人群需要记录其对应的配置版本信息，方便后续追溯人群生成逻辑。

人群抽样：人群创建完成之后，为了校验其中用户是否满足既定条件，可以对人群随机抽样然后人工校验。抽样功能需要支持在人群中快速随机找到一定数目的用户，并结合其他业务属性进行展示。

3. 人群判存

判断指定用户是否在给定的人群中即人群判存（或者叫判定）。业界判存的实现思路主要有两种：第一种是基于实际人群的判存，此时人群已经创建完成，通过判断给定用户是否在当前人群中即可实现判存，其实现逻辑比较简单；第二种是基于虚拟人群的判存，即判存不再依赖实际产出的人群而只是依赖一些简单的配置规则。比如判断用户是否属于山东省男性人群，只需要通过标签查询服务获取该用户的常住省和性别标签信息，如果标签数值是山东省和男性，那就说明该用户在人群中。第一种方式比较通用，适用于任何类型的人群；第二种方式具有一定的局限性，仅限于规则人群的判存。

人群判存主要以接口的形式对外提供服务。画像平台功能层面可以提供人群判存配置入口，供用户申请使用人群判存服务并配置判存服务有效时间。系统在有效期内提供判存服务，过期后判存服务失效并释放判存服务所用资源。

2.1.4 画像分析

如果需要更深入地了解单个用户或者人群特征，需要借助标签数据进行画像分析。基于标签数据可以实现人群分布分析、指标分析、下钻分析和交叉分析等功能；基于用户行为明细数据可以实现事件分析、留存分析、漏斗分析等；针对单个用户，最常见的功能是用户画像查询功能；人群投放效果可以通过投放分析功能展示出来。

1. 人群画像分析

人群画像分析是针对用户群体做画像分析，内容包括人群分布分析、指标分析、下钻分析和交叉分析等。人群分布分析是计算人群在指定标签上不同标签值的占比情况，比如性别标签的男女取值分布，理论上各标签值分布之和为100%，通常使用饼图进行结果展示。指标分析是针对指标类标签的分析，比如最近一周平均在线时长、最近一周点赞次数变化等，通常使用折线图进行结果展示。交叉分析主要针对用户群进行多维度交叉分析，比如不同性别下的年龄分布、不同省份下的兴趣分布等，通过交叉分析可以更深入地了解人群特征分布情况。

人群画像分析可以分为人群即席分析和人群离线分析，不同分析适用的人群类型不同。人群即席分析只适用于可基于标签进行规则筛选的人群，导入类人群则需要通过离线计算的方式进行画像分析。比如用户通过上传文件的方式创建了一个人群，要分析该人群画像数据，需进行异步的离线计算后再将分析结果展示出来，虽然分析结果产出较晚，但是这种人群画像分析方式适用于所有类型的人群。图2-9是人群即席分析的功能示意图，展示了被筛选人群的画像分析和指标分析结果。

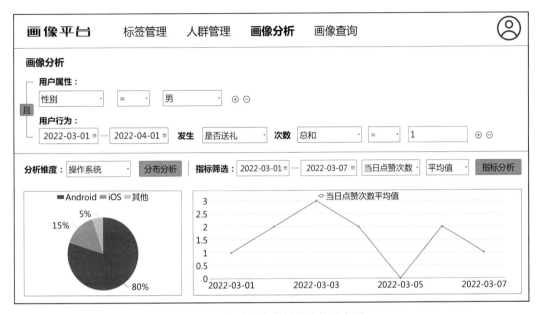

图2-9 人群即席分析的功能示意图

很多场景下需要对多个人群画像结果进行对比分析，比如通过对比给定人群与大盘日活用户来查看人群的主要特点。数据分析领域往往使用TGI（Target Group Index，目标群体指数）来进行对比分析，通过不同人群间相同标签值的占比数据计算出TGI数值进而找到其显著差异点，这些差异点具有很高的数据分析价值。

> 提示 TGI =（目标群体中具有某一特征的群体所占比例 / 总体中具有相同特征的群体所占比例）× 标准数 100。

2. 行为明细分析

行为明细分析是基于用户行为数据的分析，目前业界比较主流的分析方式包括事件分析、漏斗分析和留存分析。

事件分析是对用户行为中所涉及事件的分析。用户行为可以映射到具体的事件上，比如用户的登录行为可以映射到登录事件，用户浏览推荐商品列表可以映射到访问商品页面事件。事件分析可以筛选出满足条件的事件并统计其涉及的各类指标数值，比如统计最近一周首页访问量，统计并分析最近一个月山东省有过购买行为的用户量等。

漏斗分析即通过漏斗图的方式展示分析结果，主要用于对一个有多步骤的流程进行整体分析。比如用户在某电商平台的购买流程包含浏览商品、点击商品详情、发起拼单、立即支付、支付完成等步骤，漏斗分析可以将该流程视为一个整体，分析其中各重要步骤的转化率和随时间的变化情况。图 2-10 是漏斗分析的功能示意图，图中展示了购买流程的漏斗转化数据。

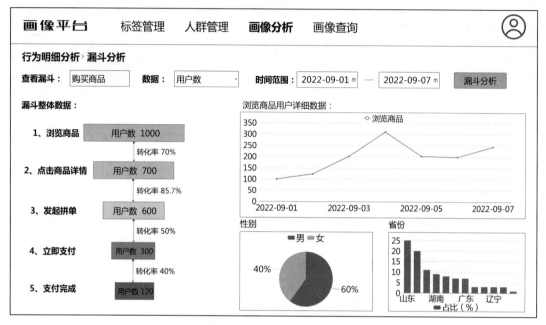

图 2-10　漏斗分析的功能示意图

留存分析可以统计满足某初始条件的用户在后续发生留存行为的数据分布情况。传统的留存分析主要是分析用户活跃情况，即新增用户后续是否继续使用产品功能，其实新增用户后续是否发生购买行为，是否发布评论等其他行为也可以纳入留存分析的范畴。借助留存分析可以了解用户的使用情况，从而反映产品对于用户的价值大小。

以上是几种常见的行为明细分析方式，业界常见的分析方式还有页面分析、指标分布分析、行为跨度分析和商业价值分析等，其底层依赖的数据都是用户行为数据，只是上层构建的分析模型不同。

3. 单用户分析

单用户分析最常见的功能是用户画像查询，比如查询某个大 V 账号的画像信息，其返回结果包含性别、年龄、兴趣爱好、使用偏好、常住省等内容。运营人员借助该功能可以对用户有更加深入的了解和认识，从而辅助进行更好的大 V 运营。用户画像查询功能还可以用来排查问题，比如在用户举报、青少年保护方面都可以通过画像数据来核对用户信息，提高问题排查效率和准确度。配合用户画像查询功能可以拓展标签数据异常反馈功能，当用户在查询画像数据时，对错误标签值可以进行反馈，基于反馈信息可以及时对标签数值进行纠错，提高标签的准确率。图 2-11 是用户画像查询的功能示意图，右侧通过词云的形式展示了该用户的主要特点。

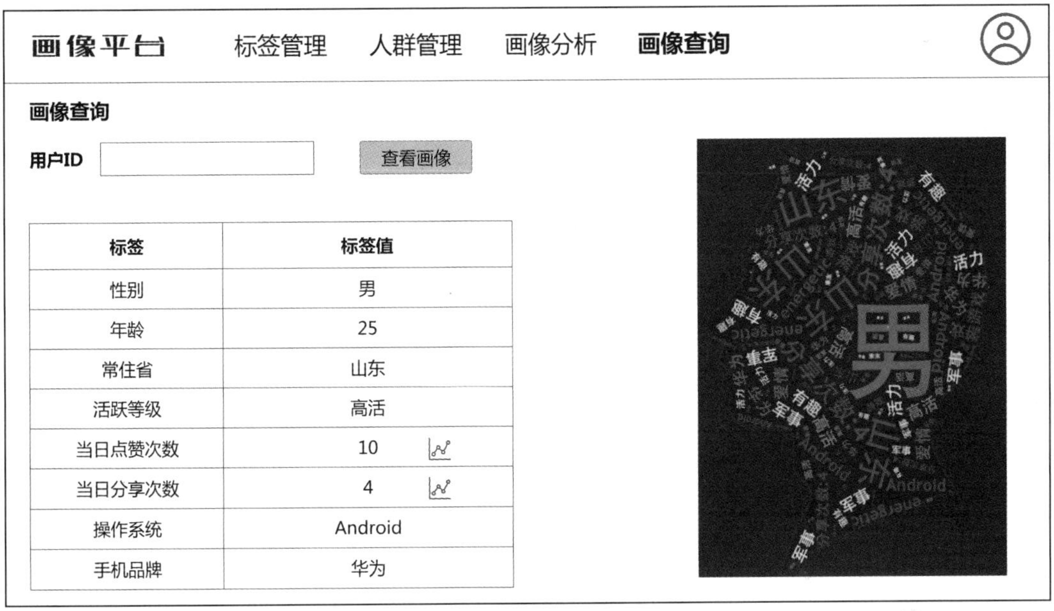

图 2-11　用户画像查询的功能示意图

4. 人群投放分析

通过画像平台创建的人群最终可以应用到各类投放场景中。人群经常用于 Push（推送）触达场景中，通过遍历人群中的用户并借助推送功能可以实现用户触达，也可以实现短信、私信、外呼等触达功能。人群也可以用于广告投放拉活场景中，运营人员圈选出流失用户后可以在广点通上传该人群以实现用户拉回。为了使画像平台创建的人群能够在第三方平台上使用，画像平台需要提供人群服务接口，第三方平台通过该接口可以拉取人群元信息以及人群内用户数据。

为了追踪人群使用效果，画像平台可以消费第三方平台投放后的回流数据并进行数据分析来判断人群的有效性，也可以根据分析结果确定人群优化迭代方向来提高后续人群的准确性。比如针对 Push 场景中的推送、到达和点击各阶段，可以对用户做更细致的画像分析和对比，找到更符合该推送场景的潜在用户。图 2-12 是 Push 投放分析的功能示意图，左侧展示了 Push 漏斗分析数据，右侧展示了其中到达阶段用户的详细画像。

以上是画像平台常见的功能汇总，通过标签管理功能实现了标签的增删改查，有了标签便可以提供标签服务；基于标签数据可以实现分群和画像分析功能，根据业务特点可选择不同的分群方式，人群画像分析支持分布分析、指标分析及交叉分析等功能；人群大多会应用到投放场景中，可以通过投放分析功能分析人群使用效果。

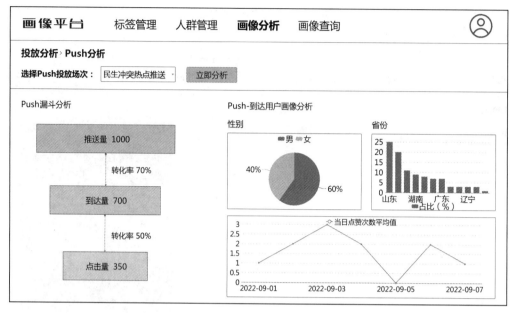

图 2-12　Push 投放分析的功能示意图

2.2　画像平台技术架构

　　画像平台功能具有相似性，其技术架构也可以抽象成统一的模式，本节主要介绍画像平台常见的技术架构。为了说明架构的可行性，本节会给出基于这一架构的具体技术选型示例，这也是本书从 0 到 1 构建画像平台的具体实现方案。为了加强读者对技术选型的认识，本节还会介绍几家互联网公司在画像类平台上的技术选型方案。

2.2.1　画像平台常见的技术架构

　　画像平台常见的技术架构如图 2-13 所示，主要包括数据层、存储层、服务层和应用层。

　　数据层：画像平台功能建设依赖现有的大数据组件，如大数据存储、大数据计算、大数据任务调度等，借助这些大数据组件可以实现标签的生产、存储和维护。标签数据源是画像平台所依赖的最底层数据，不同标签往往散落在不同的业务库表中。为了方便业务使用，画像平台会将所有标签汇总成一张画像宽表。标签分为离线和实时两类，实时标签主要基于实时数据生成，离线标签基于离线数据计算生成，算法生成的挖掘类标签也属于离线标签范畴。

　　存储层：画像平台业务代码直接访问的都是存储层数据，其主要包含 4 类存储内容。人群数据存储引擎主要用于存储人群数据，画像平台产出的各类人群需要持久化存储，以便后续对外提供服务。标签数据存储引擎主要用于标签查询服务，为了提高服务性能一般使用高性能的缓存类数据库。画像数据存储引擎是为了提高人群圈选速度，直接基于底层大数据原始表做人群圈选性能较差，需要借助画像数据存储引擎提高人群生产效率。业务数据存储引擎主要存储业务数据，如人群基本信息、人群圈选条件、标签基本信息、标签生产信息等。

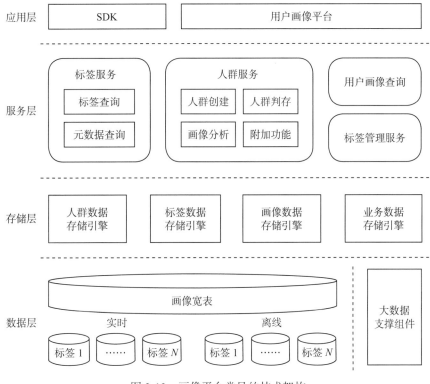

图2-13 画像平台常见的技术架构

服务层：画像平台核心功能实现层。标签服务主要用于实现标签查询服务和元数据查询服务，其依赖存储层的标签数据存储引擎和业务数据存储引擎。人群服务主要包括人群创建、画像分析、人群判存和附加功能模块。人群服务主要依赖人群数据存储引擎和画像数据存储引擎。标签管理服务提供标签增删改查功能，其依赖业务数据存储引擎及一些大数据支撑组件。用户画像查询服务主要提供单用户画像查询功能，其数据来源于标签数据存储引擎。

应用层：画像平台对外服务展现层。SDK主要对外提供服务接口，比如标签查询接口、元数据查询接口、人群创建接口、判存接口等。第三方借助SDK使用画像平台服务、获取画像数据。用户画像平台通过可视化的页面展示平台功能，用户在画像平台上通过简单的配置便可使用各类功能，提高了画像数据的使用效率。

2.2.2 画像平台技术选型示例

2.2.1节介绍了画像平台常见的技术架构，本节将介绍各模块的具体技术选型方案。本书第 7 章会给出一个从 0 到 1 构建画像平台的实践案例，为了保证读者能够顺利复现书中内容，本书所有技术选型均采用开源技术或者云服务。兼顾业界画像平台发展趋势和技术流行程度，具体的技术选型如图 2-14 所示。本节对于相关技术只做概括性说明，具体到每一种技术的特点及配置方式可以参见第 7 章内容。

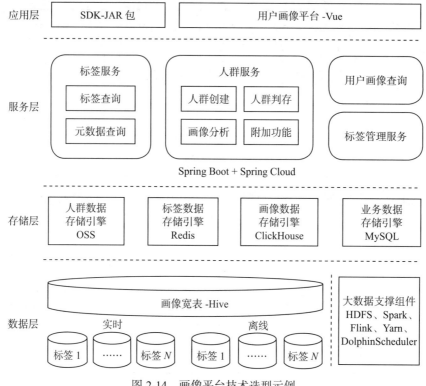

图 2-14　画像平台技术选型示例

数据层：所有底层数据存储在基于 Hive 构建的数据仓库中，均以 Hive 表的形式存在。HDFS 提供大数据分布式文件存储的能力；Yarn 用于资源调度，标签的生产、实时数据的处理等任务都依赖大数据资源调度；DolphinScheduler 主要用于任务调度，主要负责 Hive 表导入人群、标签定时更新、人群定时产出等大数据调度工作；Spark 作为离线数据计算引擎主要用于计算一些离线任务；Flink 主要用于实时数据的处理，如消费实时数据进行用户行为分析。以上技术保证了画像平台底层数据的稳定产出。

存储层：为了提高人群筛选速度，平台引入了 ClickHouse 计算引擎，其在 OLAP 场景下性能表现优异，比较适合实现画像平台人群圈选和分析功能；借助 Redis 缓存可以满足标签查询服务和人群判存服务的高并发需求；为了方便人群数据对外输出，生成的人群会存储在阿里云 OSS（Object Storage Service，对象存储服务）中，人群数据还会存储在 Hive 表中进行备份；平台上的业务数据存储在数据库 MySQL 中，包括人群配置信息、标签元信息、画像分析结果数据等。基于这些存储引擎可以构建高可用的画像服务。

服务层：服务层主要提供用于构建画像平台页面的接口服务以及支持分布式高并发场景的微服务。本书借助 Spring Boot 搭建画像平台服务端工程，向平台前端提供 RESTful 风格的接口服务；使用 Spring Cloud 搭建微服务，可以满足标签查询、判存等高并发服务需求。

应用层：前端研发可以使用 Vue 搭建前端工程并开发可视化的画像平台功能；平台对外提供的服务均可以封装到 SDK 中，本书以 Java 语言为主，因此 SDK 主要以 JAR（Java Archive，Java 归档）包的形式存在。

以上便是一个可行的技术选型示例，读者也可以根据自身业务特点选择不同的技术方案或者实现语言，但是画像整体的架构及业务实现逻辑基本相似。

2.2.3　业界画像功能技术选型

本节主要介绍业界在画像相关功能上的技术选型方案。目前业界在数据层方面都依赖 Hadoop 体系下的大数据工具及组件，服务层的区别主要在语言框架层面，但最终提供服务的方式相同。本节提到的技术选型方案主要偏重存储层涉及的画像引擎及画像分析相关技术方案，对应功能层面上的人群圈选和画像分析功能。

阿里达摩盘是阿里妈妈广告投放平台，该平台可以进行人群圈选并应用于后续的广告投放环节。阿里的实现方案主要基于自身云服务 MaxComputer 和 AnalyticDB 实现，其中 MaxComputer 主要用于离线计算挖掘，AnalyticDB 用于实时大数据分析。

美团在进行人群圈选时主要使用的是 Elasticsearch 和 Spark 引擎，Elasticsearch 可以快速找到圈选逻辑比较简单的人群，当涉及复杂的圈选逻辑时可以降级为 Spark 引擎，直接从底层 Hive 表中获取数据。

Apache Doris 源于百度，在百度内部使用也比较广泛。百度内部用户画像相关圈选和分析基本都是基于 Doris 实现的。知乎的画像圈选也借助了 Doris，并把 Spark 作为一些特殊业务场景下人群圈选的计算引擎。

最近几年 ClickHouse 比较流行，今日头条 DMP 以及 CDP 均通过 ClickHouse 实现了人群圈选，借助 ClickHouse 的 BitMap 实现了人群圈选的提速；快手 DMP 在人群圈选场景下也借助 ClickHouse BitMap 实现了相关功能。

最后提一下商用的数据分析平台，神策和 GrowingIO 都成立于 2015 年，但是由于创始团队的技术风格不同，其技术选型差异较大。神策主要基于 Impala 和 Kudu 实现，而且在 Impala 上面做了大量的优化；GrowingIO 借助 Elasticsearch 和 HBase 实现，部分功能使用 Spark 引擎进行离线计算。

技术选型没有优劣之分，关键要适合自身业务特点。借助本节内容读者可以对业界技术选型有大概的认识，在建设画像平台过程中选择最适合自身的技术方案。

 提示　以上技术选型来自网络公开材料，如果有误欢迎批评指正。

2.3 画像平台的 3 种数据模型

画像数据对于画像平台无疑是非常重要的，按什么样的数据模型存储画像数据直接影响了上层画像平台所能支持的功能范围。本节主要介绍 3 种常见的画像平台数据模型及其适用的平台功能。

1. 用户模型

用户模型是一种最简单的模型，以用户唯一标识作为主键存储各类画像标签数据，其表结构如图 2-15 所示。

该表结构类似关系型数据库表结构，其中主键是用户 ID，后续的列代表该用户的各类标签。基于这种单表结构，可以很容易地筛选出满足条件的用户，

用户 ID	性别	常住省	……	标签 N
100	男	山东省	—	—
101	女	陕西省	—	—
102	男	河南省	—	—
103	女	江苏省	—	—

图 2-15　用户模型表结构

比如找到所有常住省为山东省的男性用户。人群分析功能可以基于表中的指定标签列进行聚合操作来实现，比如统计所有常住省的用户分布情况。

用户模型结构简单，实现起来简便快捷，将分散在不同数据表中的用户标签汇总成一张宽表即可。但是该模型适用的标签主要是离线标签，比如属性或者统计类标签，不适用行为明细类等与时间相关的标签。这一特点决定了该模型不支持精细化的基于行为数据的画像圈选和分析，比如圈选出 1 号到 4 号点赞过某视频的用户。但很多场景并不关注与时间相关的明细行为数据，比如 DMP 平台中人群圈选大部分使用离线标签，此时用户模型就比较适合。

为什么要把标签数据汇总到一张宽表中？这与后续工程实现的简便性有关，如果标签分散在不同数据表中，圈选和分析时涉及的实现逻辑会比较复杂。宽表也是数据工程师向研发工程师提供的主要交付物，它可以使两个角色的工作边界更加清晰、明确。

2. 用户—行为模型

用户的行为数据从粒度上可以分为两类：统计类行为和明细类行为。统计类行为数据可以直接作为标签使用，比如当天点赞数、当天送礼数、当天使用 App 时长、近 7 日登录 App 天数等，这些行为数据需要进行离线统计计算。明细类行为数据是指用户每一个行为的明细数据，比如用户每天的点赞记录，这类数据不仅与时间有关，而且涉及发生行为时的一些附加信息，比如 2022-03-20 18:00:00 用户 A 对视频 B 进行了点赞操作，当时 A 是用 Android 手机上的 UC 浏览器通过 Wi-Fi 进行的操作。

行为数据的不同粒度对应的数据表结构也不相同，但是用户—行为模型的整体结构相似。图 2-16 展示了基于统计类行为的用户—行为模型表结构，与用户模型相比增加了与日期相关的行为标签数据，且按天记录了各类行为统计类标签数值。基于用户—行为模型，可以结合用户属性标签和行为标签实现更加复杂的人群圈选和分析功能，比如圈选出 3 月 1 日到 3 月 24 日之间，平均在线时长超过 1000 秒的河南省男性用户；针对给定人群，分析

其从 3 月 15 日到 3 月 24 日的平均在线时长变化趋势。此时的行为标签与用户普通标签差距不大，只是业务属性上属于用户行为且与标签值日期有关。

用户 ID	性别	常住省	……	标签 *N*
100	男	山东省	—	—
101	女	陕西省	—	—
102	男	河南省	—	—
103	女	江苏省	—	—

日期	用户 ID	是否送礼	在线时长（秒）	……	行为标签 *N*
2022-03-23					
2022-03-23					
2022-03-23					
2022-03-23					

日期	用户 ID	是否送礼	在线时长（秒）	……	行为标签 *N*
2022-03-24	100	是	1200	—	—
2022-03-24	101	是	1800	—	—
2022-03-24	102	否	1000	—	—
2022-03-24	103	否	2400	—	—

图 2-16　基于统计类行为的用户—行为模型表结构

图 2-17 展示了基于明细行为的用户—行为模型表结构。行为明细数据对行为的描述更加细致，以用户的点赞行为举例，每一次点赞数据都会被记录下来，数据中还包含被点赞的视频 ID、点赞用户所使用的操作系统及网络类型。基于行为明细数据可以实现更加细致的人群圈选和分析功能，比如：圈选出 3 月 1 日到 3 月 7 日，中午 12：00 到 14：00 之间，使用 Android 系统进行登录的河南省女性用户；筛选出 3 月 24 日登录 2 小时之内发生了点赞行为的用户，然后分析其使用的网络类型分布情况。基于行为明细数据还可以进行行为分析，比如事件分析、留存分析、漏斗分析等，在后续章节中会做详细介绍。

基于用户—行为模型，基本可以实现画像平台的大部分功能。可以依据业务特点选择统计类行为数据或者行为明细数据，也可以同时结合两种数据来满足多样的业务需求。本书主要采用用户—行为模型（统计类行为）进行案例展示，也会介绍一部分基于明细行为数据的功能实现方案。

用户 ID	性别	常住省	……	标签 *N*
100	男	山东省	—	—
101	女	陕西省	—	—
102	男	河南省	—	—
103	女	江苏省	—	—

日期	用户 ID	时间戳（毫秒）	行为类型	属性	行为标签 *N*
2022-03-23					
2022-03-23					
2022-03-23					
2022-03-23					

日期	用户 ID	时间戳（毫秒）	行为类型	属性	行为标签 *N*
2022-03-24	100	1648108450890	登录	操作系统	Android
2022-03-24	101	1648108450890	登录	网络类型	4G
2022-03-24	102	1648108461090	访问首页	操作系统	Android
2022-03-24	103	1648109810010	点赞	视频 ID	100

图 2-17　基于明细行为的用户—行为模型表结构

3. 用户—行为—内容模型

有些情况下用户—行为模型（明细行为）不一定能满足圈选需求，当前可以圈选出对某指定视频有点赞行为的用户，但是无法考量关于该视频的其他信息，比如该视频属于搞笑类视频，是否可以统计出对搞笑类视频有点赞行为的用户？最直接的方式是在写入行为明细数据的时候添加视频分类信息，将"搞笑"作为点赞行为涉及的附加属性记录下来。但是这种方式不够灵活，当视频后续又添加了其他维度信息时，很难灵活扩展来满足更多维度的圈选和分析需求。借助用户—行为—内容模型可以解决这类问题，该模型通过将行为中的某些属性关联到具体的内容数据表上来满足灵活的分析维度扩展需求。

图 2-18 展示了基于用户—行为—内容模型的表结构，通过将行为明细数据中的视频 ID 关联到更详细的视频内容信息，可以满足对视频分类、视频时长等视频相关属性的圈选和分析需求。即使后续在视频内容表中增加了其他维度信息，该模型也可以灵活支持。但是随着模型复杂度提高，系统的工程实现和维护成本也会增加，在实际应用时需要根据自身业务及人力情况进行权衡。

用户 ID	性别	常住省	……	标签 N
100	男	山东省	—	—
101	女	陕西省	—	—
102	男	河南省	—	—
103	女	江苏省	—	—

日期	用户 ID	时间戳（毫秒）	行为类型	属性	行为标签 N
2022-03-23	日期	用户 ID	时间戳（毫秒）	行为类型	属性	行为标签 N
2022-03-23	2022-03-24	100	1648108450890	登录	操作系统	Android
2022-03-23	2022-03-24	101	1648108450890	登录	网络类型	4G
2022-03-23	2022-03-24	102	1648108461090	访问首页	操作系统	Android
	2022-03-24	103	1648109810010	点赞	视频 ID	100

商品 ID	商品种类	商品价格	……	其他属性
200	视频 ID	视频分类	视频时长（秒）	……	其他属性
201	100	搞笑	20	—	—
	101	军事	100	—	—

图 2-18　基于用户—行为—内容模型的表结构

2.4　本章小结

本章介绍了画像平台的主要功能、技术架构和数据模型。首先介绍了画像平台的 4 个主要功能模块——标签管理、标签服务、分群功能和画像分析，通过功能示意图展示了各模块的核心功能点；其次给出了画像平台技术架构图并结合本书实践案例描述了各模块具体技术选型方案；最后介绍了 3 种常见的数据模型以及每一种模型所支持的功能范围。

　　读者通过本章可以对画像平台的功能、架构和数据模型有全面的认识。没有最好的技术选型方案，读者可以根据业务特点选择最合适的技术选型方案。画像平台的主要功能如何实现，技术架构和数据模型如何具体落地？在后续章节中会针对不同功能模块进行详细介绍。

Chapter 3 第 3 章

标签管理

本章介绍画像平台核心功能：标签管理。标签属于画像平台基础数据，只有提供丰富可用的标签才能满足上层多样的业务需求。本章将围绕标签的分类方式、存储方式以及不同标签的生产过程展开介绍，通过理论与实践相结合的方式展现标签管理全貌。

本章将首先给出标签管理功能的整体技术架构图，让读者从宏观角度认识标签管理涉及的技术模块；其次介绍标签的分类方法，合理的分类可以提高标签的认知度和使用效率；然后重点介绍标签管理功能的实现方案，分别从标签存储、标签生产、标签数据监控以及工程实现等方面进行介绍，其中标签生产是画像平台标签管理的核心，本章将给出离线标签、实时标签和挖掘类标签的生产示例；最后介绍各岗位在标签管理中的主要分工以及注意事项。

3.1 标签管理整体架构

图 3-1 展示了标签管理功能的整体架构图，从左到右依次为源数据、画像标签、标签管理数据、标签功能模块和平台功能。源数据可用于加工生产画像标签，从画像标签中可以提取出标签管理数据，基于标签管理数据抽象出了标签各功能模块，最终在画像平台上通过可视化的标签管理功能展示出来。图中从左往右既展现了数据的流转过程，又展现了从数据到功能的抽象过程。

源数据和画像标签：标签生产依赖源数据，源数据可以分为实时数据和离线数据。实时数据主要包含客户端实时上报的数据以及服务端实时日志数据，基于它们可以生产实时标签和行为明细数据。离线数据主要是过往历史数据，时效性较差，基于它们可以生产离线标签，结合算法能力可以生产挖掘类标签。

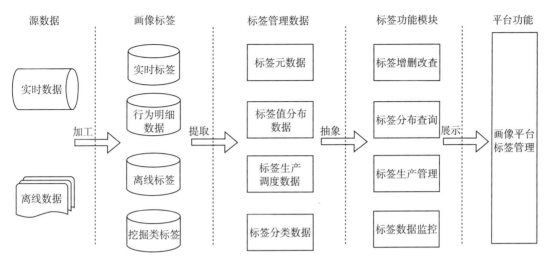

图 3-1　标签管理的整体架构图

标签管理数据：围绕标签生产有多种不同的管理数据。标签元数据中存储了创建者、创建时间、标签名称等标签基本信息，也包含标签生产时间、标签类型、标签所在数据表等标签元数据信息；标签值分布数据存储了标签的不同取值及分布情况，如性别标签的取值分为男、女，其中男女占比分别为 60% 和 40%；标签生产调度数据来源于标签管理功能中用户的设置，比如针对离线统计标签"当日评论次数"，需要每天调度一次进行计算；标签分类数据是对标签的逻辑划分，如基础属性、用户行为、设备信息等。

标签功能模块：基于标签管理数据可以构建不同的标签功能。基于标签元数据可以实现标签的新增、删除、修改和查询功能；基于标签值分布数据可以实现标签分布查询功能；标签生产管理模块涉及标签生产调度数据，支持查询标签的生产调度信息；标签数据监控可以展现标签的各项监控指标，当标签质量出现问题时可以及时报警。

画像平台标签管理：封装各类标签功能模块，通过可视化的方式展现标签管理各项功能。图 3-2 展示了画像平台的标签管理功能列表，支持对标签进行增、删、改、查等操作。

以上介绍了画像平台标签管理功能的整体架构，其中关键环节是基于源数据的标签生产以及标签数据存储。图 3-3 描述了标签生产及存储涉及的关键技术组件。

实时数据在画像场景下往往以数据流的形式存在，比如 Kafka 数据，借助 Flink 可以消费数据流并生产实时标签。比如实时统计用户点赞次数，可以在 Flink 消费 Kafka 的过程中累加每个用户的点赞次数，并最终将该标签数据存储到 Redis 中，之后便可以查询指定用户的实时点赞次数标签值。

Flink 消费 Kafka 时也可以将明细数据落盘到 ClickHouse 中，基于明细数据可以进行丰富的用户行为分析，具体会在本书后续章节进行详细介绍。

标签ID	标签名称	运行状态	创建时间	创建者	操作
100	性别	正常	2021-03-10	张三	修改　删除　标签分布　产出信息　服务化
101	年龄	正常	2021-03-10	张三	修改　删除　标签分布　产出信息　服务化
102	活跃等级	正常	2021-03-10	张三	修改　删除　标签分布　产出信息　服务化
103	当日点赞次数	正常	2021-03-10	张三	修改　删除　标签分布　产出信息　服务化
104	是否送礼	正常	2021-03-10	张三	修改　删除　标签分布　产出信息　服务化
105	操作系统	正常	2021-03-10	张三	修改　删除　标签分布　产出信息　服务化
106	手机品牌	正常	2021-03-10	张三	修改　删除　标签分布　产出信息　服务化
107	文章兴趣	已停止	2021-03-10	张三	修改　删除　标签分布　产出信息　服务化
108	视频兴趣	正常	2021-03-10	张三	修改　删除　标签分布　产出信息　服务化

图 3-2　标签管理功能列表

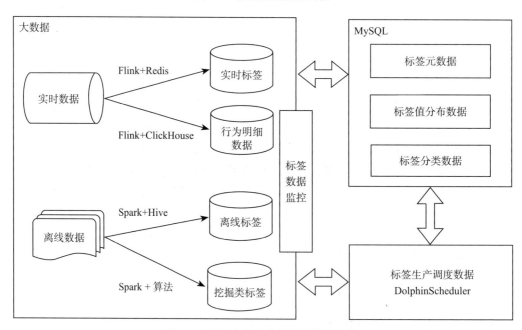

图 3-3　标签生产及存储关键技术组件

离线数据一般存储在 HDFS 文件中并以 Hive 表数据的形式展现出来，通过 MapReduce 或者 Spark 引擎可以进行离线大数据计算并生产离线标签。以"近七天点赞次数总和"为例，可以通过离线计算统计最近七天的点赞数之和，最终将计算结果写入 Hive 表来生产该标签。挖掘类标签主要借助算法能力对大数据进行加工处理，最终挖掘出有业务价值的标签。如挖掘用户的兴趣标签，借助离线用户行为数据和机器学习模型可以挖掘出用户感兴趣的内容及其概率值,最终将结果沉淀为新的标签。

标签数据存储在大数据组件中,其查询频率较低,需要借助大数据引擎进行查询和写入。但是对于标签元数据、标签值分布数据以及标签分类数据等,其访问频率较高,需要存储到业务数据库 MySQL 中,通过工程代码可以便捷访问这些数据。标签的生产需要一次性生成或者例行调度,借助 DolphinScheduler 可以实现标签生产的例行调度,调度信息和标签生产信息可以存储到 MySQL 中供业务模块使用。

3.2 标签分类

构建一套完整的画像数据需要确定标签体系,根据业务特点需要明确三个问题:标签针对哪种实体类型? 实体类型通过什么 ID 进行表示? 标签如何分类? 本节首先介绍标签包含哪些常见实体类型以及 ID 类型,即标签的主体包含什么,用什么 ID 表达;其次详细介绍几种标签的分类方法,包含按照生产方式、时效性以及所属维度划分。

3.2.1 标签实体及 ID 类型

画像标签需要绑定到实体上,用户、商品、直播、视频等都可以作为画像的实体。画像标签借助实体进行表达,比如用户的性别、年龄标签,商品的售价、种类、货源地标签,直播的分类、开播时间段标签,视频的风格、视频时长分段标签等,每一个标签都用于描述某个具体实体。

实体可以通过不同的 ID 类型进行指代,如用户可以通过系统给每个用户分配的 UserId 来指代,也可以通过用户使用的设备 ID 来指代;商品可以通过系统分配的商品 ID 来指代,也可以通过商品自带的条形码来指代;直播可以通过直播 ID 来指代;视频可以通过视频 ID 来指代。本书主要针对用户这一实体进行介绍。可以用来表达用户实体的 ID 种类比较多,表 3-1 给出了常见的用户实体 ID 类型。

表 3-1 常见的用户实体 ID 类型

ID 类型	解释	是否变动	支持设备	主要劣势
IMEI	用于在互联网上识别每一部独立的移动通信设备,相当于移动电话的身份证,是基于硬件的不可重置的永久标识符	否	Android、iOS	多卡手机有多个 IMEI,与用户之间存在多对一的关系,维护成本较高。读取 IMEI 权限要求严格。Android 10 以后版本需要授权并有严格限制,后续有获取不到 IMEI 的风险;iOS 5 版本以后已被禁止获取
ANDROID_ID	Android 设备里不依赖硬件的一种半永久标识符	是	Android	Android 设备专有,系统重置或者刷机后会改变,且不能保证 ANDROID_ID 唯一。在 Android 8.0 以后,签名不同的 App 所获取的 ANDROID_ID 不一样
IDFA	iOS 设备广告标识符,半永久标识符	是	iOS	iOS 设备特有的广告标识符,可以通过刷机或者重置广告标识码进行改变

(续)

ID 类型	解释	是否变动	支持设备	主要劣势
GAID	基于 Google 服务框架的 Android 设备广告标识符，半永久标识符	是	Android	Android 设备特有的广告标识符，可以通过刷机或者重置广告标识码进行改变。依托 Google 服务框架，在国内使用较少
OAID	随着获取 IMEI 等 Android 设备唯一标识被限制，移动安全联盟提出的一种 Android 设备的广告标识符	是	Android	国内还在推广应用中，仅支持国内 Android 设备，之前的老设备获取不到 OAID
DeviceId	设备标识的统称，一般都是汇总各类设备 ID 及指纹信息后合计生成的一个设备唯一标识	是	任意设备	业界没有统一的生成策略，不同 App 之间 DeviceId 很难保持相同
UserId	注册用户分配的唯一 ID	否	Android、iOS	登录后才可以获取到 UserId。很多工具类应用不需要用户登录，故无法获取到 UserId 不同应用之间 UserId 不同。比如某用户在 A 应用上的 UserId 是 100，在 B 应用上的 UserId 是 200

　　IMEI 可以精准标识一个用户，但是出于数据安全考虑业界已不再支持获取 IMEI。即使在同一设备下，不同应用获取到的 ANDROID_ID 也不相同，所以也无法广泛使用。IDFA 和 GAID 是应用在 iOS 和 Android 上的广告标识符，但是由于 GAID 依托于 Google 服务框架，在国内的使用较少。为了实现广告跟踪，国内提出了 OAID，目前已经在推广使用中，未来国内趋势是使用 iOS IDFA 和 Android OAID 来满足用户的广告跟踪需求。

　　DeviceId 和 UserId 偏具体业务概念，不同的应用开发方，其 DeviceId 的制定策略不同，所以不同应用间很难打通。UserId 是用户登录后系统分配的唯一标识，也只限于当前应用内使用。本书用户画像的开发思路适用于任何 ID 类型，但是为了表达通畅且更有针对性，之后章节主要介绍的是用户这一实体，并且以 UserId 和 DeviceId 作为 ID 类型来描述，其中 UserId 是数字类型，DeviceId 为字符串类型，DeviceId 的生成方式不在本书介绍范围内。

3.2.2　标签分类方式

　　本节主要介绍 3 种标签分类方式：按照生产方式、时效性和所属维度分类。本节最后给出了一个实际的标签体系分类示例。

1. 按照生产方式分类

　　标签按生产方式可以分为统计类、规则类、挖掘类和导入类标签。

　　统计类标签是指在指定时间范围内统计出的指标类标签，比如最近一天的 App 使用时长、最近一次使用 App 距今天数、最近 30 天登录次数、最近半年点赞数、最近一年关注用户数等。规则类标签是基于已有数据按照一定的规则生产的标签，一般都是非指标类标签，比如可以将观看直播后有送礼行为的用户定义为直播消费高潜用户，可以将晚上喜欢使用App且使用时间超过一小时的用户定义为夜间主流用户。统计类标签和规则类标签的实现难度不高，主要基于大数据技术实现，其重点在于标签口径的定义、标签生产脚本的编写和标签数据的监控。

挖掘类标签是借助算法能力，从用户历史行为数据中挖掘出的具有业务价值的标签，比如用户的兴趣爱好、用户的购买意向、用户的职业等。这些标签无法从用户的行为数据中直接统计获取到，需要通过算法模型来拟合用户数据并挖掘其倾向性。挖掘类标签的生产涉及数据准备、特征工程、模型训练与评估、模型上线等环节，其生产周期长且产出效率低。随着时间推移，算法特征数据分布发生变化，模型需要重新训练来保证标签数据质量。当算法模型升级迭代时，其标签取值分布会有波动，因此挖掘类标签面临不断替代升级的问题。虽然挖掘类标签的生产流程比较烦琐、维护成本较高，但是该类标签的业务价值大，比如兴趣爱好、购买意向等标签，不仅完善了标签体系，而且直接体现了用户的真实意图。

导入类标签是用户通过数据导入的方式自行构建的标签，比如可以将用户问卷调研结果中反馈正向的用户导入画像平台作为"问卷正向用户"；运营人员将某次运营活动中表现良好的用户上传到画像平台构建"某活动优质用户"标签。导入类标签主要依赖工程能力，将用户导入数据落盘到存储引擎中，后续处理过程和使用方式与其他类标签一致。

2. 按照时效性分类

标签按照时效性可以分为离线标签和实时标签。

离线标签是基于离线数据计算出的标签。离线数据是历史某段时间已经产生的数据，与当前时刻的业务数据存在时间上的差异。"当天是否登录"标签是每日更新的标签，比如当前是 T 日，该标签最新数据只能表达 $T-1$ 日用户是否登录情况，因为 T 日尚未结束，需要等到 $T+1$ 日才可以生产 T 日的标签数据。"最近一小时点赞次数"标签属于小时更新标签，假如当前是 12 点多，该标签最多可统计出 11 点到 12 点的数据情况，当前时刻用户的实时点赞次数无法通过该标签获取到。离线标签满足不了时效性高的要求，但基于现有的大数据技术可以便捷地生产标签数据，也可以方便地进行历史数据回溯和重新计算。目前业界大部分标签都是离线标签，基本可以满足大部分业务需求。

实时标签能够弥补离线标签在时效性上的不足，可以给出基于用户最新数据的标签数值。比如"实时当日评论数"标签，可以基于用户的评论行为实时统计出指定用户当日的评论次数；比如"实时用户地理位置"标签，可以使用用户授权上报的位置信息计算用户最新的地理位置信息。实时标签的生产依赖实时数据流，消费数据流并进行数据统计的技术实现难度不大，但是数据回溯以及数据重算比较困难，因为需要找回历史数据并重新消费统计，这将提高工程难度并增加资源开销。当标签涉及的窗口周期较长且标签生产逻辑复杂时不适合生成实时标签，比如"实时最近一周互关好友数"，该标签涉及一周的实时数据且涉及双向的关注关系，统计逻辑复杂且维护成本较高，此时可以考虑使用离线标签替代。

离线标签和实时标签的主要差异是时效性，如果业务对时效性要求不高，均可以通过离线标签来满足要求。实时标签是业界探索的方向，理论上如果实时计算资源不受限制，其可以兼容所有的离线标签，但是受限于资源和技术现状，目前业界实时标签相对较少，还是以离线标签为主。

3. 按照所属维度分类

标签按照所属维度可以划分为基础属性、生产行为、消费行为、用户行为、设备信息、风控信息等类型。

基础属性标签包含的主要是用户的属性信息。如性别、教育程度、年龄、婚育情况、用户兴趣等标签，代表的是用户基本属性，与用户在应用上的使用行为无关。基础属性直接反馈用户本身的信息，在画像平台中使用频率较高，属于画像平台最重要的一类标签数据。

生产行为标签主要是指用户在当前应用下与生产动作相关的标签。如短视频的每日上传视频数、生产视频时间段偏好、生产视频使用的魔法表情等，新闻资讯应用的每日生产文章数、当日文章被评论数、当日文章被点赞数等。生产行为标签需要结合应用业务特点定义出与"生产"相关的标签。

消费行为与生产行为类似，需要结合当前应用特点定义出与"消费"相关的动作行为。短视频的每日浏览视频数、每日点赞数、每日评论数、每日进入直播间数、每日送礼数等都可以作为消费行为标签。新闻资讯应用的每日浏览文章数、每日点赞文章数、每日观看文字数、每日浏览文章分类等标签可以作为消费行为标签。

如果业务中无法明确定义生产和消费行为，或者除了生产和消费之外，还包含其他一些常见行为，可以统一划分到用户行为。用户行为标签主要包含用户常见的行为类标签，如当日是否登录、最近一次登录距今天数、用户活跃时间段、用户在线时长、用户分享次数等。社交类应用中的各种行为标签，也可以划分到该种类下，如当日关注数、当日取关数、近一周涨粉数等标签。

与用户所使用的设备相关的标签信息可以划分到设备信息标签，如设备的操作系统类型、当前 App 版本、设备所使用的网络类型、设备的价格区间、设备屏幕尺寸、设备品牌等，这些信息与设备紧密相关，可以反映出用户使用应用时的硬件环境。

风控信息标签主要包含与业务风险相关的标签，比如很多应用的是否作弊用户标签、金融类应用所使用的用户风险等级、用户是否黑灰产、用户历史被封禁次数、用户被举报次数等标签。基于风控信息可以判断用户是否有业务风险。为了避免业务损失可以在各类环节中根据风控信息标签数值做合理的过滤与处理。

以上只是一种比较通用的按照所属维度进行标签划分的方式，具体如何分类还要结合应用的实际业务场景来制定。不同的实体类型对应的分类维度不相同，以淘宝为例，如果为商品实体构建标签体系，其所属维度可以分为基础属性、供货信息、商家信息、市场信息等。

4. 标签体系分类示例

以上介绍了标签的 3 种分类方式，本小节以短视频业务场景为例给出一个具体的标签体系分类示例，具体内容如表 3-2 所示。

表 3-2 短视频业务场景的标签体系分类示例

标签名称	标签值示例	所属维度	离线/实时	生产方式
性别	男、女	基础属性	离线	统计
年龄/岁	小于 18、18～30、30～60、大于 60	基础属性	离线	统计
常住省	山东省、河南省、福建省	基础属性	离线	统计
是否男性高粉	是、否	基础属性	离线	规则
用户学历	专科、本科、研究生	基础属性	离线	挖掘
婚育状态	已婚已育、已婚未育	基础属性	离线	挖掘
是否某调研活跃用户	是、否	用户行为	离线	导入
实时地域	山东济南、河南郑州	基础属性	实时	统计
生产视频数	1、2、3、4	生产行为	离线	统计
开播次数	1、2、3、4	生产行为	离线	统计
当日视频被点赞数	1、2、3、4	生产行为	离线	统计
是否高产高质用户	是、否	生产行为	离线	规则
生产意向	弱、中、强	生产行为	离线	挖掘
当日视频被评论数	1、2、3、4	生产行为	实时	统计
观看视频时长	10、20、30、40	消费行为	离线	统计
点赞次数	1、2、3、4	消费行为	离线	统计
近一周平均在线时长	1、5、10、20	消费行为	离线	统计
是否高活爱分享用户	是、否	消费行为	离线	规则
当日新增评论数	1、2、3、4	消费行为	实时	统计
日活地域	山东、河南	用户行为	离线	统计
是否日活用户	是、否	用户行为	离线	统计
注册时间	2022-06-01	用户行为	离线	统计
是否高活女性	是、否	用户行为	离线	规则
是否作弊用户	是、否	用户行为	离线	挖掘
生命周期	新手、成长、成熟、流失	用户行为	离线	挖掘
是否被封禁	是、否	用户行为	离线	实时
操作系统	Android、iOS	设备信息	离线	统计
设备价格/元	1000～2000、2000～4000	设备信息	离线	统计
手机品牌	HUAWEI、VIVO、iPhone	设备信息	离线	统计
是否 Android 高端机	是、否	设备信息	离线	规则
手机型号	HUAWEIP20、iPhone13	设备信息	离线	统计
Android 版本	8.0.0、8.0.1	设备信息	离线	统计
当日被举报数	1、2、3、4	风控信息	离线	统计
近一个月是否被封禁	是、否	风控信息	离线	统计
近一周是否有评论敏感词	是、否	风控信息	离线	统计
是否黑灰产用户	是、否	风控信息	离线	挖掘
当日被举报次数	1、2、3、4	风控信息	实时	统计

3.3 标签管理功能实现

本节重点介绍标签管理功能的实现方案。首先介绍标签数据和标签元数据如何存储，涉及大数据和业务数据存储技术；其次介绍几种标签的生产方式，包括离线标签、实时标签和挖掘类标签，并结合实际案例给出了核心代码示例；之后介绍标签生产的主要监控逻辑及实现方式；最后从工程角度介绍标签管理功能的工程实现。

3.3.1 标签存储

标签存储分为标签数据存储和标签元数据存储：标签数据存储的是标签本身，一般需要借助大数据存储来实现，其特点是数据量大、访问频率低、对读写响应时间不敏感，基本应用场景为标签的生产和加工；标签元数据存储的是标签的元信息和附加信息，一般存储在业务数据库中，其特点是数据量小、访问量大、对读写响应时间敏感，主要应用于标签管理各功能模块。有了底层的标签数据和标签元数据，业务层面才能实现完整的标签管理功能。

1. 标签数据

如表 3-3 所示，标签数据的存储结构并不复杂，主要包含标签实体 ID、标签信息以及时间信息。时间信息根据标签时效性不同可分为日期、小时、秒（或者毫秒）。

表 3-3　标签数据的存储结构

属性	说明	示例
标签实体 ID	当前标签所对应的实体类型唯一标识，比如用户实体的 UserId，商品实体的商品 ID 等	UserId：123、456 商品 ID：123、456
标签信息	标签的含义和取值	性别：男、女 兴趣爱好：体育、军事
时间信息	当前标签值对应的时间	日期：2022-07-01 小时：2022-07-01 10 毫秒时间戳：1655563516815

下面以用户性别标签为例介绍实际的标签存储方式。性别标签属于离线标签，所属维度是用户的基础属性，标签数值波动较小，对时效性要求不高。在用户画像场景下，大部分离线标签涉及大数据 ETL 处理和大数据存储，业界主要使用 Hive 表存储标签数据。结合上文提到的标签关键信息，性别标签（Hive 表）表结构如表 3-4 所示。

表 3-4　性别标签（Hive 表）表结构

数据列	数据类型	注释
p_date	string	日期分区，格式为 yyyy-MM-dd
user_id	bigint	UserId，用户唯一标识
gender	string	用户性别，取值范围：男、女、未知

性别标签表可以使用如下 Hive SQL 语句进行创建。

```
CREATE TABLE IF NOT EXISTS `userprofile_demo.userprofile_label_gender`(
  `user_id` bigint COMMENT 'UserId,用户唯一标识',
  `gender` string COMMENT '用户性别,取值为男、女、未知'
) COMMENT '用户画像性别标签表' PARTITIONED BY (`p_date` string COMMENT '日期分区,格
  式为 yyyy-MM-dd');
```

用户画像中的其他标签也可以参考性别标签的方式存储到 Hive 表中,这样便可以统一标签的存储格式及存储引擎。如果画像标签数据规模较小或者公司没有搭建大数据技术架构,是否可以借助传统的业务数据库来进行标签存储与处理?理论上是可行的,当标签数据量级比较小时可以基于传统数据库进行处理,上述 SQL 语句也可以在 MySQL 等传统数据库中使用。但是随着数据量增加,使用 MySQL 的存储和维护成本会逐渐升高,最优方案还是迁移到大数据环境下进行标签建设。存储时除了使用 Hive 之外还可以使用 HBase 或者 Kudu,但考虑到标签表间数据处理的便捷性、支持画像平台功能实现的灵活性,Hive 有明显优势,是目前业界实现标签存储的主流选择。

无论是借助 Hive、HBase、Kudu 存储数据量较大的标签,还是使用传统的业务数据库 MySQL 存储数据量较小的标签,其重点都是统一各种标签的存储格式及存储引擎,方便后续对标签数据进行加工处理。规则类标签的生成依赖现有标签的组合,标签宽表的生成依赖大量标签数据的汇总,这些都需要底层标签拥有统一的存储格式和存储引擎。

以上介绍的离线标签存储主要使用大数据存储引擎实现,但是实时标签因为涉及频繁的标签更新,不再适用于该类存储引擎。以"当日用户实时点赞数"这一标签为例,标签包含的关键信息与表 3-3 所示的内容一致,其需要包含标签实体 ID、标签信息以及时间信息。在存储层面,由于实时标签需要不断更新,且主要存储在支持高并发读取和随机更新的技术组件中,因此业界一般将实时数据存储在 Redis 等缓存中。图 3-4 展示了"当日用户实时点赞数"标签在 Redis 中的数据结构。

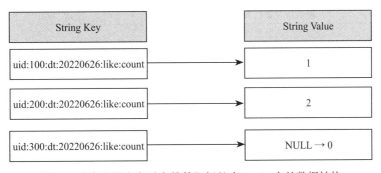

图 3-4 "当日用户实时点赞数"标签在 Redis 中的数据结构

该标签所使用的 Key 为字符串类型,Key 中包含标签实体唯一 ID 以及标签日期,Value 也是字符串类型,用于存储用户当日实时分享数量,也就是当前的标签数值。以 uid:100:dt:20220626:like:count 为例,其中包含了实体 UserId 的唯一编码 100 以及当前标签日期 20220626,其对应的数字 1 表示当日用户实时点赞数标签值。

2. 标签元数据

标签元数据主要包含标签的元信息以及附加信息，本节将从以下方面介绍标签元数据。

❏ 标签基本信息和分类信息主要用于标签管理。

❏ 标签值信息和标签值分布主要用于深入了解画像标签值分布情况。

❏ 标签使用统计和标签生产调度包含标签的使用情况和生产调度信息。

标签元数据存储在业务数据库中，可以满足高并发、低延迟的数据查询需求，本节以MySQL（版本 8.0）为例，介绍各类信息包含的关键属性以及数据示例。

标签基本信息主要包含标签 ID、名称、创建者、分类、源数据等内容，其更多主要属性如表 3-5 所示。标签基本信息主要用于标签信息查询和展示，以便使用者快速了解标签实体类型、标签分类以及标签的准确率、覆盖率。标签基本信息作为标签元数据的核心内容可以延伸出更多维度的数据，比如标签值信息、标签生产调度信息和使用统计信息。

表 3-5 标签基本信息主要属性

属性	说明	示例
id	标签 ID，唯一标识，可以作为外键关联到其他标签元数据表	123、456
label_name	标签名称，方便使用者理解	性别、兴趣爱好
creator	标签创建者	张三、李四
create_time	标签创建时间	毫秒时间戳
update_time	标签信息最近更新时间	毫秒时间戳
label_status	标签状态	正常状态、删除状态
label_classify_type	标签分类 ID	基础属性、用户行为
entity_type	标签实体类型	用户、商品、视频
table_name	标签源数据所在数据库表名称	userprofile_demo.abc_table
field_name	标签所在数据表的列名称	gender、interests
data_type	标签所在数据表中列的类型	string、array、map
primary_key	标签所在数据表中的主键 ID	user_id、device_id
computation_logic	标签的计算逻辑和口径	兴趣爱好：依据用户最近 3 个月的行为数据，通过算法挖掘获取到用户的兴趣爱好
accuracy_rate	标签准确率	98.56%
coverage_rate	标签覆盖率	99.09%
business_id	业务方唯一标识，不同业务下标签不同	产品 1、产品 2
id_type	标签所表达的实体 ID 类型	UserId、DeviceId

在工程项目中可以通过如下 SQL 语句创建包含上述属性的标签基本信息数据表。

```
CREATE TABLE `demo_userprofile_label_basicinfo` (
  `id` bigint NOT NULL COMMENT '标签 ID',
  `label_name` varchar(100) NOT NULL COMMENT '标签名称',
  `creator` varchar(100) NOT NULL COMMENT '标签创建者',
  `create_time` bigint NOT NULL COMMENT '标签创建时间',
  `update_time` bigint NOT NULL COMMENT '标签信息最近更新时间',
```

```
  `label_status` int NOT NULL COMMENT '标签状态',
  `label_classify_type` bigint NOT NULL COMMENT '标签分类 ID',
  `entity_type` int NOT NULL COMMENT '标签实体类型',
  `table_name` varchar(100) DEFAULT NULL COMMENT '标签源数据所在数据库表名称',
  `field_name` varchar(100) DEFAULT NULL COMMENT '标签所在数据表的列名称',
  `data_type` varchar(255) DEFAULT NULL COMMENT '标签所在数据表中列的类型',
  `primary_key` varchar(255) DEFAULT NULL COMMENT '标签所在数据表中的主键 ID',
  `computation_logic` text COMMENT '标签的计算逻辑和口径',
  `accuracy_rate` double(10,0) DEFAULT NULL COMMENT '标签准确率',
  `coverage_rate` double(10,0) DEFAULT NULL COMMENT '标签覆盖率',
  `business_id` bigint NOT NULL COMMENT '业务方唯一标识',
  `id_type` int NOT NULL COMMENT '标签所表达的实体 ID 类型',
  PRIMARY KEY (`id`)
) ENGINE=InnoDB DEFAULT CHARSET=utf8mb4 COLLATE=utf8mb4_0900_ai_ci;
```

标签分类信息是标签元数据的重要组成部分，主要包含标签分类 ID、分类名称等，其更多主要属性如表 3-6 所示。

表 3-6 标签分类信息主要属性

属性	说明	示例
id	标签分类 ID，唯一标识	123、456
classify_name	分类名称	基础属性、用户行为
creator	标签分类创建者	张三、李四
create_time	标签分类创建时间	毫秒时间戳
update_time	标签分类信息最近更新时间	毫秒时间戳
classify_status	标签分类状态	正常状态、删除状态
business_id	业务方唯一标识，不同业务下标签分类不同	产品 1、产品 2
id_type	标签分类所表达的实体 ID 类型	UserId、DeviceId

在工程项目中可以通过如下 SQL 语句创建包含上述属性的标签分类数据表。

```
CREATE TABLE `demo_userprofile_label_classifyinfo` (
  `id` bigint NOT NULL COMMENT '标签分类 ID',
  `classify_name` varchar(100) NOT NULL COMMENT '分类名称',
  `creator` varchar(100) NOT NULL COMMENT '标签分类创建者',
  `create_time` bigint NOT NULL COMMENT '标签分类创建时间',
  `update_time` bigint NOT NULL COMMENT '标签分类信息最近更新时间',
  `classify_status` int NOT NULL COMMENT '标签分类状态',
  `business_id` bigint NOT NULL COMMENT '业务方唯一标识',
  `id_type` int NOT NULL COMMENT '标签所表达的实体 ID 类型',
  PRIMARY KEY (`id`)
) ENGINE=InnoDB DEFAULT CHARSET=utf8mb4 COLLATE=utf8mb4_0900_ai_ci;
```

标签值信息用于记录指定标签的取值集合或范围，比如性别标签有男、女和未知 3 种取值。标签值信息主要用于标签圈选和分析，人群圈选页面上需要展示标签下的所有取值，人群分析功能需要展示标签下不同取值的分布情况。标签值信息包含的属性较少，其主要属性如表 3-7 所示。

表 3-7　标签值信息主要属性

属性	说明	示例
id	标签值 ID，唯一标识	123、456
label_id	标签 ID	性别、兴趣爱好对应的标签主键 ID
create_time	标签值创建时间	毫秒时间戳
update_time	标签值最近更新时间	毫秒时间戳
label_value_status	标签值状态	正常状态、删除状态
label_value	标签值	性别标签：男、女 爱好标签：体育、军事
lavel_value_alias	标签值别名，当标签值不容易理解时，可通过别名补充说明	如性别标签值为 1、2 等数字编码时，可以通过别名来明确说明其含义，1 为男性，2 为女性

在工程项目中可以通过如下 SQL 语句创建包含上述属性的标签值信息数据表。

```
CREATE TABLE `demo_userprofile_label_value` (
  `id` bigint NOT NULL COMMENT '标签值 ID',
  `label_id` bigint NOT NULL COMMENT '标签 ID',
  `create_time` bigint NOT NULL COMMENT '标签值创建时间',
  `update_time` bigint NOT NULL COMMENT '标签值最近更新时间',
  `label_value_status` int NOT NULL COMMENT '标签值状态',
  `label_value` varchar(100) NOT NULL COMMENT '标签值',
  `lavel_value_alias` varchar(100) DEFAULT NULL COMMENT '标签值别名',
  PRIMARY KEY (`id`)
) ENGINE=InnoDB DEFAULT CHARSET=utf8mb4 COLLATE=utf8mb4_0900_ai_ci;
```

在标签值信息的基础上，标签值分布数据描述了不同标签值在标签所有取值中的占比情况。标签值占比通过当前标签值的行数与标签总行数相除获取。对于每日自动更新标签，其标签数据总量和每一个标签值对应的数据量级会出现波动，为了记录每日的标签值分布，需要在标签值分布数据中记录版本信息。利用版本信息可以分析标签值分布随时间的波动情况，用于后续标签质量监控。标签值分布主要属性如表 3-8 所示。

表 3-8　标签值分布主要属性

属性	说明	示例
id	标签值分布 ID，唯一标识	123、456
label_value_id	标签值 ID	性别标签中男取值 ID、兴趣标签中军事取值 ID
create_time	标签值分布创建时间	毫秒时间戳
update_time	标签值分布最近更新时间	毫秒时间戳
data_status	标签值分布状态	正常状态、删除状态
label_id	标签 ID	性别标签主键 ID 123、兴趣标签主键 ID 456
label_value_count	当前版本标签数值对应的数据行数	100、200
version	标签值分布数据版本	20220701、20220702
label_total_count	当前版本标签总行数	200、300

在工程项目中可以通过如下 SQL 语句创建包含上述属性的标签值分布数据表。

```
CREATE TABLE `demo_userprofile_label_value_distribution` (
  `id` bigint NOT NULL COMMENT '标签值分布 ID',
  `label_value_id` bigint NOT NULL COMMENT '标签值 ID',
  `create_time` bigint NOT NULL COMMENT '标签值分布创建时间',
  `update_time` bigint NOT NULL COMMENT '标签值分布最近更新时间',
  `data_status` int NOT NULL COMMENT '标签值分布状态',
  `label_id` bigint NOT NULL COMMENT '标签 ID',
  `label_value_count` bigint NOT NULL COMMENT '当前版本标签数值对应的数据行数',
  `version` bigint NOT NULL COMMENT '标签值分布数据版本',
  `label_total_count` bigint NOT NULL COMMENT '当前版本标签总行数',
  PRIMARY KEY (`id`)
) ENGINE=InnoDB DEFAULT CHARSET=utf8mb4 COLLATE=utf8mb4_0900_ai_ci;
```

标签的使用数据需要记录下来，该数据可以统计出不同情况下标签被使用的情况。标签使用统计信息主要记录标签的调用方和使用方式，其包含的主要属性如表 3-9 所示。通过标签使用统计可以了解标签的重点使用场景，方便后续对标签进行个性化配置；也可以量化标签的有用性，当标签被使用次数较少或者只在个别场景下使用时，为了节约资源可以下线该类标签。

表 3-9　标签使用统计主要属性

属性	说明	示例
id	标签使用统计 ID，唯一标识	123、456
label_id	标签 ID	性别标签主键 ID 123、兴趣标签主键 ID 456
create_time	标签使用统计创建时间	毫秒时间戳
update_time	标签使用统计更新时间	毫秒时间戳
usage_mode	标签使用方式	人群圈选、画像分析
user_source_id	标签使用方唯一标识	唯一标识字符串
user_source_type	标签使用方类型	单用户、平台
other_info	标签使用附加信息	标签使用时的额外附加信息，方便后续统计和查看

在工程项目中可以通过如下 SQL 语句创建包含上述属性的标签使用统计数据表。

```
CREATE TABLE `demo_userprofile_label_usage_statistics` (
  `id` bigint NOT NULL COMMENT '标签使用统计 ID',
  `label_id` bigint NOT NULL COMMENT '标签 ID',
  `create_time` bigint NOT NULL COMMENT '标签使用统计创建时间',
  `update_time` bigint NOT NULL COMMENT '标签使用统计更新时间',
  `usage_mode` int NOT NULL COMMENT '标签使用方式',
  `user_source_id` varchar(100) NOT NULL COMMENT '标签使用方唯一标识',
  `user_source_type` int NOT NULL COMMENT '标签使用方类型',
  `other_info` text NOT NULL COMMENT '标签使用附加信息',
  PRIMARY KEY (`id`)
) ENGINE=InnoDB DEFAULT CHARSET=utf8mb4 COLLATE=utf8mb4_0900_ai_ci;
```

标签数据的生产依赖任务调度，任务调度需要配置标签的执行时间、执行 SQL 语句等信息。标签生产调度信息用于保存标签的生产调度配置。如表 3-10 所示，标签生产调度信息包含的主要属性有标签 ID、标签调度 Cron 表达式、标签调度 SQL 语句等。

表 3-10　标签生产调度主要属性

属性	说明	示例
id	标签生产调度 ID	123、456
label_id	标签 ID	性别标签主键 ID 123、兴趣标签主键 ID 456
create_time	标签调度信息创建时间	毫秒时间戳
update_time	标签调度信息更新时间	毫秒时间戳
cron_expression	标签调度 Cron 表达式	0 15 10 ? * *
product_sql	标签调度 SQL 语句	生产标签数据的 SQL 语句
scheduler_status	标签调度记录状态	正常状态、删除状态

在工程项目中可以通过如下 SQL 语句创建包含上述属性的标签生产调度数据表。

```sql
CREATE TABLE `demo_userprofile_label_production_scheduler` (
  `id` bigint NOT NULL COMMENT '标签生产调度 ID',
  `label_id` bigint NOT NULL COMMENT '标签 ID',
  `create_time` bigint NOT NULL COMMENT '标签调度信息创建时间',
  `update_time` bigint NOT NULL COMMENT '标签调度信息更新时间',
  `cron_expression` varchar(100) NOT NULL COMMENT '标签调度 Cron 表达式',
  `product_sql` text NOT NULL COMMENT '标签调度 SQL 语句',
  `scheduler_status` int NOT NULL COMMENT '标签调度记录状态',
  PRIMARY KEY (`id`)
) ENGINE=InnoDB DEFAULT CHARSET=utf8mb4 COLLATE=utf8mb4_0900_ai_ci;
```

标签的每一次生产调度执行情况需要记录下来，后续可以用来追踪标签生产调度执行情况。表 3-11 展示了标签生产调度详情包含的主要属性。

表 3-11　标签生产调度详情主要属性

属性	说明	示例
id	标签生产调度详情 ID	123、456
production_scheduler_id	标签生产调度 ID	关联到标签生产调度主键，如 123、456
create_time	标签调度详情信息创建时间	毫秒时间戳
update_time	标签调度详情信息更新时间	毫秒时间戳
start_time	本次标签调度开始时间	毫秒时间戳
end_time	本次标签调度结束时间	毫秒时间戳
scheduler_result	标签生产调度执行结果	执行成功、执行失败
version	标签生产调度版本	20220701

在工程项目中可以通过如下 SQL 语句创建包含上述属性的标签生产调度详情数据表。

```sql
CREATE TABLE `demo_userprofile_label_production_scheduler_detail` (
  `id` bigint NOT NULL COMMENT '标签生产调度详情 ID',
  `production_scheduler_id` bigint NOT NULL COMMENT '标签生产调度 ID',
  `create_time` bigint NOT NULL COMMENT '标签调度详情信息创建时间',
  `update_time` bigint NOT NULL COMMENT '标签调度详情信息更新时间',
  `start_time` bigint NOT NULL COMMENT '本次标签调度开始时间',
  `end_time` bigint NOT NULL COMMENT '本次标签调度结束时间',
  `scheduler_result` int NOT NULL COMMENT '标签生产调度执行结果',
```

```
    `version` bigint NOT NULL COMMENT '标签生产调度版本',
    PRIMARY KEY (`id`),
) ENGINE=InnoDB DEFAULT CHARSET=utf8mb4 COLLATE=utf8mb4_0900_ai_ci;
```

以上介绍了标签元数据包含的重要组成部分，如图 3-5 所示，不同数据之间存在直接或者间接的关联关系。标签基本信息是标签元数据的核心内容，通过标签 ID 与标签使用统计、标签分类信息、标签值信息以及标签生产调度信息建立了关联关系。标签生产调度详情记录了每一次标签生产调度执行情况，标签值分布记录了每一个标签值的分布占比数据。各数据模块相互关联，共同构建了完整的标签元数据信息。

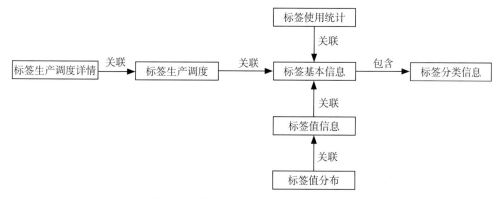

图 3-5　标签元数据主要信息间关联关系

3.3.2　标签生产

本节将结合实际案例介绍各类标签的生产方式，包括统计类标签、规则类标签、导入类标签、实时标签和挖掘类标签，部分环节给出了核心 Hive SQL 语句及 Java 代码示例。

1. 统计类标签

统计类标签是通过离线数据统计手段，计算出指定时间范围内满足特定要求的标签值。统计类标签大部分涉及时间属性，比如近一天点赞次数、最近一周平均在线时长、最近一个月发布文章数等，但并不是所有统计类标签数据最终都可以量化，比如距今最近一次登录时间、最近一周是否被举报，其结果分别是日期和布尔值。借助大数据引擎执行统计语句可以生产出统计类标签。下面以最近一周平均在线时长、最近一周是否被举报为例，说明统计类标签的生产方式。

"最近一周平均在线时长"标签用于统计最近一周用户在线时长的平均值。假设当前日期是 T，其计算过程分为两步，计算出 $T-7$ 到 $T-1$ 日期范围内的在线时长总和，用总和除以时间跨度 7。假设用户在线时长明细存储在 Hive 表 userprofile_demo.user_online_data 的列 online_time 中，该列类型是 bigint，存储的是当日用户在线时长秒数，数据表通过主键 user_id 唯一标识一个用户。该统计类标签生产语句如下所示，其中通过 SUM 函数计算出了每一个 user_id 的在线时长总和。示例中 SQL 语句的日期范围是写死的，在实际生产环节，日期范围可以通过变量来替代。

```
SELECT
  user_id,
  sum(online_time) / 7
FROM
  userprofile_demo.user_online_data
WHERE
  p_date >= '2022-06-20'
  AND p_date <= '2022-06-26'
GROUP BY
  user_id
```

同理，对于"最近一周是否被举报"标签，假设用户举报行为数据存储在行为明细Hive 表 userprofile_demo.user_report_detail_data 中，其中列 reported_user_id 记录了被举报用户。当前日期是 T，只需统计出 $T-7$ 到 $T-1$ 日期范围内的用户被举报总数，如果总数大于 0，则说明用户最近一周被举报过。其统计语句如下所示，该语句涉及子查询语句，需要先统计查询出每一个用户被举报的详细次数，然后在外层查询中根据被举报次数的多少判断最近一周是否被举报，1 代表是，0 代表否。

```
SELECT
  t.reported_user_id,
  CASE WHEN t.reportedCount > 0 THEN '1' ELSE '0' END AS reported_ornot
FROM
  (
    SELECT
      reported_user_id,
      count(1) AS reportedCount
    FROM
      userprofile_demo.user_report_detail_data
    WHERE
      p_date >= '2022-06-20'
      AND p_date <= '2022-06-26'
    GROUP BY
      reported_user_id
  ) t
```

上述两个统计类标签生产示例的 SQL 语句只是将标签结果查询出来，为了保存标签内容，可以使用 INSERT OVERWRITE 将结果写入 Hive 表中。以"最近一周平均在线时长"为例，假设该标签需要每天例行更新并以日期作为分区，标签数据最终存储到 Hive 表userprofile_demo.user_avg_online_label 中，其 SQL 语句如下所示。

```
INSERT OVERWRITE TABLE userprofile_demo.user_avg_online_label PARTITION (p_date
  = '2022-06-26')
SELECT
  user_id,
  sum(online_time) / 7
FROM
```

```
  userprofile_demo.user_online_data
WHERE
  p_date >= '2022-06-20'
  AND p_date <= '2022-06-26'
GROUP BY
  user_id
```

标签生产任务大部分需要例行化执行，在生产环境中需要将上述 SQL 语句配置成定时调度任务。支持配置大数据调度任务的方式有很多，可以使用 Airflow 或者 DolphinScheduler 等开源调度工具实现，也可以通过编写工程代码实现。以调度工具 DolphinScheduler 为例，可以在该工具上可视化地配置工作流，并为该工作流配置例行化任务。图 3-6 是通过 DolphinScheduler 配置标签生产任务的截图，其关键配置包括任务执行的 SQL 语句以及任务调度周期，可以在 SQL 语句中配置自定义变量来实现数据统计周期的自动变更。

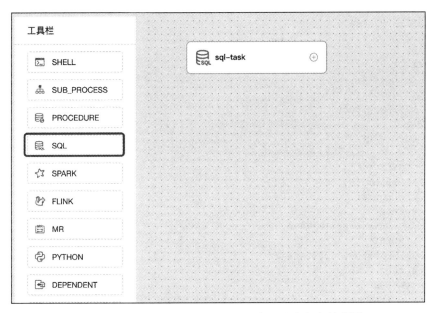

图 3-6　通过 DolphinnScheduler 配置标签生产任务的截图

也可以自行编写工程代码来实现标签的定时生产。工程代码可以通过 Hive JDBC 连接到 HiveServer，将标签生产 SQL 语句提交给 HiveServer 后交由大数据引擎执行；编写调度任务需要配置调度周期，在到达调度时间点时提交相应的 SQL 语句到执行引擎；每一次标签生产调度数据都可以记录下来，用于后续的统计分析。自行编写工程代码虽然比较灵活，但是仅适合做一些比较简单的 SQL 语句执行任务，当数据任务比较复杂且涉及多个步骤时，使用现成的任务调度工具是最好的选择。

2. 规则类标签

规则类标签的生成依赖现有标签内容，需要在已有标签数据的基础上进行综合条件判断，最终生产出新的标签数据，比如"是否男性高粉"依赖性别和粉丝数标签；"Android 高端机"依赖手机操作系统和手机价格标签。男性高粉的定义是粉丝数超过 10 万的男性用户。

以"是否男性高粉"标签为例，假设性别标签存储在数据表 userprofile_demo.user_gender_data 的 gender 列中，粉丝数标签存储在数据表 userprofile_demo.user_fanscount_data 的 fans_count 列中，两个表的主键都是 user_id。该标签的生产语句如下所示。

```
-- 写入标签数据表中 --
INSERT OVERWRITE TABLE userprofile_demo.user_is_highfans_male_label PARTITION (p_
  date = '2022-06-26')
SELECT
  t.user_id,
-- 判断用户是否属于高粉的男性用户 --
  CASE WHEN t.gender = 'M' AND t.fans_count > 100000 THEN 1 ELSE 0 END AS is_
    high_fans_male
FROM
  (
    SELECT
      t1.user_id,
      t1.gender,
      t2.fans_count
    FROM
      (
        -- 获取性别和粉丝数明细数据 --
        SELECT
          user_id,
          gender
        FROM
          `userprofile_demo.user_gender_data`
        WHERE
          p_date = '2022-06-26'
      ) t1
      INNER JOIN (
        SELECT
          user_id,
          fans_count
        FROM
          `userprofile_demo.user_fanscount_data`
        WHERE
          p_date = '2022-06-26'
      ) t2 ON (t1.user_id = t2.user_id)
  ) t
```

上述语句包含三部分内容，首先通过性别和粉丝数标签数据表之间的连接操作查询到所有用户的性别和粉丝数明细数据，然后根据规则找出高粉男性用户，最后将统计结果写入目标数据表中。与统计类标签类似，规则类标签也可以借助现有调度工具或者工程代码实现标签定时产出。

规则类标签的生产方式决定了其比较容易工程化实现,在标签管理功能中可以通过页面化配置新增一个规则类标签。借助标签元数据信息可以在页面上展示出现有的标签数据,通过配置标签间的组合关系自动生成规则类标签的生产语句,运行该语句便能产出新的规则标签。标签管理功能支持的自定义添加标签主要针对的也是规则类标签。

3. 导入类标签

导入类标签依赖用户上传的数据来构建新的标签。用户导入数据的方式主要分为文件上传、从其他数据源导入(如 MySQL、Hive)两种方式。比如 A 调研问卷中的有效用户可以上传到画像平台并构建一个新的标签"A 调研重点关注用户";在 B 游戏发版后,数据分析师找到了一批潜在的优质用户作为后续重点运营群体,这些用户可以导入画像平台并构建一个新的标签"B 游戏潜在推广用户"。

通过上传文件创建标签时需要用户提供包含 UserId 的文件,然后在标签管理功能模块上传文件即可。为了保持不同标签的存储方式以及格式相同,通过上传文件创建的标签最终也需要存储到 Hive 表中。为了实现文件中的数据同步至 Hive 表,本节将介绍两种实现方案。

方案一：通过 SQL 语句写入数据

通过 INSERT 语句写入 Hive 表。当上传的文件数据量较少时,可以通过拼接 INSERT 语句将文件中的数据写入指定 Hive 表中。在创建"A 调研重点关注用户"标签时,上传的文件中包含了一些 UserId,可以将这些用户的"A 调研重点关注用户"标签取值设置为 1,1 代表是,0 代表否。最终标签数据要存储到 Hive 表 userprofile_demo.a_activity_special_user_data 中,该表主要包含的属性为分区键 p_date,标签列 user_id 和 is_special。核心 SQL 语句如下所示。

```
INSERT INTO
  userprofile_demo.a_activity_special_user_data PARTITION (p_date = '2022-06-26')
VALUES
  (123, 1),(234, 1),....(1000, 1);
```

该方案需要遍历用户上传的文件数据并解析其中的 UserId,然后借助工程代码自动生成上述 SQL 语句,通过提交 SQL 语句到大数据引擎,最终实现通过用户上传文件生产标签的功能。这种执行方式对于数据量级较小的文件是可行的,但在文件数据量较大时则不再适用。分析原因,一是 SQL 语句太长容易运行失败,二是 SQL 语句执行效率较低,大数据量下等待时间较长。

方案二：通过 HDFS 文件写入数据

通过直接写入 HDFS 文件的方式快速落盘到 Hive 表中,该实现方案主要分为两步。
❑ 解析用户上传的文件,读取文件内容并在当前机器中写入 Parquet 格式的文件。
❑ 将上述 Parquet 文件上传到 HDFS 中,并加载生成 Hive 表。
该实现方案执行效率较高,但是涉及直接操作 HDFS 文件,如果代码异常,可能会污染线上数据。直接写入 HDFS 文件的方式主要依赖工程实现，其核心代码如下所示。

```java
public void writeDatToParquetFile(List<Long> userIds) throws Exception {
    // 构建数据表 Schema
    StringBuilder stringBuilder = new StringBuilder();
    String ls = System.getProperty("line.separator");
    stringBuilder.append("message m {").append(ls)
            .append("optional int64 user_id;").append(ls).append("optional int64
                is_special;")
.append(ls).append("}");
    String rawSchema = stringBuilder.toString();
    // 本地写数据到 Parquet 文件中
    String parquetPath = "Parquet 文件路径 ";
    Path path = new Path(parquetPath);
    MessageType schema = MessageTypeParser.parseMessageType(rawSchema);
    GroupFactory factory = new SimpleGroupFactory(schema);
    Configuration conf = new Configuration();
    GroupWriteSupport.setSchema(schema, conf);
    ParquetWriter<Group> writer = CsvParquetWriter.builder(path)
            .withWriteMode(Mode.OVERWRITE)
            .withConf(conf)
            .withCompressionCodec(CompressionCodecName.SNAPPY)
            .build();
    try {
        Iterator<Long> iterator = userIds.iterator();
        while (iterator.hasNext()) {
            Long userId = iterator.next();
            Group group = factory.newGroup().append("user_id", userId).append("is_
                special", 1);
            writer.write(group);
        }
    } finally {
        writer.close();
    }
    // 上传本地文件到 HDFS 中
    String destPath = "HDFS 文件地址 ";
    UserGroupInformation ugi = UserGroupInformation.createRemoteUser(" 用户名称 ");
    ugi.doAs(new PrivilegedExceptionAction<Void>() {
        public Void run() throws Exception {
            FileSystem fs = HdfsFileService.getWriteHdfs();
            fs.copyFromLocalFile(true, true, new Path(parquetPath), new Path(destPath));
            return null;
        }
    });
    // 下载 HDFS 文件到 Hive 表中
    String loadHdfsFileToTable = "LOAD DATA INPATH " + destPath + " INTO TABLE
        userprofile_demo.a_activity_special_user_data  PARTITION (p_date='2022-06-
        26')";
    // 通过 JDBC 执行上述语句
    hiveJdbcTemplate.update(loadHdfsFileToTable);
}
```

综上所述，图 3-7 展示了导入类标签的两种生产方式。

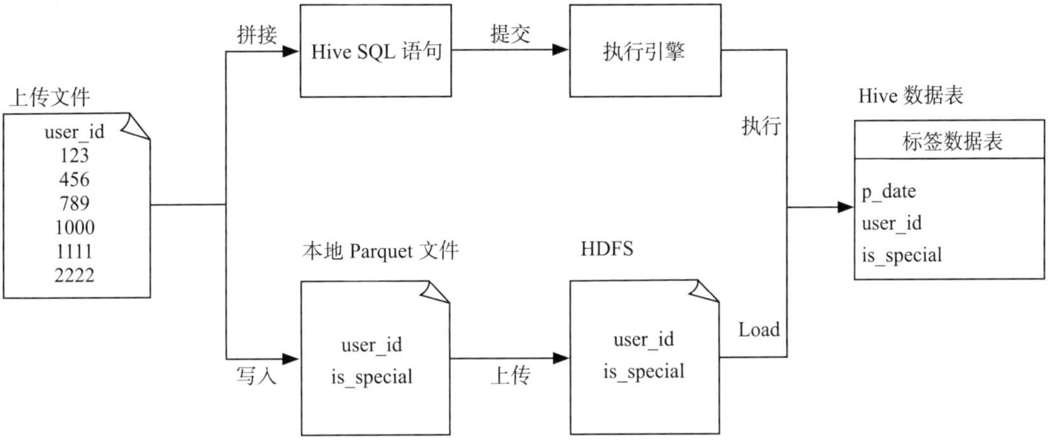

图 3-7 导入类标签的两种生产方式

4. 实时标签

前文提到，实时标签可以保证标签数据的实时性，反馈标签的最新数值。比如"当日实时分享数量"标签记录了用户从当天凌晨开始到当前时刻的累计分享次数；"当日是否被举报"标签记录了用户当日是否被举报，当举报事件发生时，用户该标签值可以实时更新为"被举报"。

实时标签的数据源一般都是实时数据流，实时数据流中的数据一般来自客户端上报日志或者服务端业务日志。实时数据可以借助消息队列进行传递，下游通过消费队列中的数据来构建实时标签。业界比较流行的消息队列有 Kafka、RocketMQ、RabbitMQ 和 ActiveMQ 等，其优劣势和所适用的场景各不相同，其中 Kafka 比较适用大规模数据传输，在大数据吞吐量和性能上表现良好。用于消费实时数据的技术有 Storm、Spark Streaming、Flink 等，近几年 Flink 在业界使用比较广泛，主要是因为其支持简单的编程模型，在高吞吐、低延迟、高性能等方面表现良好。

下面以"当日实时分享数量"为例，介绍采用 Flink 消费 Kafka 实时数据流来生产实时标签的过程。假设用户分享行为数据记录在名为 user_share_action_detail 的 Kafka Topic 中，其数据组织为 JSON 格式，主要包含的属性为分享时间 shareTime，分享者 userId 以及视频 photoId，数据示例如下所示。

```
{
  "userId": 100, // 用户 ID
  "photoId": 200, // 分享的视频 ID
  "shareTime": 1656406377465 // 分享毫秒时间戳
}
```

通过 Flink 实时消费 Kafka Topic 数据，并将实时标签数据更新到 Redis 中，其主要流程如图 3-8 所示。

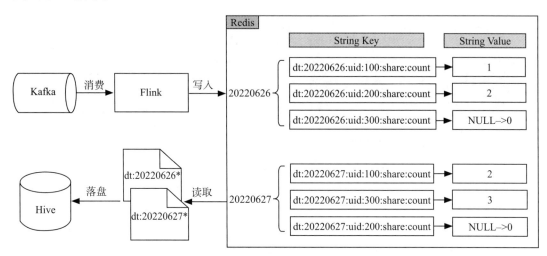

图 3-8　当日实时分享数量标签生产流程图

"当日实时分享数量"标签与日期有关，需要区分出不同日期下的标签数据。可以借助分享时间戳计算当前的日期，根据不同日期构建不同的 Redis Key 前缀，比如 dt:20220626 和 dt:20220627。Redis Key 中除了日期之外还要包含实体 ID 信息，这样便可以快速定位到某个日期下指定 UserId 的分享数，比如 dt:20220626:uid:100:share:count。分享数量标签值可以通过 Redis String 数据结构存储。当指定 UserId 在某日期下分享次数增加时，可以通过 Redis 的 incr 函数实现标签值变更。

按照业务需求也可以设置 Redis Key 过期时间，防止存储资源浪费。实时标签数据可以定期从 Redis 同步到 Hive 表中，由于所有 Key 均带有日期前缀，可以从 Redis 中定期获取指定日期前缀的数据文件，解析数据文件后写入 Hive 表即可（可以参考通过上传文件导入标签的方式）。落盘 Hive 表后可以作为实时标签的数据备份，也方便后续进行数据回溯和历史数据查询。

以下是"当日实时分享数量"标签生产的核心代码，其中包含 Flink 消费 Kafka Topic、解析其中 JSON 数据并写入 Redis 的主要过程。

```java
@Data
@AllArgsConstructor
public static class Event {
  private Long userId;
  private Long photoId;
  private long shareTime;
}
public static void main(String[] args) throws Exception {
  StreamExecutionEnvironment env = StreamExecutionEnvironment.getExecution-
    Environment();
  // Kafka 配置
```

```
Properties properties = new Properties();
properties.setProperty("bootstrap.servers", "Kafka IP 及端口号 ");
properties.setProperty("group.id", " 消费 Group");
properties.setProperty("key.deserializer", "org.apache.kafka.common.serialization.
  StringDeserializer");
properties.setProperty("value.deserializer", "org.apache.kafka.common.serialization.
  StringDeserializer");
properties.setProperty("auto.offset.reset", "latest");
// 实时数据流配置
DataStreamSource<String> stream = env.addSource(new FlinkKafkaConsumer09<String>(
  "Topic 名称 ",  new SimpleStringSchema(), properties
));
// 解析数据流中的每一行数据, 从 JSON 中获取关键属性信息
SingleOutputStreamOperator<Event> flatMap = stream.flatMap(new FlatMapFunction<String,
  Event>() {
  @Override
  public void flatMap(String message, Collector<Event> collector) throws Exception {
    JsonObject jsonObject = JsonParser.parseString(message).getAsJsonObject();
    long userId = jsonObject.get("userId").getAsLong();
    long photoId = jsonObject.get("photoId").getAsLong();
    long shareTime = jsonObject.get("shareTime").getAsLong();
    collector.collect(new Event(userId, photoId, shareTime));
  }
});
// 处理数据并更新实时分享数据
flatMap.addSink(new RichSinkFunction<Event>() {
  @Override
  public void invoke(Event value, Context context) throws Exception {
    // 根据 shareTime 获取当前日期 20220626
    String currentDate = DateFormatUtils.format(value.getShareTime(), "yyyyMMdd");
    // 构建 Redis Key 并更新数据
    String redisKey = String.format("dt:%s:uid:%s:share:count", currentDate, value.
      getUserId());
    redisUtil.incrBy(redisKey, 1L);
  }
});
env.execute();
}
```

实时数据除了用于构建实时标签之外, 还可以记录到行为明细数据表中用于明细数据分析。以用户分享行为为例, Kafka 消息中包含的明细数据经由 Flink 解析后可以写入大数据存储引擎中, 为了实现 OLAP 功能, 可以写入 ClickHouse 表中; 为了备份数据并支持离线统计分析, 也可以写入 Hive 表中。ClickHouse 提供数据写入接口, 可以在 FLink 消费实时数据时直接调用其接口实现数据写入; Hive 数据的写入可以借助 Hive JDBC 执行写入语句或者直接写入 HDFS 文件并加载到 Hive 表中。实时明细数据写入过程如图 3-9 所示。

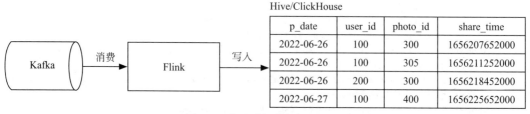

Hive/ClickHouse

p_date	user_id	photo_id	share_time
2022-06-26	100	300	1656207652000
2022-06-26	100	305	1656211252000
2022-06-26	200	300	1656218452000
2022-06-27	100	400	1656225652000

图 3-9　实时明细数据写入过程

5. 挖掘类标签

挖掘类标签是指借助机器学习算法挖掘出的标签。不同于统计类和规则类标签，挖掘类标签无法直接通过简单的统计语句计算获取，需要借助算法模型对标签结果进行预测。比如用户的兴趣爱好标签，需要根据用户过往历史行为挖掘出兴趣爱好及概率值；用户的婚育情况标签也无法直接从现有数据中统计获取到，需要借助用户的历史行为进行挖掘、预测。

图 3-10 展示了挖掘类标签的生产逻辑，算法模型依赖各类特征数据进行模型训练，给定一批待预测用户之后可以计算出标签预测结果，在该预测结果基础上可以封装产出挖掘类标签。大部分挖掘类标签的生产最终都是一个分类问题，可以通过算法找出概率值最大的标签数值，概率的大小代表用户倾向性大小，比如用户已婚的概率是 0.8 代表用户大概率是已婚状态，该用户可以划分到已婚用户群体中。

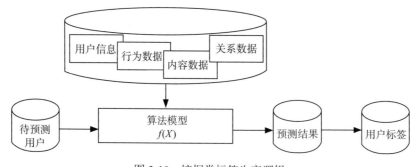

图 3-10　挖掘类标签生产逻辑

挖掘类标签的生产过程涉及机器学习的一系列环节，其生产流程较长、人力和资源投入较多，所以目前该类标签在整个标签体系中的占比不高。但是挖掘类标签可以从历史数据中挖掘出用户潜在的标签信息，其可以拓展标签边界范围。在与业务合作的过程中，挖掘类标签可以明确优化目标，灵活地适配业务需求来取得更好的业务效果。机器学习流程如图 3-11 所示，大致划分为数据收集与分析、特征工程、模型训练与评估和模型上线 4 个环节，下面将结合该流程介绍"是否已婚"标签的挖掘生产过程。

数据收集与分析：对于"是否已婚"标签，业务需求是找到当前已婚的用户，标签取值为"是"和"否"，说明该标签挖掘过程是一个二值分类问题。可以预测用户已婚的概率，根据概率值大小进行婚育情况划分。明确需求后可以先收集样本数据，即找到一批真实已婚用户用于后续的模型训练和测试。有了样本数据后，开始整理后续模型训练可能用到的特征数据，是否已婚可以反映到用户的各类行为数据上，比如用户的浏览记录中如果包含大量婚姻类内容，已婚概率较大；用户的兴趣偏好中如果包含母婴内容，已婚的概率较大；用户的活跃时间反馈用户可以上网的时间分布，已婚用户在时间分布上可能有一定的特点；用户的年龄如果属于中老年则已婚概率较大。数据收集阶段能够找到的数据越多越好。对于收集到的数据要进行数据分析，比如找出数据的最大最小值，方差中位数等；对于字符串类型的数据，要分析不同取值的占比情况。对于质量较差的数据，在该阶段就要直接过滤掉。

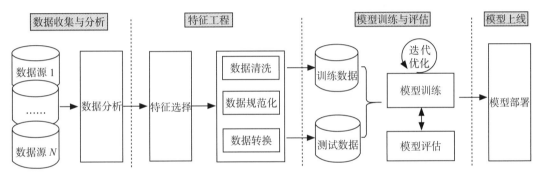

图 3-11　机器学习流程图

特征工程：对于收集到的数据，当质量和数量都满足要求之后，可以筛选出可用的特征数据，特征的好坏最终对模型预测结果有很大的影响。选择的特征数据需要经过特征处理，如数据清洗、数据规范化以及数据转换。数据清洗用于去掉脏数据和异常数据。数据规范化是统一数据类型及数据格式。数据转换涉及数据的编码、向量化等过程。特征数据经过上述操作之后，可以分为训练数据和测试数据并最终应用到模型训练中。

模型训练与评估：算法模型使用训练数据进行模型训练，通过测试数据来评估模型效果。当预测结果不满足预期时，通过不断调整模型参数来优化模型直到预测结果符合预期。选择算法模型是该阶段的重点，需要从决策树、SVM、随机森林、Logistic 回归、神经网络等模型中选择最适合解决当前问题的模型，也可以测试不同的算法模型并经过交叉验证选出结果最好的一个。对于模型的评估也有很多方法，比如混淆矩阵、基尼系数、ROC 曲线等，需要采用合适的方法评估模型效果。本节为了预测"是否已婚"概率，采用的是 Logistic 回归模型。

模型上线：当模型预测结果达到预期之后，可以将模型部署到线上。算法模型导出后主要包含四类文件：Model 文件、标签编码文件、元数据文件以及变量文件。"是否已婚"模型文件部署到线上后便可以用于预测用户"是否已婚"的概率，当概率值超过指定阈值时可以认定为已婚并最终生成标签数据。当后续模型有升级更新时，需要替换线上相关模型文件。

挖掘类标签依赖的机器学习算法及框架目前已经比较成熟，常见的有 Spark MLlib 与 Spark ML、Scikit-learn 等。框架提供传统的机器学习方法，包括分类、回归、聚类、异常检测和数据准备。深度学习是机器学习的重要组成部分，挖掘类标签也可以使用深度学习技术，现在常见的深度学习框架包含 TensorFlow，PyTorch 以及 PaddlePaddle。"是否已婚"标签属于分类问题，需要预测用户已婚概率，主要使用 Spark ML 库进行挖掘，其挖掘流程及核心代码如下所示。

```
SparkConf conf = new SparkConf().setAppName("ifMarryOrNotDemo");
JavaSparkContext jsc = new JavaSparkContext(conf);
SQLContext jsql = new SQLContext(jsc);
// 准备训练数据
List<LabeledPoint> localTraining = Lists.newArrayList(
  new LabeledPoint(1.0, Vectors.dense(0.0, 1.1, 0.1)),
  new LabeledPoint(0.0, Vectors.dense(2.0, 1.0, -1.0)),
  new LabeledPoint(0.0, Vectors.dense(2.0, 1.3, 1.0)),
  new LabeledPoint(1.0, Vectors.dense(0.0, 1.2, -0.5)));
Dataset<Row> training = jsql.applySchema(jsc.parallelize(localTraining), LabeledPoint.
  class);
// 创建 Logistic 回归模型实例
LogisticRegression lr = new LogisticRegression();
// 设置模型参数
lr.setMaxIter(10).setRegParam(0.01);
// 训练模型
LogisticRegressionModel model1 = lr.fit(training);
// 准备测试数据
List<LabeledPoint> localTest = Lists.newArrayList(
  new LabeledPoint(1.0, Vectors.dense(-1.0, 1.5, 1.3)),
  new LabeledPoint(0.0, Vectors.dense(3.0, 2.0, -0.1)),
  new LabeledPoint(1.0, Vectors.dense(0.0, 2.2, -1.5)));
Dataset<Row> test = jsql.applySchema(jsc.parallelize(localTest), LabeledPoint.class);
// 测试模型并查询结果
model1.transform(test).registerTempTable("results");
Dataset<Row> results = jsql.sql("SELECT features, label, probability, prediction
  FROM results");
```

特征工程在挖掘类标签建设中有重要的作用，那如何做好特征工程？特征工程是从原始数据中提取特征的过程，业界也非常重视特征工程的建设。特征越好、灵活性越强，将越有助于后续构建简单且性能出色的算法模型。特征选择的宗旨是找到有用的信息、过滤掉冗余信息，从而辅助算法模型更高效、更准确地确定预测目标。

先说一下特征分类，在"是否已婚"标签挖掘过程中，其特征主要分为如下几类：用户行为数据、用户关系数据、用户信息、内容类数据。用户行为数据是指用户在使用产品的过程中沉淀的行为数据，比如点赞数、评论数、观看视频类型等。用户关系数据记录的是用户之间的连接关系数据，比如好友关系、群组信息等。用户信息是指用户属性和基本信息，比如用户的年龄、常住省、性别等。内容类数据是指用户所关联的内容数据，比如用户喜欢的视频类型、点赞的图片分类、分享的视频所包含的关键要素等。

针对上述分类找到相关特征后，需要做特征数据处理。特征从取值的类型上可以分为两类：数值型和非数值型。可以进行量化的特征都属于数值型，比如点赞次数、送礼次数、粉丝数和关注好友数等；其他类特征，比如性别、爱好、常住省等无法用数值表达，属于非数值型特征。算法模型本身是一个函数，函数只能接收数值型特征的输入，那么对于非数值型特征就需要进行数值转换，常见的方法是数据编码。对于数值型特征，不同特征间数值分布不均匀，比如粉丝数和用户评分，粉丝数的取值范围较广而评分一般在 1～10 分之间，两个特征的数值分布差异较大，如果直接作为特征输入到算法中将对算法结果产生不同的影响，此时需要对数值型特征进行归一化或者分箱等操作。

非数值型特征常见的编码方式是独热（One-Hot）编码，如表 3-12 所示给出了一些编码示例。以性别为例，假设性别有 3 种取值——男、女、未知，可以构建一个长度为 3 的一维数组来表达用户的性别特征，数组中从第 1 位到第 3 位分别代表男、女、未知的取值，数值 1 代表为真，0 代表为假，其中男性的编码为 [1,0,0]。

表 3-12 独热编码示例

特征	特征取值	特征编码
性别	男、女、未知	男：[1,0,0] 女：[0,1,0] 未知：[0,0,1]
常住地类型	城区、镇区、乡村、其他	城区：[1,0,0,0] 镇区：[0,1,0,0] 乡村：[0,0,1,0] 其他：[0,0,0,1]
是否登录	是、否	是：[1,0] 否：[0,1]

对于数值型特征，常见的特征处理方式是归一化。比如粉丝数，如果其取值范围为 0～10 000 000，想降低粉丝数大小对模型的影响，可以归一化到 [0,1]，最简单的方法是所有的粉丝数均除以 10 000 000。归一化虽然降低了不同数值类型特征之间取值大小的差异，但是也隐藏了数据本身的一些特征。为了凸显不同粉丝段的区别，还可以使用分桶策略进行调整。

特征处理的主要逻辑就是把有用信息保留下来，尽量屏蔽非必要信息的干扰，但并没有标准的方法。比如归一化和分桶分别是减小数据差异影响和增大数据特征的方式，需要结合业务和模型特点进行针对性的使用。特征工程的技术实现方案也比较成熟，可以借助 Spark MLlib 自带的各类转换器实现，深度学习领域 TensorFlow、PyTorch 中也包含了特征处理方法。

3.3.3 标签数据监控

保证标签数据质量是画像平台建设不可或缺的一个重要环节，只有保证生产高质量的标签，画像平台上的功能才有价值，这也是人群圈选准确性和画像分析结论有效性的前提和基础。如何通过工程化的方式评估一个标签的质量？表 3-13 展示了评价标签质量的主要检测维度。

表 3-13 评价标签质量的主要检测维度

检测维度	说明	示例
及时性	度量数据达到指定目标的时效性。常见的是数据产出时间监控，如果重要标签数据产出时间有延迟，需要及时发出告警	很多例行任务依赖性别标签数据，需要严格监控性别标签产出时间，在产出时间晚于预期时及时报警
唯一性	度量数据记录是否重复、数据属性是否重复。常见的是标签主键唯一性检测，指定标签数据表中不能有重复的主键 ID	一个用户只能有一条兴趣爱好标签数据，如果兴趣爱好标签中出现了重复 UserId，说明产出有异常，需要确保标签数据主键唯一
有效性	度量数据是否符合约定的类型、格式和数据范围等规范。画像平台需要检测标签实际内容是否与注册类型匹配；定期检测标签值的占比波动是否有变化；数值型标签要根据业务特点，判断取值是否异常	手机操作系统，标注注册类型是字符串，如果检测发现标签值是数值类型，需要校验是否正常 近一周用户点赞数标签，其取值不能出现负数，所以需要检测点赞数数值是否正确 用户常住省标签中每个省的用户量占比比较稳定，如果占比波动较大，说明数据产出异常
完整性	度量数据是否缺失。画像平台需要检测各类标签是否有空值，默认情况需要给标签设置默认值；需要校验标签覆盖度，即有标签数据的用户占整体用户的比例	用户南北方标签，覆盖历史全量用户，且默认值是未知，需要检测该标签覆盖率是否 100% 且没有空值
精确度	度量数据是否与指定的目标值匹配。画像平台主要检测数值类型为浮点类数据的精确度是否满足要求，目前浮点数使用较少，浮点数据一般会转换为整数型数据存储	近一周送礼金额，校验金额数据是否满足要求，比如数据粒度到分而不是元
一致性	度量数据是否符合业务逻辑。画像平台使用较少，一般用于固定业务检测，比如 PV 数据需要大于 UV 数据，送礼次数总和应该等于收礼次数总和	所有用户当日送礼次数与用户当日收礼次数累加和应该相等。当数据不对等时说明存在数据异常，需要找到异常数据并修复

可以根据上述表中标签的检测维度进行工程化实现。为了检测标签产出及时性，可以编写定时调度任务，通过查询 Hive 的元数据服务来判断分区是否就绪。如果在规定时间尚未产出最新分区，可以发出报警信息。为了检测标签数据是否具备唯一性，可以查询指定数据表的主键数目，通过该数目与数据表行数进行对比，数据量不一致则说明主键不唯一。有效性检测可以通过每日分析标签取值的变化以及每一个标签值数量占比波动来判断数据是否有效，如果 T 日标签值集合与 $T-1$ 日标签值集合差异率较高，或者 T 日各标签值数据量与总量的占比波动超过指定阈值，则说明标签内容波动较大，不满足有效性要求。

业界有一些开源的数据质量监控框架和解决方案。Apache Griffin，起源于 eBay 中国，于 2016 年进入 Apache 孵化器，支持批处理和流模式两种质量检测方式，可以从不同维度检测数据质量。Deequ 是亚马逊提供的开源工具，可以基于 Spark 来做大数据质量检测。DataWorks 是阿里云重要的平台产品，提供了数据集成、开发、质量检测和数据服务，其中质量检测包括数据探查、对比、质量监控、SQL 扫描和智能报警等功能。DataMan 是美团开发的大数据质量监控平台，可以对大数据做技术性和业务性的质量检测，并形成完整的数据质量报告和问题跟踪机制。画像平台标签数据质量检测，除了通过自行编写代码实现之外也可以选择上述开源工具实现。

3.3.4　工程实现

图 3-12 展示了标签管理功能的工程实现逻辑图，本节将具体介绍其工程实现方案。

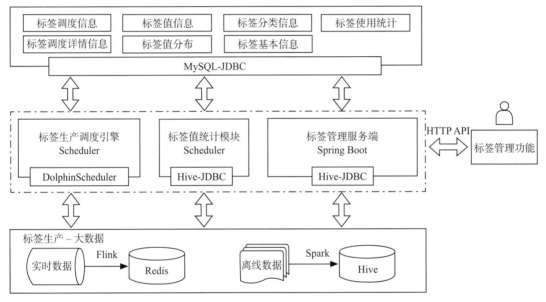

图 3-12　标签管理功能的工程实现逻辑图

标签管理功能服务端借助 Spring Boot 搭建工程框架，前端通过 Vue 技术实现，前后端之间使用 HTTP 接口进行数据交互。标签管理各功能模块业务数据均存储在 MySQL 中，服务端工程通过 JDBC 连接数据库并进行相关操作。比如用户通过画像平台页面创建了一个新的标签，该业务请求会转换为数据参数并通过 HTTP 接口传递到服务端，由服务端解析数据后存储到 MySQL 中。

标签的生产调度信息记录在标签调度信息数据表中，生产调度引擎读取调度信息并按周期执行标签生产任务。实际负责大数据任务调度的组件是 DolphinScheduler，生产调度引擎可以通过接口对 DolphinScheduler 进行操作。当用户新增了一个标签 A 时，生产调度信息中会记录标签 A 的生产调度配置及生产周期。标签生产调度引擎定时拉取调度信息，发现标签 A 有定时生产任务后，通过接口调用 DolphinScheduler 并创建一个实际的标签生产调度任务。DolphinScheduler 通过数据源配置与大数据引擎进行交互，最终调度并生产出标签 A。标签生产调度引擎模块还负责标签生产调度检测，可以及时感知标签调度起止时间、调度结果是否正常，并将调度结果存储到标签调度详情信息数据表中。

标签值统计模块也是一个调度模块，主要负责获取指定标签的所有标签值及其对应的数据行数。标签值统计模块通过 MySQL JDBC 连接到业务数据库读取标签元信息，获取当前需要进行值统计的标签列表。遍历每一个待统计标签，通过 Hive JDBC 向大数据引擎提交标签值统计 SQL 语句，并将统计结果最终写入标签值信息和标签值分布表中。以性别标签值统计为例，通过标签基本信息表可以读取到性别标签所在的源数据表和数据列，通过 SQL 中的 GROUP BY 语句可以统计出不同取值的分布情况，示例如下。

```
SELECT
  gender,
  count(1) as itemCount
FROM
  userprofile_demo.gender_source_table
WHERE
  p_date = '2022-07-01'
GROUP BY
  gender
```

不同标签的标签值数量不同，其所使用的存储方式也不相同。性别标签的取值有男、女和未知三个选项，可以直接存储在 MySQL 中；常住省、城市和县城标签，其标签值数量在几十、几百和几千量级，依然可以使用 MySQL 进行存储；用户消费过的文章关键字标签，其标签取值与全量文章关键词数量有关，其数目可能有几十万甚至数百万，这个时候需要借助其他引擎如 Elasticsearch 进行存储。Elasticsearch 不仅可以存储大量的标签值数据，还可以为后续人群圈选时的标签值模糊查询提供技术支持。

大数据引擎执行标签生产任务时主要受 DolphinScheduler 调度支配，如果有离线规则或者统计类标签需要生产时可以按需执行相关 SQL 语句。如果涉及实时标签或行为明细数据生产，DolphinScheduler 可以将运行信息和代码上传到相关大数据组件进行执行。

标签分类信息主要通过页面配置进行添加，数据只存储在业务数据库 MySQL 中。标签使用统计需要在服务端工程中进行埋点，当在不同业务场景下使用到标签数据时，需要详细记录并存储标签使用数据。服务端工程在某些情况下也会直接通过 Hive JDBC 访问 Hive 表信息，比如获取指定 Hive 表的表结构、创建一个临时表等。

3.4 岗位分工介绍

标签管理功能的业务逻辑并不复杂，产品经理主要负责设计出便捷的标签增、删、改、查功能，该功能模块的主要难点在于如何结合业务特点定义好标签体系。在画像平台接入标签的过程中，产品经理需要同业务人员和数据工程师沟通好标签口径。

数据工程师在标签管理功能中扮演着重要角色，除了挖掘类标签，其他标签的生产都依赖于数据工程师。画像平台上很多标签都是数据工程师生产出来的，只需要通过简单配置便可以在画像平台上使用，而这些标签的生产涉及大量的数据研发工作。通过平台功能可以新增规则类标签，但是单纯通过工程方式产出的标签生产 SQL 语句质量较差，为了节约资源并提高标签生产效率，数据工程师可以提供 SQL 语句模板供研发工程师参考使用。数据工程师还需要负责标签数据的生产监控，及时发现数据异常并通知相关业务方。随着标签数目增多，大数据资源逐渐紧张，数据工程师需要定期优化标签生产任务、定期下线标签来优化资源利用率。

算法工程师主要负责生产挖掘类标签。新增一个挖掘类标签时，首先需要与产品经理、业务人员进行沟通，明确标签需求和优化目标；其次需要按照机器学习流程开展工作，涉及样本的收集、特征工程、算法模型的训练与优化、模型上线等操作；最后整理标签挖掘结果并存储在 Hive 表中。数据工程师需要对标签挖掘结果表进行封装，结合各类标签策略汇总生成最终的标签数据表。挖掘类标签也需要统一纳入数据工程师的标签监控流程中，保证标签正常产出。

服务端研发工程师根据产品提出的需求进行架构设计和详细设计，前端研发工程师负责标签管理功能可视化页面的建设。前后端研发工程师定义好交互接口后可分别按照接口约定进行开发，最终通过接口的交互实现标签管理功能。服务端研发工程师在标签管理中起到承上启下的作用，其通过技术手段将底层大数据生产和上层可视化功能连接到一起，最终实现完整的标签管理功能。

标签生产是标签管理模块的重点，该环节需要注意以下事项。

❑ 标签口径：标签生产逻辑要与标签需求方沟通明确，保证产出的标签是用户真正需要的。比如"最近一周用户评论次数"标签是否需要包含已经删除的评论？"用户最近一次活跃地"标签是按照用户当日第一次还是最后一次上报的经纬度来进行计算？不同口径统计出来的数据会有明显差异，如果使用到后续画像分析中也会得出不同的结论，所以一定要注意标签的生产口径。在标签管理页面上也要明确写出标签的生产逻辑和口径，防止用户因错误使用标签造成业务损失。

❑ 标签监控：标签监控是保证标签质量的重要手段，需要做好标签产出时间监控、标签量级波动监控、标签值变化监控等。标签一旦产出延迟会直接影响依赖方数据生产，从而带来不良影响甚至线上事故。如果标签量级和标签值占比波动较大，会影响到下游业务分析结果，这两种标签数据异常都需要发出报警并及时干预。

❑ 挖掘类标签准召率：挖掘类标签因为涉及算法模型，所以标签结果需要说明其准确率和召回率。当提供挖掘类标签给业务使用时，需要告知对方标签的准确率和召回率信息，有时还需要提供标签评估标准。只有有了充足的信息，使用方才能判断标签是否可用。随着时间推移，由于特征分布变化算法模型效果会逐渐减弱，要及时监控标签准召率变动并不断优化模型来保证标签质量。

❑ 标签更迭：当标签数据优化更新时，需要及时通知标签使用方并告知标签变动的原因及主要影响。标签更新升级过程中，需要保留老版本数据以便业务回滚使用。画像平台需要做好标签的使用统计，这样在标签升级、下线等操作时才能及时通知到所有相关方。

3.5 本章小结

本章介绍了标签管理功能的具体实现方案。首先给出了标签管理功能的整体技术架构，读者可以对技术实现方案有个整体认识；其次介绍了标签分类的概念以及 3 种标签分类方式，书中给出了一个详细的标签分类示例；之后详细介绍了标签数据如何存储以及标签如何生产，重点介绍了离线标签、实时标签和挖掘类标签的生产方式并给出了关键代码示例；最后介绍了标签管理功能涉及的各岗位的分工以及开发过程中的主要注意事项。

通过本章内容，读者可以对画像平台标签管理功能有一个全面的认识，对标签生产有更加深入的了解。依托标签数据，画像平台可以提供丰富的标签服务，具体内容将在下一章进行介绍。

标签服务

有了标签数据之后，画像平台就可以对外提供标签服务了。标签服务按服务内容可以分为标签查询服务、标签元数据查询服务以及标签实时预测服务。

本章首先会介绍标签服务的整体架构，对其服务类型及实现方案进行完整说明；其次分别介绍 3 种标签服务，重点说明标签查询服务以及标签实时预测服务的实现方案；然后介绍标签服务经常涉及的 ID-Mapping 实现思路；最后介绍标签服务实现过程中各岗位的主要分工以及注意事项。

4.1　标签服务整体架构

图 4-1 展示了标签服务的整体架构，主要包含标签查询、标签元数据查询以及标签实时预测功能的实现逻辑。

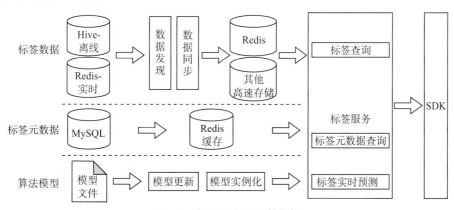

图 4-1　标签服务的整体架构

第 3 章提到，画像标签可以分为离线标签和实时标签。离线标签存储在 Hive 表中，实时标签存储在高速缓存 Redis 中。标签元数据以标签基本信息为核心，由多个维度共同组成，主要存储在业务数据库 MySQL 中。

标签查询和标签元数据查询主要以接口的形式提供服务，需要支持高并发和分布式场景调用。给定实体 ID 和标签名称，通过标签查询服务，可快速读取标签数值。给定标签主键 ID，通过标签元数据查询服务，可快速获取标签基本信息、标签值信息等元数据。

大部分离线标签需要定时更新。为了保证将最新的标签数据灌入缓存，需要"数据发现"模块及时感知数据变化，并自动触发数据同步模块完成数据同步。有些实时标签存储在 Redis 中，可直接对外提供查询服务。不同场景对标签查询服务的性能要求不同，可以将标签数据灌入 Redis、HBase、Elasticsearch 中。为了应对高并发场景，本章主要使用 Redis。标签元数据虽然存储在 MySQL 中，但是其访问性能会随着数据量级和并发量的增加而降低，结合标签元数据不易变动的特点，可以将其缓存到 Redis 中。这样一方面可以减少对数据库的直接访问数量，另一方面可以借助 Redis 提高元数据查询服务的访问性能。

标签实时预测服务是将算法模型的预测能力在线化，是对算法模型仅用于离线计算的一种补充。挖掘类标签所产生的算法模型可以借助工程方式实例化，将模型所需的特征实时输入后计算出预测结果，便可以提供在线的预测服务。当算法模型更新迭代之后，实时预测模块需要及时感知模型文件变动并更新到线上预测服务中。

标签查询服务、标签元数据查询服务和标签实时预测服务都可以通过微服务的形式支持接口调用。为了方便提供服务，还可以将接口封装到 SDK 中，其他业务方只需要引用 SDK 即可快速使用标签服务。

4.2 标签查询服务

本节将详细介绍标签查询服务的使用场景以及如何实现标签查询功能，其中涉及将离线数据灌入缓存、缓存数据结构的选择、数据压缩等技术点，最后会综合介绍标签查询的工程实现方案。标签查询服务可使用的缓存方案有多种，考虑到服务性能以及业界的实际使用情况，本节将以 Redis 为主进行介绍。

4.2.1 标签查询服务介绍

表 4-1 展示了用户常住省标签的 Hive 表（userprofile_demo.userprofile_label_province）结构及数据示例，其中 p_date 表示标签的数据日期，user_id 代表用户实体 ID，province 代表用户的常住省。大部分标签与常住省标签一样存储在 Hive 表中，其属性包括用户实体 ID、标签信息以及标签时间信息。

表 4-1 用户常住省标签的 Hive 表结构及数据示例

p_date	user_id	province
2022-07-10	100	山东省
2022-07-10	200	广东省
2022-07-10	300	湖北省
2022-07-11	100	河南省
2022-07-11	200	广东省
2022-07-11	300	湖北省

以表 4-1 所示信息为例，当业务希望查询指定用户在指定时间下的标签数值时，最直接的方式是编写如下 SQL 语句，从表中查询出标签值数据。

```
SELECT
  province
FROM
  userprofile_demo.userprofile_label_province
WHERE
  p_date = '2022-07-11'
  AND user_id = 100
```

当业务请求量较大且对接口响应时间要求比较严格时，直接通过 SQL 语句从 Hive 表查询结果的方式不再适用，此时可以将 Hive 表中的数据转存到其他存储引擎中来提高数据的访问效率。

以上就是标签查询服务的基本形态，即给定时间和实体 ID 来获取标签数值。其中"给定时间"一般默认是标签数据的最新日期，以表 4-1 中的数据为例，当查询 user_id 为 100 的用户的常住省信息时，如无特殊说明，会返回最新日期 2022-07-11 的标签数据"河南省"，而非 2022-07-10 下的标签数据"山东省"。

标签查询服务主要应用在以下业务场景中。

❑ 单用户画像查询：用户画像查询功能可以通过标签查询服务来实现，给定用户 ID 可以查出该用户的多个标签数值并展示在页面上。许多运营类平台在展示用户信息时，可以借助标签查询服务获取更多元的画像标签数据来补充用户信息，丰富用户的展示维度。在客服系统或者审核系统中，可以使用标签查询服务获取用户的风险类标签，辅助客服和审核人员进行业务判断。

❑ 运营活动：在运营活动的关键环节可以通过用户标签值来区分运营策略，实现精细化运营。比如在某次红包活动中，可以根据用户的活跃等级来确定用户的红包大小，当用户的活跃等级标签数值为高活时可以分发金额较大的红包。同理，在客户端判断是否展示某款游戏的入口时，可以通过查询用户的"游戏兴趣标签"数值来确定，当兴趣值超过指定阈值时才显示游戏入口。

❑ 算法工程：用户画像标签也属于算法特征，可直接应用到算法模型训练中。推荐系统中大部分模型都提供在线服务，在模型预测时需要输入用户的各类特征数据。通过调用标签查询服务，可以获取标签数据。将这些数据作为特征输入模型，可以获得预测结果。推荐系统架构设计中一般会使用特征池存储推荐工程常用的特征和画像数据，借助标签查询服务也可以完善该部分数据。

4.2.2　标签数据灌入缓存

直接从 Hive 表中查询标签数据的响应时间较长且受资源影响无法支持大量的并发请求。为了支持高并发和快速响应，可以将 Hive 表中的数据转储到其他技术组件中。可用于存储标签数据并支持快速查询的技术组件有很多，业界常用的有 HBase、Elasticsearch、Redis、MongoDB。

虽然标签查询服务业务逻辑简单，但是标签查询需要覆盖不同类型、不同数据结构的标签，这需要标签缓存支持丰富的数据类型。标签查询服务的使用场景多为高并发场景，并且需要通过灵活扩容来支持更高的并发需求。这一特点要求标签缓存支持高并发调用和较低的扩缩容成本。标签查询服务涉及的标签数据每日都会有大量的更新以及上下线操作，这需要标签缓存支持大数据快速写入以及灵活的数据删减功能。

HBase 是 Hadoop 生态圈下的 NoSQL 数据库，因其部署成本较高且数据读取较慢，所以在高并发场景下性能表现较差。Elasticsearch 的优势在于全文检索，将标签灌入 Elasticsearch 时往往会配合人群圈选使用，单独用于标签查询时，其数据写入成本较高且不适合高并发调用。MongoDB 可用于大数据的存储和随机访问，其性能表现良好，但是在操作的简便性和内存占用上不如 Redis。Redis 支持丰富的数据结构，可以快速部署高可用的分布式集群，也可以实现标签的灵活上下线，因此比较流行，被业界广泛使用。结合标签查询业务特点，我们最终选择 Redis 作为标签查询的缓存方案。

将 Hive 数据同步到 Redis 的实现方式有多种。下面以表 4-1 所示的用户常住省标签数据为例，分别介绍基于 Spark、Flink 以及自行读取 HDFS 文件的实现方式。以下代码都假设常住省标签 Hive 数据表的存储格式为 Parquet。

1. 使用 Spark 写入数据

借助 Spark 可以简便地读取指定 Hive 表数据并写入 Redis 中，其核心代码如下所示。

```java
public static void main() {
  // 配置 Spark 运行参数
  SparkSession spark = SparkSession.builder()
    .appName("Spark Read Hive Data To Redis").enableHiveSupport().getOrCreate();
  // 查询 Hive 表数据
  Dataset<Row> sqlDF = spark.sql("SELECT user_id, province FROM userprofile_
      demo.userprofile_label_province");
  // 数据转换为对象
  Dataset<LabelInfo> stringsDS = sqlDF.map(
    (MapFunction<Row, LabelInfo>) row -> {
      return new LabelInfo(row.getLong(0), row.getString(1));
    },
```

```
    Encoders.bean(LabelInfo.class));
  // 遍历数据并写入 Redis 中
  stringsDS.foreach(item -> {
    String key = String.format("province:uid:%s", item.key);
    redisClient.set(key, item.value);
  });
}
@AllArgsConstructor
public static class LabelInfo implements Serializable {
  private Long key;
  private String value;
  // ...
}
```

2. 使用 Flink 写入数据

Spark 是主流的离线大数据处理引擎，Flink 则主要用于实时大数据处理。目前 Flink 在推动流批一体化建设，即可以同时支持流式数据处理和离线批数据处理，这也是大数据处理引擎的发展方向。所以通过 Flink 也可以读取 Hive 数据并写入 Redis，其核心代码如下所示。

```
public static void main(String[] args) throws Exception {
  try {
    String inputFile = "Hive 数据表 HDFS 路径 ";
    final ExecutionEnvironment env = ExecutionEnvironment.getExecutionEnvironment();
    Job job = Job.getInstance();
    HadoopInputFormat<Void, Group> hadoopInputFormat = new HadoopInputFormat<Void,
      Group>(
      new ParquetInputFormat(), Void.class, Group.class, job);
    ParquetInputFormat.addInputPath(job, new Path(inputFile));
    DataSource<Tuple2<Void, Group>> hiveTableData = env.createInput(hadoopInputFormat);
    // 处理读取到的 Hive 表数据
    hiveTableData.flatMap(new RichFlatMapFunction<Tuple2<Void, Group>, Tuple2<Void,
      Group>>() {
      @Override
      public void open(Configuration parameters) throws Exception {
        super.open(parameters);
      }
      @Override
      public void flatMap(Tuple2<Void, Group> voidGroupTuple2,
                       Collector<Tuple2<Void, Group>> collector) throws
                         InterruptedException {
        Group val = voidGroupTuple2.f1;
        try {
          // 将数据解析为 map 格式，如 {"user_id" 为 100, "province" 为 " 山东省 "}
          Map<String, String> tempMap = ToolsUtils.stringToMap(val.toString());
          insertIntoCache(tempMap);
        } catch (Exception e) {
          // 异常处理逻辑
        }
```

```
      }
      // 将数据写入 Redis
      public void insertIntoCache(Map<String, String> rawData) {
        String key = String.format("province:uid:%s", rawData.get("user_id"));
        redisClient.set(key, rawData.get("province"));
      }
      @Override
      public void close() throws Exception {
        super.close();
      }
    }).writeAsText(" 输出文件地址 ", FileSystem.WriteMode.OVERWRITE);
    // 执行任务
    env.execute("DemoCode");
  } catch (Exception e) {
    // 异常处理逻辑
  }
}
```

3. 自行读取 HDFS 文件写入数据

通过 Spark 和 Flink，可以方便地将 Hive 表数据缓存到 Redis。其实现原理是：在分布式场景下分片读取 HDFS 文件，然后解析数据内容，最后将数据写入 Redis 中。在工程项目中也可以自行编写代码，读取 HDFS 文件，并实现数据解析逻辑。其核心代码如下所示。

```
// 获取 Hadoop 配置
public static Configuration getConfiguration() {
  Configuration conf = new Configuration();
  conf.set("fs.hdfs.impl", "org.apache.hadoop.hdfs.DistributedFileSystem");
  try {
    conf.addResource( "mountTable.xml 配置文件路径 ");
    conf.addResource("core-site.xml 配置文件路径 ");
    conf.addResource("hdfs-site.xml 配置文件路径 ");
  } catch (Exception e) {
    // 异常处理逻辑
  }
  return conf;
}
public static void main(String[] args) {
  String filePath = "Hive 数据表 HDFS 路径 ";
  List<String> properties = Lists.newArrayList("user_id", "province");
// 构建 ParquetReader
  Configuration conf = getConfiguration();
  Path file = new Path(filePath);
  ParquetReader.Builder<Group> builder = ParquetReader.builder(new GroupReadSupport(),
    file)
    .withConf(conf);
  ParquetReader<Group> reader = builder.build();
  SimpleGroup group = null;
  GroupType groupType = null;
  // 读取 HDFS 文件并逐行解析数据内容
  while ((group = (SimpleGroup) reader.read()) != null) {
```

```
    groupType = group.getType();
    Map<String, String> dataMap = Maps.newHashMapWithExpectedSize(properties.
      size());
    for (int i = 0; i < groupType.getFieldCount(); i++) {
      String colName = groupType.getFieldName(i);
      if (properties.contains(colName)) {
        String colValue = group.getValueToString(i, 0);
        dataMap.put(colName, colValue);
      }
    }
    // 将数据写入 Redis
    if (!dataMap.isEmpty()) {
      String key = String.format("province:uid:%s", dataMap.get("user_id"));
      redisClient.set(key, dataMap.get("province"));
    }
  }
}
```

以上介绍了 3 种读取标签 Hive 表数据并写入 Redis 的实现方式。如图 4-2 所示,三者的实现逻辑和流程都非常相似:首先读取 Hive 数据文件,然后将数据内容解析转换成合理的数据结构,最后写入 Redis 中。

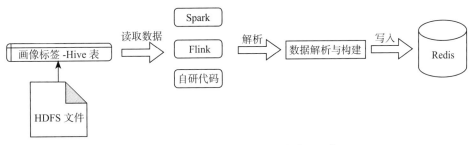

图 4-2 标签数据灌入缓存方案实现逻辑

Redis 作为标签查询服务的缓存也有一些缺点。Redis 本身是基于内存构建的,大规模部署 Redis 的成本较高。Redis 比较适合做热数据缓存,即存储经常被访问的数据。如果存储大量的冷数据,则是对资源的浪费。标签查询场景比较容易出现大量的冷数据,这是因为标签查询场景下大部分用户的标签数据被访问的概率较小。当明确有大量冷数据的时候,可以考虑采用 Redis + HBase 双层存储的方式,其中 Redis 用来存储热数据,HBase 用来存储冷数据,当在 Redis 中查询不到数据时,则从 HBase 进行查询。比如可以将月活用户的标签数据写入 Redis,将非月活用户的数据写入 HBase,月活用户基本可以覆盖大部分的业务查询需求。双层存储可以节约大量资源,但是其维护成本也会提升,具体需要结合自身业务特点和技术能力来选择。

4.2.3 标签数据结构

标签数据在 Hive 表中的列类型不同,灌入缓存 Redis 时也需要选择合理的数据结构进行存储。Hive 常见的列类型包括基本类型和复杂类型，其中基本类型包括 tinyint、smallint、int、bigint、float、double、boolean、string、timestamp，复杂类型包括 array、map 和 struct。Redis 常见的数据结构包括 string、list、hash、set 和 sorted set。表 4-2 展示了不同 Hive 表数据列类型与 Redis 数据结构的对应关系。

表 4-2　不同 Hive 表数据列类型与 Redis 数据结构的对应关系

Hive 列类型	Redis 数据结构	标签示例
tinyint、smallint、int、bigint、float、double、boolean、string、timestamp	string	• 当天是否送礼标签：通过 int 数值 1 或者 0 来表示，也可以通过 boolean 值 true 和 false 来表达 • 近一周消费金额：使用 float 或者 doulbe 类型，金额可以精确到分，比如 56.65 元 • 用户粉丝数：通过 bigint 数值来展示，其数值范围满足粉丝数的存储要求 • 常住省：通过 string 数值表示 以上类型的标签可以直接通过 Redis 的 string 类型进行存储，string 可以完整保存 Hive 上述列类型的所有信息
array	list、set	• 用户使用过的表情符号标签：通过数组存储用户使用过的表情符号并按照使用次数降序排列，如 [" 开心 "," 大哭 "," 尴尬 "]，因为数据有顺序，可以使用 Redis list 进行存储，以保证与原始标签数据格式的顺序一致 • 用户兴趣：通过数组存储用户的所有兴趣，比如 [" 军事 "," 美食 "," 旅游 "]。可以使用 Redis set 数据结构存储，既能实现对兴趣数据的去重，也能完整保存原始信息
map	hash、string	• 用户点赞文章类型次数：通过 map 结构记录用户点赞过的所有文章类型及对应次数，如 {" 军事 ": 100, " 娱乐 ":80, " 社会 ": 50}，标签值中包含了元素信息及对应数值，可以通过 Redis hash 数据结构进行存储，使用 field 和 field value 对应存储 map 中的数据 • 用户进入游戏直播间次数：如 {" 王者荣耀 ": 10, " 英雄联盟 ":8, " 消消乐 ": 2}，可以将该数据转换成 JSON 字符串并借助 Redis string 类型进行存储；从 Redis 读取标签数据后可以再反解析成 map 结构使用

struct	string	使用 struct 定义的标签较少，有时为了使用简便，可以将多种数据混合在一起构建标签，比如用户最近一次上报经纬度信息，可以定义为如下数据结构：
		{
		　"longitude": 120.23112,
		　"latitude": 36.233212,
		　"location": {
		　　"poi": " 济南市历下区万科城北 1 门 ",
		　　"province": " 山东省 "
		　}
		}
		可以将其转换成 JSON 字符串，借助 Redis string 数据结构进行存储

由表 4-2 可知，Hive 中的基本类型可以直接使用 Redis string 数据结构；对于 Hive 的复杂类型 array，根据其标签数据是否有序可以选择 list 或者 set；对于 map，天然适合使用 Redis 的 hash 结构；对于 struct，可以将其数值转换成 JSON 字符串，然后使用 Redis string 进行存储。map 也同样适用这种方式。

4.2.4 标签数据处理

高速缓存的存储成本较高，如果标签数据可以做合理的数据清洗、裁剪、编码和压缩，在保证标签信息量不会缩减的前提下，可以极大地降低存储资源消耗。数据处理方式按照可操作性和降低存储资源的有效性从强到弱依次为：数据清洗、数据裁剪、数据编码和数据压缩。下面将结合实际案例分别介绍这4种数据处理方式。

数据清洗是指去除标签中的无效数据，仅保留业务所需要的标签数据。数据清洗包括标签数据量清洗以及标签值清洗。

标签数据量清洗是指把对业务实际有用的数据保存下来，直接删除或者忽略其他数据，通过减少数据量级来降低存储成本。以"用户性别"标签为例，该标签可以覆盖历史全量用户，如果实际业务中性别标签查询涉及的用户范围只是最近一年的新增用户，在灌入缓存之前可以删除所有非一年内新增用户的标签数据。

标签值清洗是通过忽略无效的标签数值来减少标签数据量级。以用户的"手机品牌"标签为例，该标签来自客户端上报，受限于手机型号、操作系统以及权限等问题，很多用户获取不到手机品牌信息，其标签值一般会设置为"未知"。"手机品牌—未知"的标签数据没有业务价值，可以考虑在标签灌入缓存时直接跳过标签值为"未知"的数据。当调用标签查询服务获取到"手机品牌"数据为空时，可以默认为"未知"，这样既可以降低存储资源，又可以保证标签信息的完整性。图 4-3 通过示例展示了两种标签数据清洗方式的实现过程。

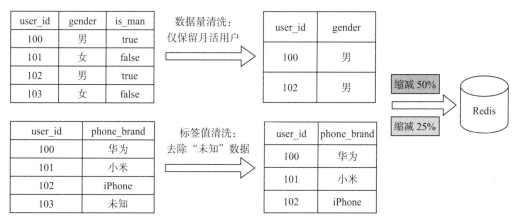

图 4-3　两种标签数据清洗方式的实现过程

数据裁剪是指在现有标签值的基础上删减部分数据，一般针对的是复杂数据类型的标签，比如 array、map 和 struct。用 array 存储的标签一般都是多值类标签，比如用户的兴趣爱好、用户喜欢的游戏种类、用户使用过的表情符号、用户点赞过的文章类型等。以用户的兴趣爱好为例，当业务对该标签的查询不需要返回所有的兴趣爱好而只需要返回是否命中了某几个指定的兴趣爱好时，将一个用户的所有兴趣标签数据写入缓存明显不是最佳选择。此时可以在灌入缓存之前对用户的兴趣数据进行裁剪，仅保留命中了指定兴趣范围内的数据。使用 map 类型记录的标签数据也可以按业务实际需求进行数据裁剪，比如"用户点赞文章类型次数"标签。如果文章类型下的点赞次数少于 5 便可以忽略，基于这一规则可以裁剪掉 map 中所有 value 值小于 5 的数据。struct 也是相同处理思路，当 stuct 结构中某些属性不是业务所需要的数据时，可以删除相关属性数据。图 4-4 展示了数据裁剪的主要方式及处理过程。

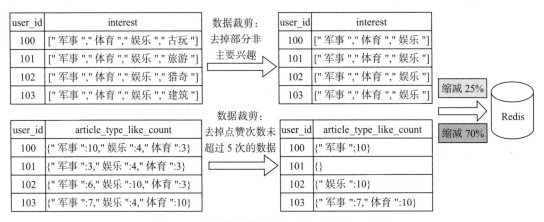

图 4-4 标签数据裁剪的主要方式和处理过程

数据编码是指将字符串编码为数字，借助数据类型的转换降低存储资源消耗。数据编码的前提是标签可编码，而且编码后的长度要小于原始数据长度。以常住省标签为例，全国一共有 34 个省级行政区，因为其标签值数量较少，可以进行标签值编码，比如将 34 个省级行政区名称分别编码为 1 ～ 34。以"山东省"为例，假设其编码为 1，编码后再存储到 Redis 中可以节约 80% 的存储空间。数据编码需要维护一套编码映射数据，这会增加系统的维护成本。图 4-5 展示了数据编码的主要过程。

user_id	province
100	山东省
101	河南省
102	河北省
103	四川省

province_name	province_code
山东省	1
河南省	2
河北省	3
四川省	4

标签编码 →

user_id	province
100	1
101	2
102	3
103	4

缩减 80% → Redis

图 4-5 标签数据编码的主要过程

数据压缩是指通过压缩算法缩短原始数据的长度来降低存储所需资源数量。数据压缩分为无损压缩和有损压缩，有损压缩在数据压缩后无法完整回复原始信息，很显然无损压缩更符合标签查询场景。标签查询场景主要针对字符串的压缩，常见的压缩算法有游程编码（Run-Length-Encoding），哈夫曼编码，LZ4、LZ77 和 LZ78 算法。游程编码是一种最简单的直接的字符串压缩方式，比如字符串 AAAABBBCCC 可以按照字符连续出现的次数压缩为 4A3B3C，其最终长度缩短 40%。其他算法的编解码过程比较复杂，提高压缩率的同时对系统的压力也会增加。

以上标签数据处理方式都会引入额外的工作，比如数据清洗、数据裁剪会引入中间表用于存储处理后的数据，这将增加额外的开发成本；数据编码不仅引入了中间表，而且需要引入编码表，增加了系统的复杂度；使用数据压缩算法，因为在标签写入和读取时涉及数据的编解码过程，所以会增加操作的响应时间；不同标签采用不同压缩算法时，需要额外记录压缩算法与标签的关联信息。在应用时，读者需要结合实际场景进行综合评判，选择最符合自身业务特点的数据处理方案。

4.2.5 工程实现

综合上述几节内容，本节将详细介绍标签查询服务的工程实现方案。图 4-6 展示了标签查询服务的完整功能模块图，从左到右可以分为 4 个核心模块：标签数据、数据发现与处理、数据写入缓存和标签数据服务化。

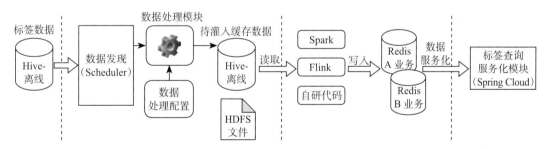

图 4-6 标签查询服务的完整功能模块图

标签数据模块不再赘述。数据发现模块用于检测最新的标签数据是否就绪，工程上可以通过编写调度器 Scheduler 来实现定时检测功能，每隔固定的周期通过扫描所有标签所在数据表来判断最新数据是否就绪。由于标签数据是按日期分区存储的，可以查询 Hive 元数据判断指定日期分区是否已存在，或者通过 select count(1) 语句获取指定数据表及分区下的数据量级。当发现最新标签数据已就绪后，可以根据标签数据处理配置进行标签处理，处理方式包含数据清洗、数据裁剪、数据编码以及数据压缩，经过处理后的标签数据会存储到 Hive 表中。

当发现处理后的标签数据更新后，可以启动数据灌入缓存任务。启动任务时，可以借助 Spark 或者 Flink 客户端提交任务执行所需的代码实现，也可以直接调用自研代码来实现。为了保证标签查询服务的高可用，需要将标签数据存储到多个 Redis 集群中。单一集群虽然维护成本低，但是任何一个标签的存储量或者请求量出现波动，都会造成服务稳定性下降。标签数据写入多个 Redis 集群的拆分方式主要有两种：按业务拆分和按标签拆分。

- ❑ 按业务拆分：不同业务方使用标签查询服务所关联的集群不同。当业务方申请使用标签查询服务并提供 Redis 资源时，可以将标签数据灌入业务方自己提供的集群中。
- ❑ 按标签拆分：不同的标签写入不同的集群。按照标签数据量多少和查询请求量大小，可以将标签数据写入不同的 Redis 集群中，保证各集群间资源压力相对均衡。

按业务拆分会造成资源的浪费，因为相同的标签数据可能会写入两个不同的业务集群，但是这也带来了灵活性。可以根据不同业务需求进行个性化的标签处理，不同业务也可以根据自身标签查询所使用存储量和请求量的不同来提供 Redis 资源。按标签拆分是为了实现多集群间的压力均衡，需要监控不同标签所使用的存储量和查询量，灵活调配标签与集群的关系，技术难度较高，但该方式可以集中管理所有集群，从而提高资源利用率。

数据灌入 Redis 之后，便可以实现标签查询功能。该功能的实现逻辑比较简单，按照给定的查询条件拼接不同的 Key，再根据 Key 查出结果并返回调用方。在 Java 语言下查询 Redis 主要依赖 Redis 客户端实现，目前广泛使用的工具包是 Jedis 和 Lettuce。

为了支持高并发和分布式调用，需要将标签查询功能微服务化，以便通过扩缩容来满足不同规模的业务调用需求。在 Java 语言中可以通过 Spring Cloud 实现标签查询接口服务化。Spring Cloud 主要分为服务注册与发现、服务提供方和服务消费方。服务注册与发现通过 Eureka Server 来实现，标签查询服务作为服务提供方，而使用标签查询服务的业务方作为标签消费方，相关代码可以参见第 7 章中的工程示例代码。为了方便调用方使用，可以将标签查询接口封装到 SDK 中，这样调用方只需要引入 SDK，就可以便捷地使用标签查询功能。对于编码或者加密后的标签数据，标签查询出来之后需要进行编码映射和解密操作，最终将原始结果返回调用方。

图 4-6 所示的标签数据处理方式可以借助大数据技术实现数据的批量处理。但是该方式也存在不足，需要维护处理后的标签结果表，这增加了存储成本。如图 4-7 所示，标签的处理逻辑也可以放在标签数据灌入缓存环节实现，即在写入 Redis 之前针对每一条数据进行处理。该方式不需要额外的存储成本，处理方式灵活，但是增加了数据的写入时间。

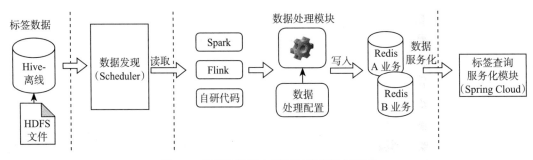

图 4-7　标签数据灌入缓存时进行数据处理

为了跟进标签灌入缓存的进度，可以在 MySQL 相关标签数据表中增加状态字段，其标签状态变更需要严格按照如图 4-8 所示的状态机进行流转。业务模块需要定时遍历标签数据，根据标签当前状态进行下一步操作，完成后修改标签状态，使其在状态机中流转。

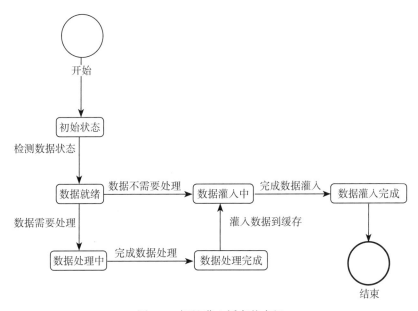

图 4-8 标签灌入缓存状态机

以上的工程实现方案支持将任意一个标签的 Hive 表写入缓存，每个标签的缓存数据都彼此独立，分别对应一套 Redis 中的 Key。也可以将用户的所有标签预聚合到画像宽表（第5章会重点介绍）后再灌入缓存，借助 Redis 中的 hash 结构可以通过一套 Redis Key 来查询用户任意一个标签值，此时 hash 结构中的 field 和 field value 分别对应标签名称和标签数值。

4.3 标签元数据查询服务

第 3 章详细介绍了标签元数据所包含的内容及关键属性信息。本节将介绍标签元数据查询服务的主要应用场景以及工程实现方案。

4.3.1 标签元数据查询服务介绍

标签元数据查询服务即通过服务化的方式提供标签元数据查询能力。其中标签基本信息、标签分类信息和标签值统计信息是使用较多且需要服务化的数据，其他元数据因为服务化使用场景较少，本节将不做介绍。

标签元数据查询服务除了直接应用在画像平台自身标签管理模块之外，还可以提供给第三方业务使用。比如第三方业务在构建平台过程中需要支持规则人群创建能力，平台上需要展示出可选择的标签并在人群圈选时支持对标签进行配置，这些功能所需要的信息都可以通过调用标签元数据服务获取。图 4-9 展示了标签元数据查询服务的主要应用场景，结合画像平台分群服务共同支持第三方平台的人群能力建设。

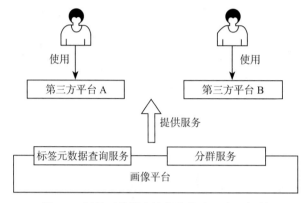

图 4-9　标签元数据查询服务的主要应用场景

图 4-10 展示了一个典型的第三方平台人群创建页面，左侧的标签列表包含标签分类信息和标签基本信息；右侧标签配置过程中展示了指定标签的标签值信息。有些标签直接列出了所有标签值选项，如性别标签值有男、女和未知；有些标签需要在下拉列表中展示所有标签值，如"用户消费过的文章关键字"标签。该页面涉及的标签元数据查询接口主要有两个。

❏ 获取标签树：以树状结构的形式返回当前所有可用的标签。该树状结构以标签分类作为父节点，标签名称作为叶子节点，节点信息来自标签基本信息。

❏ 获取指定标签的标签值：返回指定标签下的标签值。如果标签值较少，可以一次性返回所有标签值选项；如果标签值较多，支持对标签数值进行模糊查询。

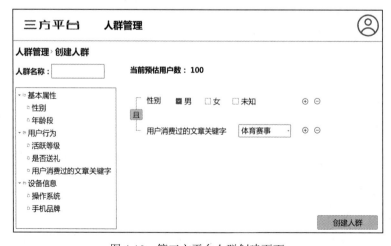

图 4-10　第三方平台人群创建页面

综上可知，标签元数据查询服务可以对外提供标签元数据信息查询能力，调用方一般在标签管理和规则人群创建环节使用该服务。

4.3.2 工程实现

标签元数据查询服务一般不用于高并发场景，其数据服务化流程也比较简单，工程实现难度较小。图 4-11 展示了标签元数据查询服务的架构图。

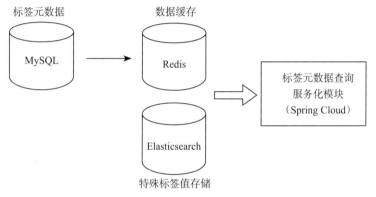

图 4-11 标签元数据查询服务的架构图

标签元数据信息主要存储在 MySQL 数据库中。当标签的标签值选项较多时，可以将大量标签值数据存储在 Elasticsearch 中来提高标签值检索效率。标签元数据信息改动较小，可以缓存到 Redis 中来提高标签元数据查询效率。标签元数据查询的服务化借助 Spring Cloud 实现并封装进 SDK 对外提供服务。标签元数据查询的工程化实现需要注意两个问题：标签元数据的数据结构和 Redis 缓存的更新时机。

标签元数据在 MySQL 中是结构化存储的，当写入 Redis 时不同元数据类型需要采用合理的数据结构。表 4-3 展示了标签基本信息、标签分类信息和标签值统计信息可使用的Redis 数据结构。

表 4-3 标签元数据对应的 Redis 数据结构

标签元数据	Redis 数据结构	数据示例

标签基本信息	hash	标签基本信息包含的关键属性可以通过 hash 结构进行存储，其 Key 需要包含标签唯一标识 ID，Value 需要包含关键属性和数值。
		比如 Key 可以设计为 "label:100"，Value 可以设计为
		{
		    "id" : 100,
		    "labelName" : " 性别 ",
		    "tableName" : "userprofile_demo.label_gender_table"
		    ...
		}
		工程代码读取 Redis hash 数据后可以转换成普通对象或者 map 结构，然后将结果返回服务调用方

（续）

标签元数据	Redis 数据结构	数据示例

标签分类信息	hash + list	同标签基本信息一样，标签分类信息的关键属性也可以通过 hash 结构进行存储，其中 Key 包含标签分类的唯一标识，比如 "label:type:100"，Value 包含分类的属性和信息，比如
		　　{
		　　　"id":100,
		　　　"classifyName": " 分类名称 ",
		　　　"allLabels": "100,101,102"
		　　}
		标签分类除了关键属性外还包括 allLabels 属性，其中包含该分类下的所有标签 ID 列表，借助这个属性可以关联到标签基本信息
		　　为了一次性获取所有标签分类及其下属的所有标签信息，可以通过 list 存储所有标签分类信息，其中包含所有的标签分类 ID 列表，比如 ["label:type:100", "label:type:101", "label:type:102"]
		遍历 list 中的元素可以获取详细的标签分类数据

标签值统计信息	zset	所有标签值统计结果可以通过 zset 结构存储，zset 一方面保证了没有重复的元素，另一方面可以给每个元素添加一个权重值，根据权重值大小可以进行标签值排序。比如"用户消费文章关键字"标签，其标签值中"娱乐"和"军事"的出现次数最多，可以把此次数作为权重值存储到 zset 中。当获取标签值列表时，可以按照权重值从大到小返回并在页面上按顺序展示

图 4-12 展示了不同标签元数据缓存之间的关联关系。

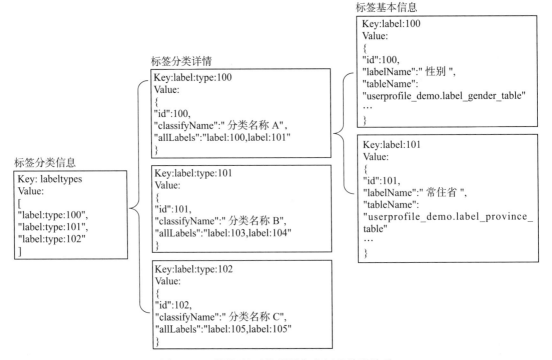

图 4-12　不同标签元数据缓存之间的关联关系

存入 Redis 的标签元数据缓存需要及时更新，触发缓存更新的时机主要有以下两个。

❑ 缓存数据过期失效。当元数据缓存过期，查询不到数据时，需要访问数据库，获取
最新数据，并将结果再次写入缓存中。查询不到缓存数据也可能是因为数据本身就
不存在，此时要注意缓存穿透和缓存击穿问题。

❑ 元数据改变。当业务操作造成元数据新增、删除和修改时，需要及时更新缓存内容。
最简单的方式是删除缓存数据，等待重新加载。也可以直接更新缓存中已有的元数据，该
方式可以保证缓存数据更新的及时性，但是实现难度和维护成本较高。

以上是标签元数据查询服务工程实现的主要核心点，即使用合理的 Redis 数据结构存储
标签元数据并保证缓存数据的合理更新。

4.4 标签实时预测服务

算法工程师训练出的模型主要用于离线预测用户标签数据，所以挖掘类标签大部分都
是离线标签。在标签查询服务中，T 日灌入的是 $T-1$ 日的离线标签数据，其面临的主要问
题是无法获取当日新增用户的标签数据。标签实时预测服务支持实时挖掘用户的标签值，
可以覆盖新增用户标签查询，从而弥补离线标签数据缺失，提高标签覆盖率。本节主要介
绍实时预测服务的主要应用场景和工程实现方案。

4.4.1 标签实时预测服务介绍

标签实时预测服务针对的是挖掘类标签，是将离线标签挖掘模型在线化的过程，可以
提供实时预测用户标签值的能力。图 4-13 展示了挖掘类标签离线模型和在线服务的关系，
由图可知，实时预测服务分为离线流程和在线流程。离线流程即第 3 章提到的挖掘类标签
生产流程，在线流程是将离线流程产出的算法模型服务化，通过获取用户实时特征可以借
助算法模型即时计算出预测结果。

图 4-13 挖掘类标签离线与在线流程

实时预测服务主要应用在新用户场景下。比如在短视频冷启动业务中，为了提高新用
户使用体验，提升留存率，在用户进入 App 后需要推荐一些优质短视频内容。此时能够获
得的用户画像标签越丰富，短视频推荐的准确率就会越高。由于大部分标签是离线标签，
新增用户还没有标签数据，因此可以借助实时预测服务来即时预测用户标签并补充到推荐
模型中，最终提升冷启动阶段的推荐效果。实时预测也可用于回流用户场景。回流用户是
指已经流失了一段时间的用户再次使用当前应用，由于用户流失了一段时间，其挖掘类标

签数值已经失去了时效性，所以我们应借助实时预测服务计算出当前更准确的标签值来替代离线标签数值。

　　实时预测服务的重点是模型在线部署以及实时特征获取。模型在线部署的方式取决于模型训练所使用的技术和框架。比如对于 Spark MLlib 生产的模型，可以借助其自带的工具包实现模型在线部署；对于使用 TensorFlow、PyTorch 开发的深度学习模型，可以借助其自带的 Serving 方法进行模型在线部署；对于 XGBoost 训练模型，可以借助 XGBoost4J 在 Java 中实现模型实例化。有些公司也会自研模型实例化平台，比如百度的双塔模型，将复杂的离线模型训练转换为 Embedding 加轻量级模型，可以快速实现模型上线；JPMML（预测模型标记语言）将模型与在线服务化解耦，各种模型都可以使用 JPMML 表达，最终可通过不同语言解析 JPMML 并实例化模型。

　　实时特征获取的方式主要有两种。第一种是业务在调用实时预测服务时附带所有所需实时特征，这些特征可以直接从客户端实时获取，比如设备类型、操作系统、IP 地址等。第二种是集中式管理实时特征，即通过消费各种实时数据流生成实时特征并存储到缓存中，在实时预测过程中直接查询使用该实时特征数据。第一种方式调用方的工作量较大，需要预先获取各类特征数据，但实时预测服务提供方的工程逻辑简单，维护成本较低。第二种方式调用方使用服务的成本较低，但实时预测服务提供方需要维护一套实时特征库，开发量和资源需求量较大。图 4-14 展示了模型实例化与实时特征获取的流程图。

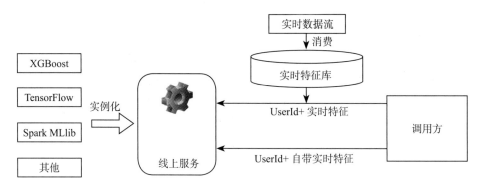

图 4-14　模型实例化与实时特征获取的流程图

　　标签实时预测服务是算法模型在线化的一种特殊情况，不仅要求模型提供在线服务，而且要传入实时特征。从技术的角度来看，所有的挖掘类标签的算法模型都可以提供预测服务。但是在用户画像场景下，离线挖掘类标签基本可以满足业务要求。实时预测是在特殊情况下对离线标签数据的一种补充。

4.4.2　工程实现

　　本节以"是否已婚"标签为例介绍标签实时预测服务实现方案。该标签使用 XGBoost 算法实现，其模型产出主要包括模型文件和特征文件。可以借助 XGBoost4J 工具包实现模型加载和实时预测功能，其核心代码如下所示。

```java
// 存储特征映射关系
private static Map<String, Integer> featureMap = new HashMap<>();
private static Booster booster;
// 读取并加载特征文件数据，特征文件第一列是特征 ID，第二列是特征数值
// 示例: 100 phone_brand:iphone
private static void loadFeature(List<Resource> featurePath) throws IOException {
  for (Resource input : featurePath) {
    BufferedReader reader = new BufferedReader(new InputStreamReader(input.
      getInputStream()));
    String line;
    while ((line = reader.readLine()) != null) {
      String[] items = line.split("\t");
      featureMap.put(items[1].toLowerCase(), Integer.valueOf(items[0]));
    }
    reader.close();
  }
}
@Data
@AllArgsConstructor
public static class FeatureElement {
  private String featureName;  // 特征名称
  private float featureValue;  // 特征数值
}
// 加载模型文件
private static void loadModel(Resource modelPath) throws XGBoostError, IOException {
  booster = XGBoost.loadModel(modelPath.getInputStream());
}
public static void main(String[] args) throws IOException, XGBoostError {
  byte[] featureBytes = null; // 特征文件字节数组
  byte[] modelBytes = null; // 模型文件字节数组
  Resource featureResource = new ByteArrayResource(featureBytes);
  Resource modelResource = new ByteArrayResource(modelBytes);
  // 加载模型文件和特征文件
  loadFeature(Lists.newArrayList(featureResource));
  loadModel(modelResource);
  // 构建特征数据，特征数据来自调用方或者从实时特征库中查询获取
  List<FeatureElement> marrayOrNotFeature = Lists.newArrayList();
  marrayOrNotFeature.add(new FeatureElement("特征 1", 100.0f));
  marrayOrNotFeature.add(new FeatureElement("特征 1", 20.0f));
  // 构建预测使用的特征数据
  List<Integer> featureIds = Lists.newArrayList();
  List<Float> featureValues = Lists.newArrayList();
  for (FeatureElement element : marrayOrNotFeature) {
    String featureName = element.getFeatureName().toLowerCase();
    float featureVal = element.getFeatureValue();
    Integer featureId = featureMap.get(featureName);
    if (featureId != null) {
      featureIds.add(featureId);
      featureValues.add(featureVal);
```

```
        }
    }
    // 通过模型预测结果数值
    int numColumn = featureIds.size();
    int[] colIndex = featureIds.stream().mapToInt(i -> i).toArray();
    long[] rowHeaders = new long[] {0, colIndex.length};
    float[] data = Floats.toArray(Doubles.asList(featureValues.stream().mapToDouble
        (i -> i).toArray()));
    DMatrix dmat = new DMatrix(rowHeaders, colIndex, data, DMatrix.SparseType.CSR,
        numColumn);
    // predicts 即不同预测结果概率值，根据概率值大小即可确定预测结果
    float[][] predicts = booster.predict(dmat, false, 0);
    dmat.dispose();
}
```

代码中首先获取特征文件和模型文件的字节数组，封装成 Resource 对象后分别进行加载；其次构建特征数据，特征数据来自请求方或者从实时特征库查询获取；最后构建 XGBoost 预测所需的数据结构 DMatrix，并最终获取预测结果 predicts。是否已婚标签预测结果包含在二维数组 predicts 中，该数组数据包含已婚和未婚的概率，业务人员可以根据约定的阈值大小确定是否已婚。比如已婚的预测概率是 0.68，超过约定的阈值 0.65，则可以认为该用户已婚。

实际项目中同时支持实时预测服务的算法模型很多，而且每一个模型的文件大小、计算复杂度和线上调用量都不相同，在资源有限的情况下需要设计合理的架构来支持更多的实时预测模型。图 4-15 展示了一个可行的实时预测服务架构。

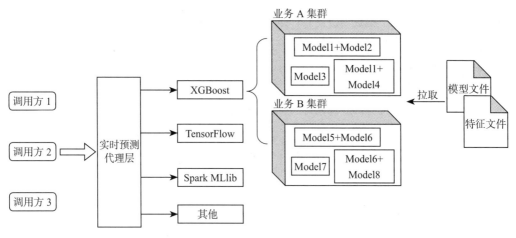

图 4-15　实时预测服务架构

为了调用方使用方便，实时预测服务需要对外提供统一的接口。但是由于其模型实例化的方式不同，所以需要一个代理层来封装多种不同的实现逻辑。所有的请求统一接入代理层并根据标签配置路由到不同模型服务，不同服务返回的结果也要经过代理层封装后按

统一格式返回。以 XGBoost 模型实例化为例，针对不同的业务可以部署多个模型实例化集群，按业务需求可以实现个性化标签配置和服务性能拓展。在同一个业务集群内，不同模型根据其资源消耗情况被分配到不同的服务节点（物理机或者容器实例），保证资源利用率最大化。模型文件和特征文件更新后可以自动更新到实时预测服务中，保证了服务能力的迭代升级。

4.5 ID-Mapping

以用户实体为例，可以表示该实体的 ID 类型包括 UserId、DeviceId、IMEI 等，不同 ID 可以获取的阶段、生命周期均不相同。DeviceId 伴随着用户的整个生命周期，但是同一个用户使用不同设备时 DeviceId 不同，即使是同一个设备，DeviceId 也有可能因为刷机、重启等产生变动。UserId 是用户登录之后系统分配的唯一标识。即使设备不同，只要 UserId 相同，就会被识别为一个用户。但 UserId 只能在登录后获得，所以会损失用户登录前的行为数据。单独使用 DeviceId 或者 UserId 都不能完整地表达一个用户，如果可以将不同 ID 进行关联映射并最终通过唯一的 ID 标识用户，那么可以构建出一套统一的、完整的用户实体数据。ID-Mapping 主要用于解决上述问题。

ID-Mapping 是指多种 ID 无论如何关联，最终都能映射到同一个用户，即不同 ID 之间能够映射、关联到一起。业界一般期望通过唯一的 ID 来表达用户实体，最终实现物理世界的实体在网络世界中有唯一的 ID 标识。很多公司使用 ID-Mapping 来打通 ID 体系，比如阿里巴巴可以通过淘宝账号打通每个业务，腾讯可以借助微信号或者 QQ 号打通各业务数据，神策数据支持 ID-Mapping 并通过唯一的神策 ID 来标识用户。

ID-Mapping 主要解决的是信息孤岛问题，如表 4-4 所示，展示了几种常见的信息孤岛情形。

表 4-4　几种常见的信息孤岛情形

信息孤岛情形	主要问题	ID-Mapping 解决思路
同一应用，相同客户端	登录前使用 DeviceId 标识用户，登录后使用 UserId 标识用户，登录前后信息无法打通	打通登录前 DeviceId 和登录后 UserId，登录前后数据无缝衔接贯通。登录前数据可用于登录后业务
同一应用，不同客户端	同一个应用有不同的客户端，如 Android、iOS、H5 网页、小程序等。当同一个用户使用不同客户端时，登录前使用的是不同的 DeviceId，无法打通不同端下的用户数据	通过关联不同端登录前后数据，唯一标识一个用户，实现数据在多端的融合
不同应用，不同客户端	同一个公司旗下有多款应用，用户在多个应用间的数据无法打通。用户在 A 应用上积累了大量行为数据和画像数据，当用户使用 B 应用时无法使用 A 应用积累的数据	通过不同应用间的各类 ID 相关联，最终能够通过唯一 ID 标识一个用户。A 应用和 B 应用间的用户关联到一起，从而实现 A 应用和 B 应用间数据的联通

ID-Mapping 过程包含用户的标识和映射两个环节。下面将介绍 4 种常见的 ID-Mapping

方案，重点介绍如何实现 ID 间的映射。不同方案所适用的场景和优缺点不同，可以根据实际需求进行选择。

方案一：仅使用 DeviceId

图 4-16 展示了只使用 DeviceId 标识用户的示意图。部分工具类应用，比如杀毒、文件管理和解压缩工具等用户登录率较低，比较适合通过 DeviceId 来唯一标识用户。只要用户的 DeviceId 不变，就可以认为这是同一个用户。用户登录前后的数据也可以使用 DeviceId 打通。

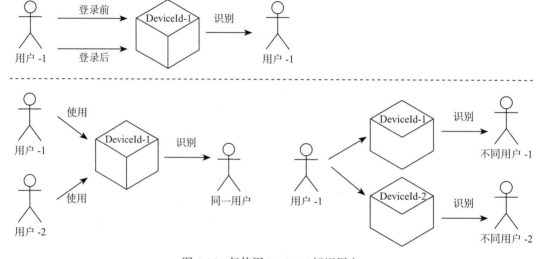

图 4-16　仅使用 DeviceId 标识用户

只使用 DeviceId 标识用户的实现方式比较简单，但是缺点也比较明显。不同用户使用同一个设备会被标识为同一个用户，而同一个用户使用不同设备会被识别成不同用户。如果多用户使用同一设备或者同一个用户使用不同设备的概率较小，仅使用 DeviceId 标识用户也是可行的。

方案二：一个 DeviceId 绑定一个 UserId

图 4-17 展示了一个 DeviceId 绑定到一个 UserId 的示意图。同一个设备登录前的 DeviceId 可以与登录后的 UserId 进行绑定，且 DeviceId 只可以绑定到一个 UserId。当用户切换设备并登录后，其数据可以与老设备上的数据打通。

方案二相对方案一可以更精确地标识用户，可以有效区分登录到同一个设备的不同用户数据，同一个用户即使登录到不同设备也会准确识别为同一用户。但是这种方式也存在问题，因为现实中同一个设备可能有多个登录用户使用，一个登录账号也会在多个设备上使用。所以这种一对一的关联存在如下问题：

❑ 一个未被绑定的设备登录前的用户和登录后的用户不同，此时会被错误地识别为同一个用户。

❑ 一个被绑定的设备后续被其他用户在未登录状态下使用，也会被错误地识别为之前
绑定的用户。

❑ 一个被绑定的用户使用其他设备时，未登录状态下的数据不会标识为该用户数据。

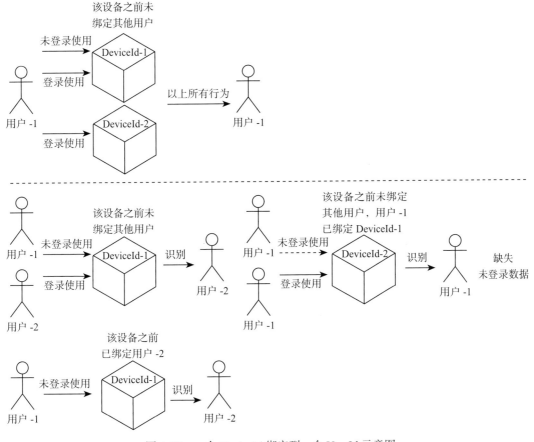

图 4-17　一个 DeviceId 绑定到一个 UserId 示意图

方案三：多个 DeviceId 绑定到一个 UserId

为了解决方案二中存在的一些问题，还可以采用多个 DeviceId 绑定到一个 UserId 的方
式，如图 4-18 所示，只要登录后的 UserId 相同，其多个设备上登录前后的数据都可以贯通
起来。

与方案二相比，方案三可以解决一个用户不能绑定多个设备的问题。但是因为一个
DeviceId 只能绑定到一个用户，当其他用户使用同一个已被绑定的设备时，其登录前数据
还是会被识别成已绑定到该设备的用户。

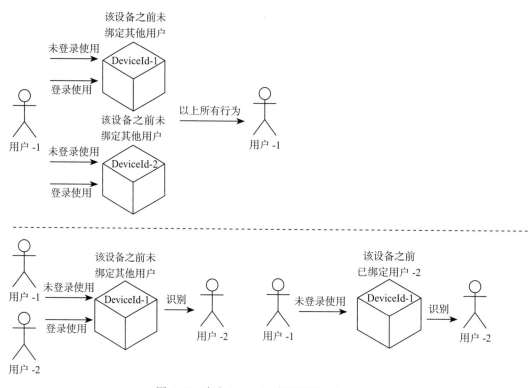

图 4-18 多个 DeviceId 绑定到同一个 UserId

方案四：多个应用间的不同 ID 进行关联

以上方案都是针对单个应用的 ID-Mapping 方案。当存在多个应用并想实现应用间 ID 映射和数据打通时，可以采用不同应用间的 ID 关联方案。如图 4-19 所示，通过将不同应用间的业务 ID 进行关联，可以实现不同应用之间的打通，其中 Phone、UserId 和 Email 最终可以指向同一个用户。

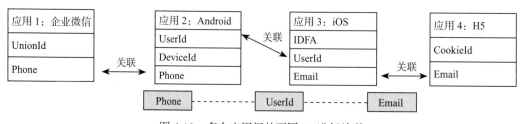

图 4-19 多个应用间的不同 ID 进行关联

以上介绍了 4 种常见的 ID-Mapping 方案。随着对用户识别准确度要求的提高，这些方案的工程实现复杂度也会提升。业务人员需要平衡好识别准确度和工程复杂度，根据自身业务特点选择合适的 ID-Mapping 方案。

4.6 岗位分工介绍

标签服务的主要参与岗位是服务端研发工程师和数据研发工程师，但也需要产品经理、算法工程师等。标签查询、标签元数据查询以及标识实时预测都可以通过接口的形式对外提供服务，基本不涉及可视化的操作功能。

服务端研发工程师的主要工作内容包括但不限于实现标签数据灌入缓存、标签查询服务和实时预测服务。标签数据灌入缓存依赖大数据组件或者自研代码实现，当标签查询调用方较多时需要考虑缓存资源的合理分配；借助微服务技术实现标签查询接口可以支持高并发调用；实时预测服务要选择合理的模型实例化技术方案，为了充分利用机器资源，当模型比较多的时候要采用合理的架构。

数据工程师主要负责标签数据的处理。如果标签的清洗、裁剪、编码和压缩等操作在灌入缓存前完成，那么数据研发工程师需要完成大量的数据工作。数据清洗规则、数据裁剪逻辑需要与产品经理对齐；数据编码方案及压缩方式需要与服务端研发工程师对齐，以保证后续标签查询环节可以按统一规则实现标签解码和解压。

产品经理主要负责标签查询服务实现过程中的需求对接以及服务接入的跟进，业务上线后要收集效果数据。在需求对接过程中，产品经理要厘清业务背景、线上调用量、对标签的时效性要求；服务接入有一定的流程，如标签生产、标签配置、标签上线、服务压测等；业务效果回收的目的是跟进标签使用情况，既要证明标签查询可以带来业务价值，又要收集标签查询使用过程中的问题以便后续功能迭代更新。

算法工程师主要参与标签实时预测服务。以"是否已婚"标签实时预测为例，XGBoost模型的实例化依赖算法工程师提供的模型文件和特征文件。预测过程中用到的特征数据、特征的数据组织样式、特征数据的来源需要与服务端研发工程师沟通明确，以保证研发工程师获取足够且正确的特征数据进行实时预测。算法模型的更新迭代需要及时同步研发工程师，实时预测服务模型进行 AB 实验、模型放量等都需要与研发工程师密切配合。

画像平台在提供标签服务的过程中需要关注以下几点。

❑ 服务高可用：标签查询服务经常用在高并发和分布式场景下，且大部分查询结果会直接应用到线上业务中，所以要保证服务的高可用。首先需要对标签查询服务的调用做合理的鉴权，防止线上服务被任意使用而造成服务的可用性降低；其次对于各调用方要设置合理的限流阈值，防止集群压力过大而影响其他调用方；最后当集群压力过大时，可以做服务降级。在标签数据灌入缓存的过程中要留意缓存资源压力变化，防止写入压力过大而影响查询性能；做好缓存资源的监控，提前发现隐患并及时进行扩容处理。

❑ 合理的数据处理：要根据业务实际需求进行数据处理，过度的数据清洗和裁剪会损失标签信息；采用合理的编码方式，不合理的编码不但节约不了存储空间，还会因为解码这一环节降低接口性能；采用合理的压缩算法，太复杂的压缩算法会造成计算资源消耗过大。编码解码、压缩解压分别发生在数据的写入和读取环节，必须保证前后采用的编码方式、压缩算法一致。

❑ 标签数据变更：当标签数据变更时要及时通知标签服务调用方，如果未经业务同意直接切换标签数据，可能会带来业务损失。画像平台要详细记录标签查询服务的使用情况，当标签需要替换或者下线的时候，可以快速查询到标签调用方并发送通知。

4.7 本章小结

本章介绍了标签服务的相关业务和技术实现方案。首先介绍了标签查询服务中将离线标签数据灌入缓存的实现方案，在灌入缓存的过程中，不同类型的标签数据采用的数据结构不同，合理的数据处理可以有效压缩数据并节约存储空间；其次介绍了标签元数据查询服务，元数据查询使用量较少，但是在画像平台对外提供分群服务时有重要作用；然后介绍了标签实时预测服务的主要应用场景和实现架构；为了实现不同 ID 间的关联打通，本文介绍了 4 种 ID-Mapping 实现方案；最后介绍了不同岗位在标签服务中的主要工作内容和注意事项。

借助本章内容，读者可以对标签服务的类型及实现方式有更加深入的认识。标签服务主要针对细粒度的标签数据，一般都是通过点查的方式获取指定用户的标签数值，那如何通过标签值反向查询用户？下一章将介绍基于标签数据查询用户的功能——分群功能。

第 5 章 *Chapter 5*

分群功能

　　分群功能在用户画像平台上指的就是人群创建功能。分群的概念不局限在对"人"进行分群，还可以对其他实体类型进行分群，由于本书主要介绍用户画像，所以书中分群功能和人群创建概念一致。业界也会将标签查询和人群圈选称为"正查"和"反查"，前者是通过用户查找标签，后者是通过标签查找用户。人群创建就是通过各种方式找到目标用户群体的过程，本章会介绍几种常见的人群创建方式以及基于人群的各类服务和功能。

　　本章首先会给出分群功能的整体架构图并介绍其关键功能模块，读者可以对分群功能有个全面认识；分群功能的实现依赖画像宽表或者画像 BitMap，所以紧接着会介绍画像宽表的表结构设计以及生成方式、画像 BitMap 的生产和存储方式；其次会介绍多种人群圈选方式，重点介绍规则圈选的实现逻辑以及优化思路，还会介绍导入人群、组合人群、行为明细、人群 Lookalike、挖掘人群、LBS 人群及其他人群圈选方式；人群数据就绪后可以对外输出使用，本章将介绍基于 Hive 表和 BitMap 的人群输出方式；然后介绍基于人群的几种常见附加功能，包括人群预估、人群拆分、人群自动更新、人群下载、ID 转换等；最后本章会介绍人群判存这一重要服务，并针对不同的使用场景提供了 3 种技术实现方案。

 提示　在本章中，如果数据表名称后缀包含 _ch，说明该数据表是 ClickHouse 中的数据表；在介绍各功能模块实现方案时，如无特殊说明，所有实体 ID 默认为 UserId；分群功能、人群创建、人群圈选在有些语境下含义一致。

5.1　分群功能整体架构

　　图 5-1 是分群功能的整体架构图，主要包含三部分内容：数据生成、人群创建和人群判

存。数据生成为分群功能提供数据支撑，人群创建是根据各类人群的生成规则产出对应的人群数据，人群判存是人群的常见服务，用于判断用户是否在人群中。

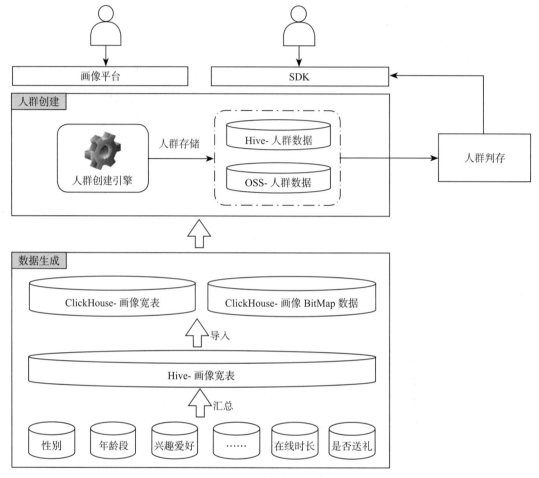

图 5-1　分群功能的整体架构图

　　数据生成依赖上游标签数据，由于标签分散在不同的源数据表中，为了方便后续人群创建和分析功能的实现，可以将标签数据汇总到一张 Hive 画像宽表中。但是由于 Hive 表的数据查询效率较低，为了提高人群创建效率，可以将画像宽表数据导入 ClickHouse 表中，由 ClickHouse 充当画像宽表的缓存。由画像宽表还可以生成 BitMap，在部分场景下可以使用 BitMap 创建人群。有了底层的画像宽表和 BitMap，分群功能才能正常运行。

　　人群的创建来源主要有两个：通过画像平台创建和通过 SDK 接口创建。人群创建模块接收到创建需求之后会根据人群类型执行不同的计算逻辑。常见的人群创建方式有规则圈选、导入人群、组合人群、人群 Lookalike、LBS 人群等，每一种人群适用的业务场景不同，创建逻辑和实现方式也不相同。生产出的人群数据主要有两种存储方式：Hive 和 OSS。

Hive 表数据主要用于数据备份、离线分析，OSS 中存放经过压缩过的人群 BitMap 数据，主要在通过接口获取人群数据时使用。

基于人群数据可以实现判存服务。判存服务同标签查询服务一样，经常用于高并发和分布式场景，对服务的可用性有严格要求。判存服务有多种实现方式，具体会在 5.5 节详细介绍。

实现分群功能的技术方案有很多，本书按照最通用的方式进行技术选型。在如图 5-1 所示的架构图中，标签宽表通过 Hive 表进行存储，ClickHouse 作为最近几年比较流行的 OLAP 引擎，在本架构中充当画像宽表的缓存；生成的人群 BitMap 数据主要存储在阿里云对象存储 OSS 中；人群判存服务会使用 Redis 作为数据缓存来提升服务性能。人群创建业务涉及可视化的操作页面以及服务端工程实现，分别采用 Vue 和 Spring Boot 来实现。

5.2 基础数据准备

本节主要介绍人群创建所依赖的画像宽表和 BitMap 的生成方式。为什么要创建画像宽表？基于原始的标签数据表进行人群圈选有什么问题？如何生成画像宽表？BitMap 适用于哪些场景下的人群创建？这些问题都会在本节找到详细解答。

5.2.1 画像宽表

本节将首先介绍画像宽表的表结构以及在人群创建中的主要优势，然后通过一个示例介绍画像宽表的生成方式及优化手段，最后介绍画像宽表数据写入 ClickHouse 的实现方案。

1.画像宽表概念

假设用户的两个画像标签"性别"和"常住省"分别存储在两张 Hive 表中，其表结构如图 5-2 所示。

userprofile_demo.gender_label	
user_id	gender
100	男
101	女
102	男
103	女
104	男

userprofile_demo.province_label	
user_id	province
100	山东省
101	陕西省
102	河南省
103	江苏省
105	河北省

图 5-2 性别和常住省标签数据表示例

如果要从上述两张表中圈选出河北省男性用户，最传统的实现方案是直接通过 INNER JOIN 语句找出两张表中满足条件的用户，其 SQL 语句如下所示。

```
SELECT
  t1.user_id
```

```
FROM
  (
    SELECT
      user_id
    FROM
      userprofile_demo.gender_label
    WHERE
      gender = '男'
  ) t1
  INNER JOIN (
    SELECT
      user_id
    FROM
      userprofile_demo.province_label
    WHERE
      province = '河北省'
  ) t2 ON (t1.user_id = t2.user_id)
```

如果在河北省男性用户的基础上再增加一个筛选条件，比如河北省中年男性用户，按照 SQL 编写逻辑需要再次使用 INNER JOIN 连接用户年龄标签表。随着筛选条件的增加，这个 SQL 语句的长度和执行时间会逐渐增加，代码可维护性会逐渐降低。假设如图 5-3 所示将所有标签拼接到一张数据表并构建出一张宽表，则上述 SQL 语句可以简化成如下语句。该语句更加简洁且容易理解，其复杂度也不会随着筛选条件的增多而提高。与传统实现方式相比，基于宽表进行工程开发的难度和维护成本都将降低很多。

```
SELECT
  user_id
FROM
  userprofile_demo.userprofile_wide_table
WHERE
  gender = '男'
  AND province = '河北省'
```

userprofile_demo.userprofile_wide_table

user_id	gender	province
100	男	山东省
101	女	陕西省
102	男	河南省
103	女	江苏省
104	男	—
105	—	河北省

图 5-3 性别和常住省标签拼接在一张数据表中

上面的 SQL 语句就是人群创建的雏形，如果创建过程直接关联到每个标签的源数据表，那么任何源数据表的改动或者异常都将影响后续的人群创建功能。画像宽表将散落在不同表中的标签数据进行汇总，是对数据的一种封装方式，其不仅降低了人群圈选语句的复杂度，而且解决了如表 5-1 所示的所有问题。

表 5-1 画像宽表相对分散表可以解决的主要问题

解决问题	问题描述	宽表解决思路
权限集中管理	标签数据分散在不同的 Hive 库表中，出于数据安全考虑，大部分数据表的使用需要进行权限校验。为了实现人群创建功能，用户需要申请所有标签数据表权限。当表权限变更时，还需要及时同步每一个用户再次申请权限。通过分散表创建人群将造成标签数据表的权限申请、审批、变更流程异常烦琐	画像平台作为一个“用户”申请所有标签数据表权限来构建一张宽表，普通用户创建人群时只与宽表交互，避免了用户直接申请所有上游数据表权限的问题
数据解耦	人群创建语句涉及多张 Hive 数据表，当数据表名称或者列名称变更时，需要修改所有包含该标签的人群创建语句。任何标签数据的变动都将直接影响人群创建过程，降低了系统的稳定性，提高了系统的维护成本	画像宽表提供稳定的数据服务，所有上游数据的变动不会直接暴露给普通用户。宽表的表结构稳定，基于宽表进行的人群创建过程不受上游表变动影响
数据对齐	每个标签源数据表所能覆盖的用户范围不同，A 标签仅覆盖日活用户、B 标签仅覆盖新增用户、C 标签覆盖全量用户，这三个标签混合使用时会造成数据混乱	统一构建全量用户表，通过全量用户数据关联各标签数据来构建画像宽表，每个标签都会自动补齐缺失数据，保证了各标签覆盖用户范围一致
数据处理	标签源数据表是由每个业务产出的，有些标签值不适合直接用于人群圈选和标签查询等业务场景，需要对数据进行集中处理。比如字符串编码、数组截取、无效数据删除等	在生成画像宽表的过程中可以对各标签数据进行再加工，如编码、裁剪、压缩等。在保证信息完整性的同时尽量缩减数据规模，提高后续人群创建的效率
生产对齐	不同标签数据表产出时间不同，人群圈选如果明确了日期范围，那么需要对齐所有标签日期范围	宽表的生成依赖上游各标签数据表，宽表某日期下的数据对应到每一个标签下时日期与标签日期一致，很方便拉起各标签的数据时间

常见的画像宽表表结构设计如图 5-4 所示，其中包含的关键元素是日期分区 p_date、画像数据主键 user_id 以及各画像标签列。日期分区用于区分不同时间下的标签取值，每个分区中都包含全量用户数据。

图 5-4 中画像宽表的创建语句如下所示。

userprofile_demo.userprofile_wide_table

p_date	user_id	gender	province	其他标签列
2022-07-26				
2022-07-26				
2022-07-26				
2022-07-26				
2022-07-26				
2022-07-26				

p_date	user_id	gender	province	其他标签列
2022-07-27	100	男	山东省	
2022-07-27	101	女	陕西省	
2022-07-27	102	男	河南省	
2022-07-27	103	女	江苏省	
2022-07-27	104	男		
2022-07-27	105		河北省	

图 5-4 画像宽表表结构设计

```
CREATE TABLE IF NOT EXISTS `userprofile_demo.userprofile_wide_table`(
  `user_id` bigint COMMENT '用户ID',
  `gender` string COMMENT '性别',
  `province` string COMMENT '常住省',
  `other_labels` string COMMENT '其他标签',
  COMMENT '画像宽表'
PARTITIONED BY (`p_date` string COMMENT 'yyyy-MM-dd');
```

画像宽表中为什么要设置日期分区，仅保留一份最新的标签数据可以吗？当然可以，本书采用带有日期的宽表设计主要有如下三点考虑。

❑ 支持灵活的行为圈选。部分标签是行为统计类标签，比如当日是否送礼、在线时长、观看文章数、点赞次数等，如果圈选条件涉及时间范围，那么需要保留一段历史时间内的画像标签数据。比如圈选 7 月 1 日到 7 月 6 日范围内平均在线时长超过 20 分钟的用户、圈选 7 月 9 日到 7 月 15 日期间累计点赞次数超过 20 次的用户，以上圈选条件都需要查询过往 7 天的标签数据。上述圈选需求也可以转换成"近一周平均在线时长"和"近一周累计点赞次数"标签来解决，但是这种通过增加标签来满足日期范围下用户圈选的方式不够灵活。当用户圈选需求涉及任意 N 天的用户行为时，只能通过存储历史标签数据来解决。

❑ 支持跨时间的人群分析。有了标签历史数据便可以实现跨时间的人群分析，比如分析山东省男性用户在过去半个月的平均在线时长变化，基于画像宽表可以快速计算出分析结果。

❑ 兼容单日期分区。仅保留最新标签数据是多日期数据下的一种特殊情况。本书介绍的技术方案支持多日期画像数据下的人群圈选等功能，自然兼容单日期下的各类功能。

2. 画像宽表生成

画像宽表的表结构已经明确，那如何生成宽表数据？最简单直接的方式是通过 SQL 语句来拼接各类标签源数据表，图 5-5 展示了将多个标签汇总到画像宽表的主要流程。其中 userprofile_base_table 表包含了全量的用户信息，通过左连接其他标签表来补齐合并标签数据；在合并不同标签数据的过程中可以添加数据处理逻辑，比如将其中的性别标签值进行数字编码、补齐性别和常住省缺失值等。

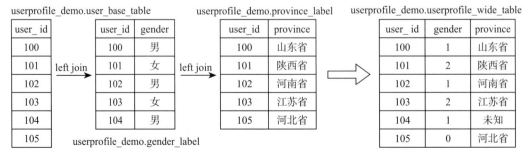

图 5-5 将多个标签表汇总到画像宽表的主要流程

图 5-5 所示的宽表生成逻辑最终 SQL 语句如下所示。内层 SQL 语句通过 LEFT JOIN 实现标签数据的合并，外层 SQL 语句将标签数据写入画像宽表中。其中对于性别标签值进行了编码操作，男性编码为 1、女性编码为 2。

```
INSERT OVERWRITE TABLE userprofile_demo.userprofile_wide_table PARTITION(p_date
= '2022-08-01')
SELECT
  t1.user_id,
  CASE WHEN t2.gender = '男' THEN 1 WHEN t2.gender = '女' THEN 2 ELSE 0 END AS
    gender,
  trim(t3.province) AS province
FROM
  (
    SELECT
      user_id
    FROM
      userprofile_demo.userprofile_base_table
  ) t1
  LEFT JOIN (
    SELECT
      user_id,
      gender
    FROM
      userprofile_demo.gender_label
  ) t2 on (t1.user_id = t2.user_id)
  LEFT JOIN (
    SELECT
      user_id,
      province
    FROM
      userprofile_demo.province_label
  ) t3 ON (t1.user_id = t3.user_id)
```

随着业务发展，生产画像宽表所涉及的标签数量逐渐增加，仅通过一条 SQL 语句生成宽表的缺陷逐渐暴露出来。首先 SQL 语句随着标签的增多会变冗长且结构复杂，在 SQL 中增删改标签的难度增大，提高了维护成本。其次每个标签 Hive 表的就绪时间不同，单条 SQL 语句执行模式会等待所有标签就绪，这就造成宽表的产出时间受最晚就绪的标签影响，而且在 SQL 执行时涉及所有上游标签数据，其需要大量的计算资源集中进行计算，这无疑会造成宽表的产出时间延长，时效性较低。最后，当单个标签数据异常时，需要重跑整个 SQL 语句来纠正数据问题，这无疑造成了资源的浪费。为了解决以上问题，可以通过如图 5-6 所示的分组方式生成画像宽表。

图 5-6 中采用了分组的思路逐层生成画像宽表。所有标签被划分成多个分组，每个分组下的标签自行产出中间宽表，最后将所有的中间宽表合并成最终的画像宽表。标签可以采取随机分组策略，即所有标签随机分配到某个分组下，每个中间宽表所包含的标签量和计算所需的资源量基本一致；也可以按标签的就绪时间段进行分组，比如早上 8 点到 10 点

就绪的标签可以分为一组，这样可以把中间宽表的生产时间打散，避免集中计算造成系统压力过大。生成宽表的 SQL 语句可以使用 Spark 引擎执行，通过 Spark 引擎进行参数调优、使用 JOIN 语句调整数据表顺序、使用 Bucket Join 等方式都可以提升宽表的生产效率，更多宽表生产优化细节会在第 9 章中介绍。

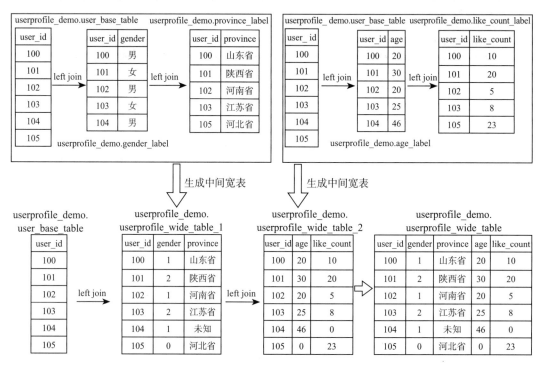

图 5-6 通过分组方式生成画像宽表

3. 画像宽表存储

画像宽表数据存储在 Hive 表中，可以通过 Hive SQL 执行人群圈选操作，由于其依赖 Hadoop 生态下的数据引擎执行，执行时间通常在几分钟到几十分钟不等。如果画像平台用户对于人群圈选的速度没有要求，直接基于 Hive 表进行计算是可行的。但是有些业务对人群圈选速度有比较高的要求，比如热点运营团队，当热点事件出现之后，需要以最快的速度找到目标用户并推送 Push 消息，此时直接从 Hive 表中圈选用户便不再满足业务需求。

ClickHouse 是最近几年比较流行的大数据分析工具，在面对百亿数据量级的分析需求时可以实现秒级响应。ClickHouse 也比较擅长做宽表分析，基于这一特点可以把其作为 Hive 表的"缓存"，从而实现人群圈选和人群分析的提速。实践证明，基于 ClickHouse 表进行人群圈选可以实现秒级响应，相比 Hive 表实现方式的分钟级响应有显著提升。选择 ClickHouse 的另外一个原因是其对 SQL 语法的支持非常全面，其表结构设计与 Hive 表非常相似，这极大地降低了工程开发难度。

要将图 5-4 所示的 Hive 表写入 ClickHouse 中，首先要创建 ClickHouse 数据表，其创建表语句如下所示。

```
-- 创建 Local 表, 数据表按照日期进行分区, 以 user_id 和 gender 作为排序键 --
CREATE TABLE userprofile_demo.userprofile_wide_table_ch_local ON CLUSTER default (
  p_date Date,
  user_id Int64,
  gender Int8,
  province String
) ENGINE = MergeTree()
PARTITION BY toYYYYMM(p_date)
PRIMARY KEY (user_id)
ORDER BY
  (user_id, gender) SETTINGS index_granularity = 8192;
-- 创建分布式表, 关联到 Local 表 --
CREATE TABLE userprofile_demo.userprofile_wide_table_ch
ON CLUSTER default AS userprofile_demo.userprofile_wide_table_local ENGINE = Distributed(
  default,
  userprofile_demo,
  userprofile_wide_table_local,
  intHash32(user_id)
);
```

画像宽表数据写入 ClickHouse 时首先要解决读取 Hive 数据的问题，可以采用与第 4 章中标签数据灌入缓存相同的技术方案：通过 Spark、Flink 或者自研代码方式读取 Hive 数据。将数据写入 ClickHouse 的方式主要有两种：通过 INSERT 语句直接写入和通过文件的方式批量导入。也就是说，ClickHouse 和其他常见数据库一样，可以通过 INSERT 语句直接将数据写入 ClickHouse 表中；也可以将数据存储在 csv 临时文件后再批量导入 ClickHouse 中。图 5-7 展示了 Hive 宽表数据写入 ClickHouse 的主要实现逻辑。

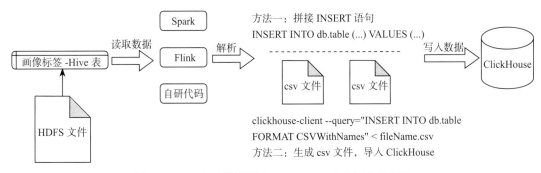

图 5-7　Hive 宽表数据写入 ClickHouse 的主要实现逻辑

图中写数据到 ClickHouse 的关键语句如下所示。第一条是完整的 INSERT 语句，可以通过 ClickHouse 客户端或者 JDBC 来执行。第二条是基于 csv 文件导入 ClickHouse 的语句，其依赖 ClickHouse 客户端来执行。

```
-- 通过 INSERT 语句批量写入数据 --
INSERT INTO userprofile_demo.userprofile_wide_table_ch
```

```
(p_date, user_id, gender, province)
VALUES
('2022-07-28', 100, 1, '山东省'),
('2022-07-28', 101, 2, '陕西省'),
('2022-07-28', 102, 1, '河南省');
-- 通过文件批量导入 --
clickhouse-client --query="INSERT INTO userprofile_demo.userprofile_wide_table_
    ch FORMAT CSVWithNames" < /path/to/csvfilename.csv
```

画像宽表这种数据组织形式也存在一些缺点，最主要的问题是数据的冗余存储。属性类标签取值与时间无关，比如性别、教育程度、出生地等不受时间影响，当宽表按日期分区存储一段时间属性类标签数据时会造成存储资源的浪费。为了解决这个问题，也可以将标签拆分到两个小宽表中，将与日期无关的标签单独放到一张宽表中且仅保留最新日期的数据；将与日期有关的标签放到另外一张宽表中，且按日期将数据保存一段时间。保障画像宽表生产需要较高的维护成本，随着宽表标签列的增加，其生产、修改、补数据等情况会比较频繁，任何一个标签的改动都会影响整张宽表的使用。

5.2.2 画像 BitMap

使用画像宽表圈人的逻辑是从明细数据中找到满足条件的用户并最终构建人群，而使用 BitMap 进行圈人是对用户进行预聚合，在人群圈选时直接使用聚合后的结果进行计算。首先将指定标签值下的所有用户聚合后生成 BitMap，然后基于这些 BitMap 执行交、并、差操作实现人群筛选。图 5-8 是基于宽表和 BitMap 进行人群圈选的功能示意图，两种方式最终产出的人群相同。

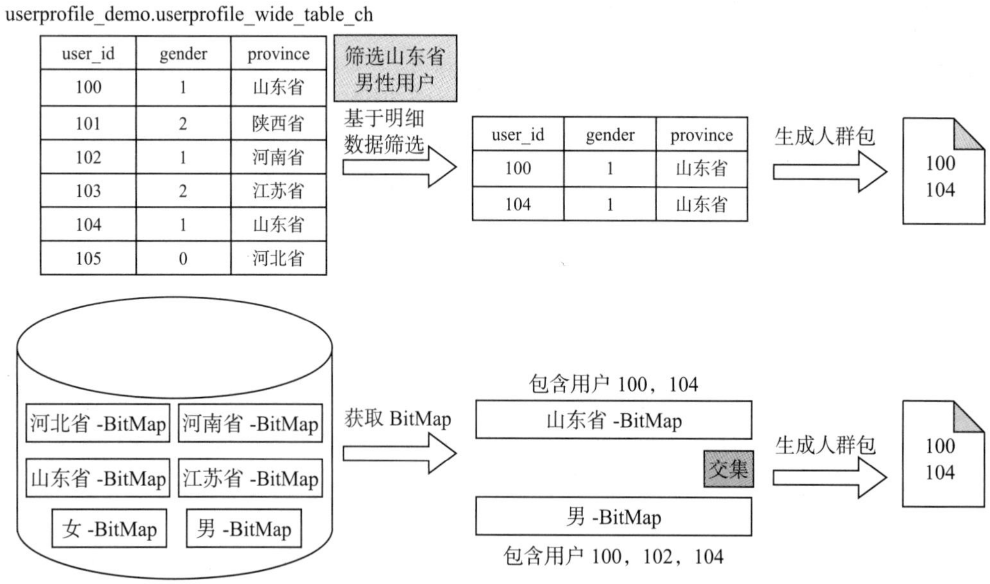

图 5-8　基于宽表和 BitMap 进行人群圈选的功能示意图

BitMap 特殊的数据结构决定了其适合做用户聚合并应用到人群圈选场景中。BitMap 底层构建了一个 bit（位）数组，每一位只能存储 1 或者 0，其中数组的索引值映射到 UserId，如果当前索引上的数字是 1，代表对应的 UserId 存在，如果是 0，代表 UserId 不存在。图 5-9 展示了 BitMap 存储 UserId 的基本原理，UserId 不再是一个具体数字而是映射到位数组的索引值上面，借助这一特点可以实现大量 UserId 数字的压缩、去重、排序和判存。

位图	1	0	1	0	1	0	1	0	…	1	0	1	0	1	1	1	0
索引值 UserId	0	1	2	3	4	5	6	7	…	1000	1001	1002	1003	1004	1005	1006	1007
是否存在	是	否	是	否	是	否	是	否	…	是	否	是	否	是	是	是	否

图 5-9　BitMap 存储 UserId 的基本原理

将大量的 UserId 写入 BitMap 时，因为相同的 UserId 所对应的索引位置一样，可以自动实现人群 UserId 的去重；位数组索引天然有序，人群 UserId 写入 BitMap 可以实现便捷排序；判存是判断 UserId 是否在人群中，通过判断位数组指定索引位置的数值是否为 1 便可以快速判断出 UserId 是否存在。以上特点决定了 BitMap 非常适合存储人群数据，也决定了其在画像平台的广泛应用。

基于 Hive 标签表数据可以生成 BitMap，图 5-10 展示了通过性别和常住省标签生成 BitMap 的实现逻辑。首先基于标签明细数据聚合生成标签值 BitMap 数据，其执行结果会存储在 Hive 表中；其次将已经生成的标签值 BitMap 的 Hive 表数据写入 ClickHouse 表中，该操作可以提高后续查询 BitMap 的效率；最后在人群创建过程从数据表查出 BitMap 并计算出人群数据。

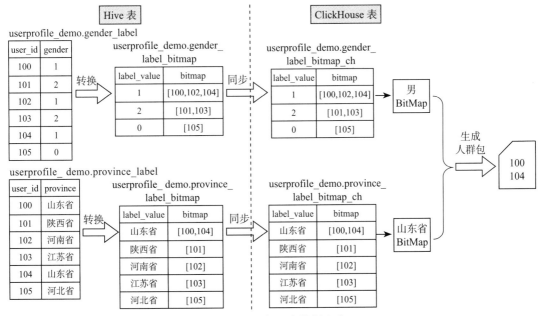

图 5-10　通过 Hive 标签表数据生成 BitMap

　　BitMap 是一种位图映射方案，其具体实现方式有多种，在 Java 语言中可以使用 RoaringBitmap 进行工程开发。图 5-11 展示了由 Hive 表生成标签 BitMap 表的流程，不同环节涉及 BitMap 不同数据形式的转换。

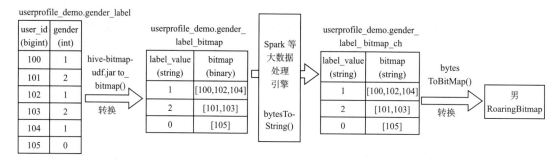

图 5-11　标签 BitMap 表生成流程图

　　Hive 表数据转为 RoaringBitmap 时依赖开源工具包 hive-bitmap-udf.jar，其中 UDF 函数 to_bitmap 可以将 UserId 列表转换为 RoaringBitmap 对象并以 binary（二进制）格式存储到 Hive 表中。工具包中还包含常用的 UDF 函数，如 bitmap_count、bitmap_and 和 bitmap_or 等，可以便捷地对 BitMap 进行各类操作。Hive 表中的 BitMap 数据经由 Spark 等大数据引擎批量处理后写入 ClickHouse 表中。ClickHouse 中没有 binary 数据类型，一般通过 string 类型承接 Hive 中的 binary 类型。使用 byteToString 函数可以将 Hive 表的 BitMap 数据转换为 string 类型数据，其实现原理是将 binary 数据转换为 byte[]，然后通过 BASE64 编码成 string。从 ClickHouse 中读取到 string 类型的 BitMap 数据，借助 bytesToBitMap 函数可以实现 string 到 RoaringBitmap 的转换。多个 RoaringBitmap 可以在内存中直接进行交、并、差操作，最终实现人群的创建。

　　Hive 表数据生成 BitMap 的 SQL 代码如下所示，通过引入工具包并调用其中的 to_bitmap 函数将 gender 下的所有 UserId 转换为 binary 格式，并将数据写入 Hive 数据表中。

```
-- 引入 UDF 工具包 --
ADD JAR hdfs://userprofile-master:9000/hive-bitmap-udf.jar;
CREATE TEMPORARY FUNCTION to_bitmap AS 'com.hive.bitmap.udf.ToBitmapUDAF';
-- 将数据写入 BitMap 数据表 --
INSERT OVERWRITE TABLE userprofile_demo.gender_label_bitmap PARTITION(p_date =
  '2022-08-01')
SELECT
  gender,
  to_bitmap(user_id)
FROM
  userprofile_demo.gender_label
WHERE
  p_date = '2022-08-01'
GROUP BY
  gender
```

byte[]、string 以及 RoaringBitmap（这里以 Roaring64Bitmap 为例进行介绍）之间的核心转换代码如下所示，通过不同函数的灵活搭配可以实现 Hive 与 ClickHouse、数据存储与内存之间数据类型的转换。

```
// byte[]转string
public static String bytesToString(byte[] bytes) throws IOException {
  return Base64.getEncoder().encodeToString(bytes);
}
// string转byte[]
public static byte[] stringToBytes(String str) throws IOException {
  return Base64.getDecoder().decode(str);
}
// byte[]转Roaring64Bitmap
public static Roaring64Bitmap bytesToBitMap(byte[] bytes) throws IOException {
  Roaring64Bitmap bitmapValue = new Roaring64Bitmap();
  DataInputStream in = new DataInputStream(new ByteArrayInputStream(bytes));
  bitmapValue.deserialize(in);
  in.close();
  return bitmapValue;
}
// Roaring64Bitmap转byte[]
public static byte[] bitMapToBytes(Roaring64Bitmap bitmap) throws IOException {
  ByteArrayOutputStream bos = new ByteArrayOutputStream();
  DataOutputStream dos = new DataOutputStream(bos);
  bitmap.serialize(dos);
  dos.close();
  return bos.toByteArray();
}
```

并不是所有的画像标签都适合转换为 BitMap，只有标签值可枚举且数量有限的标签才适合转换为 BitMap。例如，性别标签有男、女、未知三个标签值，标签值之间有明显的区分度，生成 BitMap 之后每个 BitMap 被使用的概率也较高，其比较适合构建标签 BitMap。对于在线时长、粉丝数等数值型标签，其标签值不可枚举或者数量庞大，标签值之间没有明显的区分度，所以不适合构建 BitMap。生成 BitMap 会消耗大量的计算和存储资源，如果标签值区分度较小，生成的 BitMap 数据被使用到的概率较低，将是对计算和存储资源的浪费。

使用画像宽表还是 BitMap 要根据业务特点来决定。基于宽表中全量用户的明细数据可以实现所有的人群圈选功能，但是采用 BitMap 方案的人群创建速度相比宽表模式可以提升 50% 以上。BitMap 适用的标签类型和业务场景有限，要结合实际的数据进行判断。业界一般使用混合模式，优先通过 BitMap 进行人群创建，不适用的场景下兜底使用画像宽表进行人群圈选。但是采用混合模式要考虑对齐画像宽表和 BitMap 的标签时间，这增加了工程的实现复杂度。

5.3　人群创建方式

人群创建的过程就是筛选出用户并沉淀为人群的过程，本节将介绍几种人群创建方式，即规则圈选、导入人群、组合人群、行为明细、人群 LookALike、挖掘人群、LBS 人群等人群创建方式，其中重点介绍规则圈选这一常见的人群创建方式及存储方案，详细说明规则人群的工程难点及优化手段；之后会详细介绍其他人群创建方式及技术实现方案。

5.3.1 规则圈选

本节首先通过代码示例介绍如何基于 BitMap 和画像宽表创建规则人群，以及最终人群数据如何存储到 Hive 表和 OSS 中；其次介绍规则圈选的常见问题的解决思路，包括复杂的规则嵌套、对非数字类型 ID 的圈选支持、从海量数据中筛选用户等。

1. 基本流程

规则圈选是按照指定条件从画像数据中找到满足要求的用户并沉淀为人群的一种常见的人群创建方式。所谓的规则就是条件的组合，比如河北省男性用户，最近一周平均在线时长在 2 ~ 10 分钟之间的中老年用户。规则圈选的实现依赖画像宽表数据或者 BitMap 数据，其实现逻辑如图 5-12 所示。

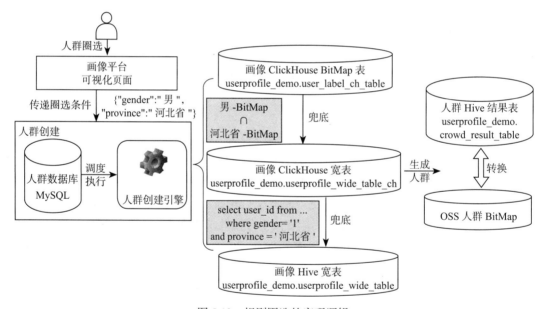

图 5-12 规则圈选的实现逻辑

筛选河北省男性用户可以通过画像平台可视化页面表达出来，其圈选配置最终通过接口传递到平台服务端并存储在数据库 MySQL 中。人群创建引擎读取到规则人群配置信息后，首先判断是否适合通过 BitMap 实现人群圈选，如果适合，可以获取标签的 BitMap 在内存中进行交、并、差操作；如果不适合，可以通过 ClickHouse 画像宽表进行人群筛选，其实现逻辑是将人群圈选条件转变为 SQL 语句，借助 ClickHouse 引擎查询出所有满足条件的 UserId 并构建人群；当 ClickHouse 执行异常时会再次兜底从 Hive 表中筛选用户，同理，将人群圈选条件转换为 Hive SQL 语句并构建人群。前两种执行方式生产的人群会优先产出 BitMap 并存储到 OSS 中，第三种方式生成的人群数据直接存储在 Hive 表中。为了实现人群数据的持久化存储和便捷的接口调用，人群数据最终会存储在 Hive 表和 OSS 中。

基于 BitMap 进行人群圈选主要分为两步，第一步是从 ClickHouse 中读取标签 BitMap，第二步是在内存中进行 BitMap 的交并差运算，其实现语句如下所示。代码重点是将字符串格式的数据转换为 RoaringBitmap，并通过其自带的 AND 函数计算交集。目前最新的 ClickHouse 版本也支持自定义 UDF 函数，可以将上述步骤封装为 UDF 函数后直接使用。

```
-- 第一步：从 ClickHouse 表中读取性别为男的 BitMap，同理可获取常住省为河北省的 BitMap--
SELECT
  bitmap
FROM
  userprofile_demo.gender_label_bitmap_ch
WHERE
  p_date = '2022-08-05'
  AND label_value = '1'

// 调用 stringToBytes() 和 bytesToBitMap() 函数将 string 转换为 RoaringBitmap
public static byte[] stringToBytes(String str) throws IOException {
  // 参见 5.2.2 节的函数实现
}
// byte[] 转换为 BitMap
public static Roaring64Bitmap bytesToBitMap(byte[] bytes) throws IOException {
  // 参见 5.2.2 节的函数实现
}
// 第二步：BitMap 之间计算交集
maleBitMap.and(provinceBitMap);
```

基于 ClickHouse 宽表进行人群圈选的方式比较简单，其 SQL 语句如下所示，工程代码遍历其查询结果中的所有 UserId 并写入 BitMap。目前 ClickHouse 支持将数组封装为 BitMap 格式的数据，这样可以在 ClickHouse 内部实现 UserId 的聚合，从而降低传输 UserId 的带宽消耗。基于 BitMap 和 ClickHouse 宽表生成的人群 BitMap 可以直接上传并保存到 OSS 中。

```
-- 从 ClickHouse 表中查询出所有河北省男性用户的 UserId --
SELECT
  user_id
FROM
  userprofile_demo.userprofile_wide_table_ch
WHERE
  p_date = '2022-08-05'
  AND gender = 1
  AND province = '河北省'

// 通过 ClickHouse JDBC 执行 SQL 语句，获取 ResultSet 并遍历结果中的 UserId
Roaring64Bitmap crowd = new Roaring64Bitmap();
while (rs.next()) {
  long userId = rs.getLong(1);
```

```
    crowd.add(userId);
}
-- 通过 BitMap 返回所筛选的 UserId，返回格式为 byte[]，需要反序列化为 RoaringBitmap --
SELECT
    groupBitmapState(user_id) AS bitmap
FROM
    (
    SELECT
        user_id
    FROM
        userprofile_demo.userprofile_wide_table_ch
    WHERE
        p_date = '2022-08-05'
        AND gender = 1
        AND province = '河北省'
    )
```

通过 JDBC 连接 HiveServer 可以运行 Hive SQL 语句，基于 Hive 表进行人群圈选的 SQL 语句示例如下所示，SQL 执行后人群结果数据将直接存储到人群结果 Hive 表中。

```
INSERT OVERWRITE TABLE userprofile_demo.crowd_result_table PARTITION(crowd_id = 100)
SELECT
    user_id
FROM
    userprofile_demo.userprofile_wide_table
WHERE
    p_date = '2022-08-05'
    AND gender = 1
    AND province = '河北省'
```

人群结果最终要存储在 Hive 表和 OSS 中。Hive 表中的人群数据主要用于离线数据分析场景，很多业务使用人群之后需要通过人群结果表进行效果分析。图 5-13 展示了 Hive 人群结果表的表结构设计，人群 crowd_id 作为分区键，分区下包含该人群的所有用户。OSS 中的人群数据主要应用在通过接口获取人群数据的场景下。人群数据压缩为 BitMap 并存储到 OSS 中，一亿人群数据大小在 100 MB 左右，通过接口可以在几秒内获取到人群结果。

userprofile_ demo.crowd_result_table

crowd_id	user_id
100	1000
100	1001
100	1002
101	1000
101	1006
101	1010

图 5-13　Hive 人群结果表

每一个人群最终都会存储在 Hive 表和 OSS 中，但是不同人群创建方式优先产出的人群存储类型不同，所以画像平台需要支持 Hive 和 OSS 之间数据的相互转换。图 5-14 展示了 Hive 和 OSS 人群 BitMap 之间相互转换的主要方式。HiveToBitMap 主要通过 Spark 或者 Flink 批量读取 Hive 表中的数据，在内存中构建 BitMap 后存储到 OSS 中；BitMapToHive 需要将内存中的数据快速写入 Hive 表，主要分为写入本地文件、上传到 HDFS 以及加载成 Hive 表三个步骤，该过程与第 3 章中通过文件导入创建标签类似。相关代码和步骤本章不再赘述，可以参考第 3 章的对应内容。

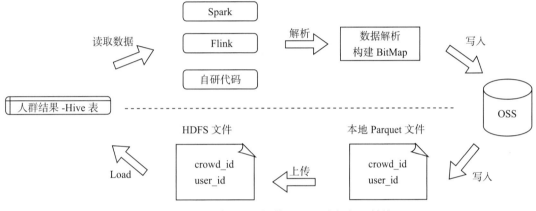

图 5-14　Hive 与 OSS 人群 BitMap 之间相互转换

2. 工程难点

上一节描述了规则圈选的基本实现流程，本节主要介绍规则圈选在实现过程中可能遇到的工程难点及解决思路。

在实际场景中人群圈选条件可能涉及多层交、并、差操作，比如（（（常住省 = 河北省）AND（性别 = 男性））OR（（常住省 = 山东省）））NOT（是否送礼 = 是）。在画像宽表模式下，可以将上述逻辑表达式直接翻译为如下 SQL 语句；在 BitMap 模式下，需要将上述逻辑表达式转换为如图 5-15 所示的树状结构，获取每个叶子节点的 BitMap 之后从底向上进行计算。

```
SELECT
  user_id
FROM
  userprofile_demo.userprofile_wide_table_ch
WHERE
  p_date = '2022-08-05'
  AND (
    (
      province = '河北省'
      AND gender = 1
    )
    OR province = '山东省'
```

```
)
AND (send_gift = 0)
```

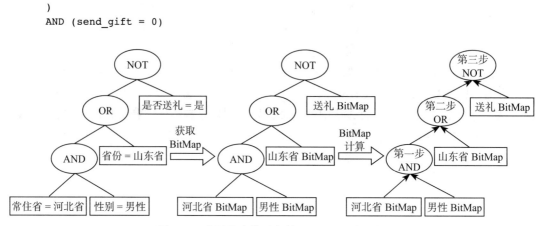

图 5-15　多层嵌套筛选条件 BitMap 生成逻辑

规则圈选会涉及带有时间范围的筛选条件，比如"最近 5 天平均在线时长在 10 ～ 30 分钟之间的河北省男性用户"，可以将该条件拆分成如下逻辑表达式：（最近 5 天平均在线时长 between [10,30]）AND（（常住省 = 河北省）AND（性别 = 男））。因为筛选条件涉及时间范围下的连续值标签，所以该规则圈选只能通过画像宽表来实现，其最终 SQL 语句如下所示。该 SQL 语句包含两个主要执行部分，其中最近 5 天平均在线时长通过聚合函数 AVG 来实现，借助 GROUP BY user_id 可以找到满足条件的用户；通过 INNER JOIN 语句可以计算出不同执行结果之间的用户交集。

```
SELECT
  DISTINCT user_id
-- 查找河北省男性用户 --
FROM
  (
    SELECT
      user_id
    FROM
      userprofile_demo.userprofile_wide_table_ch
    WHERE
      p_date = '2022-08-05'
      AND province = '河北省'
      AND gender = 1
  ) t1
-- 计算两部分结果的交集 --
INNER JOIN (
  -- 通过 GROUP BY 获取最近 5 天的平均在线时长 --
  SELECT
    user_id,
    avg(onlie_time) AS avgVal
  FROM
    userprofile_demo.userprofile_wide_table_ch
  WHERE
```

```
    p_date >= '2022-08-01'
    AND p_date <= '2022-08-05'
  GROUP BY
    user_id
  HAVING
    avgVal >= 10
    AND avgVal <= 30
) t2 ON (t1.user_id = t2.user_id)
```

　　BitMap 能实现对数字类型 UserId 的存储和压缩，但不适用于字符串类型的 DeviceId。目前对于字符串压缩没有很好的实践方案。为了保证工程实现方案的统一，可以对 DeviceId 进行数字编码，在实际圈选过程中使用该数字 ID 代替 DeviceId。为了实现 DeviceId 与数字 ID 之间的映射，需要离线计算现存所有 DeviceId 的数字编码，并且每天需要对新增设备补充编码。在 DeviceId 画像宽表中需要补充该数字编码列，实际圈选过程中使用数字列代替 DeviceId。第三方业务拉取 DeviceId 的人群 BitMap 时，遍历其中数字 ID 后要反解析出真实的 DeviceId 才可以使用，这要求画像平台要提供高可用的 ID 转换服务。图 5-16 展示了 DeviceId 编码映射和人群圈选实现方案，更加详细的 ID 编码映射实现方案介绍可以参见第 9 章相关内容。

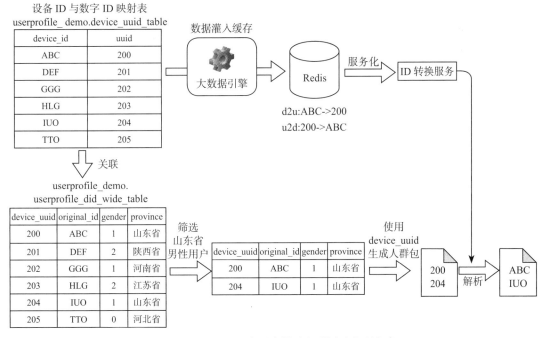

图 5-16　DeviceId 编码映射及人群圈选实现方案

　　画像宽表的数据量级与业务规模有关，对于互联网头部的应用来讲，其全量用户的规模可能会达到几十亿，人群圈选的计算过程涉及的数据量可能在百亿级别。要想从百亿级别的数据中快速找到满足条件的 UserId，可以采取以下两种优化方案：

❑ ClickHouse 表中使用合适的排序键。可以将宽表查询语句中常用的标签设置为排序键，比如在大部分人群圈选条件中都会使用到的性别标签、是否日活标签，借助 ClickHouse 索引机制提高数据的筛选速度。

❑ 分批次查询结果后再汇总。在画像宽表中增加 UserId 的取模列（比如 uid_mod_10 = user_id % 100），借助该列可以将查询语句拆分为多条子语句，通过并发获取多批数据后最终汇总到一起。该方式可以降低一次性获取 UserId 的数量从而降低 I/O 失败率。分批次查询过程如图 5-17 所示。

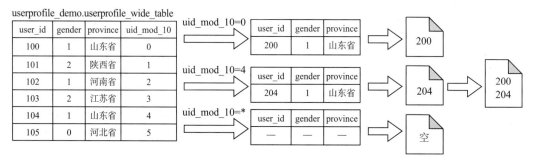

图 5-17　分批次查询过程

规则圈选涉及的标签种类较多，不同标签的底层数据类型不同，在页面上展示的样式也不相同。图 5-18 展示了规则人群圈选页面的多种标签配置方式，其中性别标签的标签值选项较少，可以在下拉框中展示所有选项；关注话题标签的标签值较多，可以通过下拉框展示且需要支持模糊匹配查询；当日点赞次数标签涉及时间范围筛选且支持配置聚合运算条件；是否送礼标签也涉及时间范围筛选，但是其标签值是布尔类型。为了支持多种多样的标签类型和展现样式，需要抽象出一套完善的标签展示方案。图 5-19 展示了不同类型的标签数据到页面展示类型的映射关系，基于该映射关系可以实现各类标签的可视化配置。

图 5-18　规则人群圈选页面的多种标签配置方式

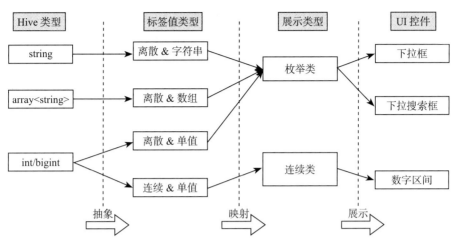

图 5-19　不同类型的标签数据到页面展示类型的映射关系

5.3.2　导入人群

　　导入人群是将外部数据导入画像平台构建人群，主要有 3 种实现方式：文件导入、Hive 导入和 SQL 导入。文件导入是将 txt、csv 等格式的文件导入画像平台；Hive 导入是指定源 Hive 表及导入字段，将满足条件的源表数据导入画像平台；SQL 导入是 Hive 导入的延伸，用户可以自由编写 SQL 语句，其运行结果将导入画像平台。图 5-20 展示了 3 种导入人群的可视化配置页面。

图 5-20　3 种导入人群的可视化配置页面

　　Hive 导入和 SQL 导入的实现逻辑比较简单，如图 5-21 所示，Hive 导入配置和 SQL 导入配置都会转换为 SQL 导入语句，经由大数据引擎执行后获取到人群数据。不同用户配置导入人群时涉及的数据表不同，要严格校验用户对数据表是否有读权限，防止发生数据安全事故。Hive 导入和 SQL 导入方式创建的人群数据直接存储到 Hive 表中，后续需要通过 HiveToBitmap 将人群数据写入 BitMap 并存储在 OSS 中。

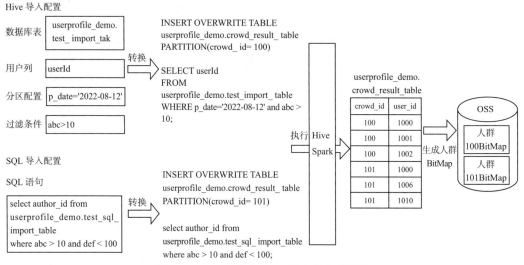

图 5-21　Hive 导入和 SQL 导入的实现逻辑

通过 txt 或者 csv 文件创建人群，其文件中只需要保存一列 UserId 数据。在文件通过接口上传到服务端后服务端可以解析其中的每一行数据，数据经处理后可以直接写入 BitMap 并存储到 OSS 中。与 Hive 导入不同，文件导入优先生成人群 BitMap，之后再通过 BitMapToHive 过程写入人群结果 Hive 表中。图 5-22 展示了通过上传文件创建人群的流程，其中展示了 DeviceId 文件上传的处理流程，DeviceId 需要做一次 ID 转换之后再写入人群 BitMap。文件上传后同步创建人群的耗时比较久，为了提高用户体验，可以异步处理创建过程，即先将通过接口上传的文件保存到服务端，然后异步解析文件并创建人群。

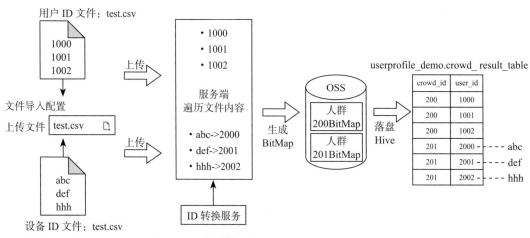

图 5-22　通过上传文件创建人群

导入人群是画像平台最常用的人群创建方式之一，其实现了将各类数据源沉淀为人群的功能，支持更灵活的人群创建方式，拓展了画像平台数据范围。比如运营人员将某次活动中表现良好的用户导入画像平台并构建成人群，后续可以进行广告投放或者人群分析；数据分析师离线统计出了一批高价值用户，导入平台构建人群后可以直接提供给业务使用。

5.3.3 组合人群

组合人群是基于已有人群进行交、并、差操作。交集和并集的计算与人群顺序无关，但是差集计算需要明确人群先后顺序。图 5-23 展示了常见的组合人群配置页面，选择人群的顺序决定了最终计算的先后次序。

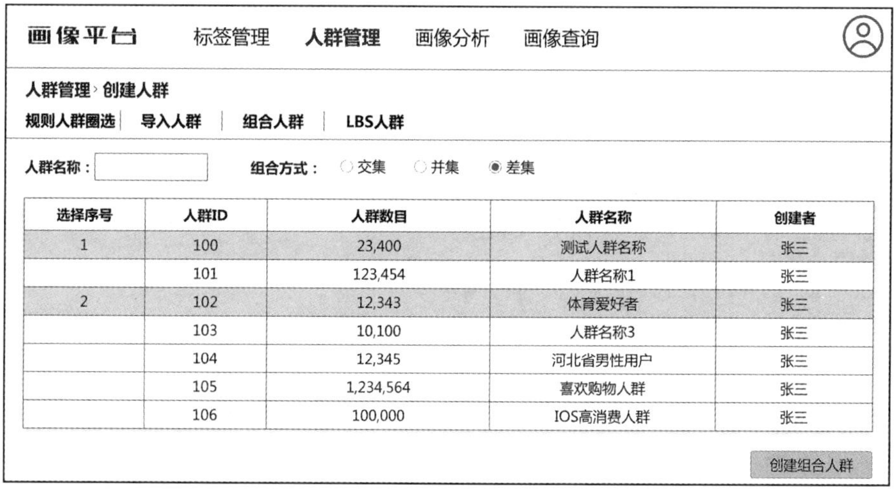

图 5-23 组合人群配置页面

本书中人群的存储方式包含 Hive 表和 BitMap。基于 BitMap 实现人群的交、并、差操作比较简单，直接使用 RoaringBitmap 提供的 and、or、andNot 函数即可。基于 Hive 表实现人群的交、并、差操作相对麻烦，假设人群数据存储在 userprofile_demo.crowd_result_table 表中，人群交集可以使用 INNER JOIN 实现，人群差集可以使用 LEFT JOIN 操作，人群并集需要对不同人群下的 UserID 进行去重操作。使用 RoaringBitmap 和 Hive SQL 实现交、并、差操作的核心代码如下所示。

```
Roaring64Bitmap bitmapA = new Roaring64Bitmap();
Roaring64Bitmap bitmapB = new Roaring64Bitmap();
bitmapA.and(bitmapB); // 计算交集
bitmapA.or(bitmapB); // 计算并集
bitmapA.andNot(bitmapB); // 计算差集

-- Hive SQL 实现人群交集 --
SELECT
  DISTINCT t1.user_id
```

```
FROM
  (
    SELECT
      user_id
    FROM
      userprofile_demo.crowd_result_table
    WHERE
      crowd_id = 100
  ) t1
  INNER JOIN (
    SELECT
      user_id
    FROM
      userprofile_demo.crowd_result_table
    WHERE
      crowd_id = 100
  ) t2 ON (t1.user_id = t2.user_id);
-- Hive SQL 实现人群并集 --
SELECT
  DISTINCT user_id
FROM
  userprofile_demo.crowd_result_table
WHERE
  crowd_id in (100, 101);
-- Hive SQL 实现人群差集 --
SELECT
  DISTINCT t1.user_id
FROM
  (
    SELECT
      user_id
    FROM
      userprofile_demo.crowd_result_table
    WHERE
      crowd_id = 100
  ) t1
  LEFT JOIN (
    SELECT
      user_id
    FROM
      userprofile_demo.crowd_result_table
    WHERE
      crowd_id = 100
  ) t2 ON (t1.user_id = t2.user_id)
WHERE
  t2.user_id is null
```

规则人群实现了不同标签之间的交、并、差操作，组合人群实现的是不同人群之间的交、并、差运算，通过组合提高了人群结果的丰富度。比如通过规则人群创建的河北省男性用户可以和通过导入方式创建的某活动中的优质用户进行交集运算，其结果代表了该批优质用户中的河北省男性用户。

5.3.4 行为明细

　　规则圈选中所使用的画像标签数据是离线计算出来的，通常在计算过程中剔除了很多明细信息，仅保留了最关键的画像内容，即某日某用户的标签值。虽然画像数据是浓缩精简后的核心数据，但在很多人群圈选场景中依赖行为明细数据，比如运营人员希望找出2022-08-15 10:00:00 到 2022-08-15 12:00:00 之间通过手机客户端点赞了某篇文章的用户，此时只有使用行为明细数据才能找到满足条件的用户。行为明细数据主要包含五大要素。

　　❏ WHO：行为涉及的用户，比如 UserId 或者 DeviceId。

　　❏ WHEN：行为发生的时间，一般存储的是毫秒时间戳。

　　❏ WHERE：行为发生的具体页面、功能模块。

　　❏ HOW：行为发生的方式，比如点击、分享、评论等操作，还包括当时使用的操作系统、网络类型等。

　　❏ WHAT：行为关联的相关内容，比如点赞的文章 ID、评论的视频 ID、分享的直播ID 等。

　　以五大要素为例，可以构建如图 5-24 所示的行为明细数据表，其中 user_id 对应了 WHO，action_time 对应了 WHEN，operation_page 对应 WHERE，action_type 对应了 HOW，action_content 对应了 WHAT。这里 action_type 和 action_content 只简单记录了行为类型和关联到的文章 ID，也可以通过 JSON 字符串的方式存储更多相关信息，比如操作时的网络类型、操作系统、App 版本、文章的分类、文章作者、文章发布时间等。

userprofile_demo.userprofile_action_detail_table_ch

属性	类型	说明
user_id	bigint	用户 UserID
action_time	bigint	行为发生时间戳（毫秒）
operation_page	string	行为发生页面
action_type	string	行为类型
action_content	string	行为涉及文章 ID
p_date	string	日期分区

数据示例

user_id	action_time	operation_page	action_type	action_content	p_date
100	1660435352000	APP_NEWS	SHARE	100	2022-08-15
101	1660435412000	APP_PROFILE	LIKE	102	2022-08-15
102	1660439612000	H5_PAGE	SHARE	105	2022-08-15
103	1660440032000	H5_PAGE	COMMENT	106	2022-08-15
104	1660447254000	APP_NEWS	SHARE	108	2022-08-15
100	1660461802000	APP_NEWS	LIKE	109	2022-08-15

图 5-24 行为明细数据表结构及数据示例

　　基于图 5-24 中的行为明细数据表可以满足上文提到的运营需求，其 SQL 语句如下所示。通过 action_time 严格限制了行为发生时间，通过 operation_page 限定了通过客户端操作。

```
SELECT
  DISTINCT user_id
```

```
FROM
  userprofile_demo.userprofile_action_detail_table_ch
WHERE
  p_date = '2022-08-15'
  AND action_time >= 1660528800000
  AND action_time <= 1660536000000
  AND (
    operation_page = 'APP_NEWS'
    OR operation_page = 'APP_PROFILE'
  )
  AND action_type = 'LIKE'
  AND action_content = '101'
```

上述示例中的行为明细数据存储在 ClickHouse 表中，其数据生产方式主要有两种。第一种使用 Hive 导入，首先需要找到离线行为明细数据，然后将数据整理后写入 ClickHouse 中；第二种直接消费实时行为数据并写入 ClickHouse 中，其圈选结果也更具时效性。之前章节已经介绍过如何将数据写入 ClickHouse 中，此处不再赘述。在消费实时数据过程中需要进行数据整理，如果业务需求中需要关联其他属性（比如文章的类型），需要在落盘 ClickHouse 前进行补充、完善。图 5-25 展示了基于两种方式生成行为明细数据的主要流程。

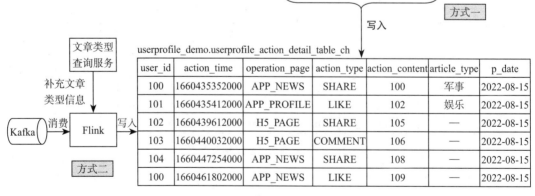

图 5-25 基于两种方式生成行为明细数据

行为明细数据包含时间属性，可以计算出每一个用户按时间排序后的行为序列，基于该序列可以实现行为序列圈选。比如圈选出点赞文章后又分享文章的用户，找到收藏商品后又购买了商品的用户。在行为明细圈选时可以结合画像标签数据一起使用，比如找到在某时间段通过手机客户端点赞了某篇文章的河北省男性用户，可以直接关联画像宽表进行计算。

5.3.5 人群 Lookalike

人群 Lookalike 是指给定种子人群，然后通过技术手段找到与该种子人群相似的用户群体。人群 Lookalike 在广告投放中使用较多，比如客户提供一个高价值人群，借助广告平台 Lookalike 能力可以找到更多潜在的高价值用户用于广告投放。下面介绍几种常见的 Lookalike 实现方案。

基于用户向量计算相似人群。使用画像数据、行为数据、消费数据等为每一个用户构建特征向量，构建过程依赖数据编码、数据归一化等手段。假设用户有 1000 个标签特征，可以构建长度为 1000 的数组，数组中每一位上的数值代表了对应标签的取值，该数组可以看作该用户的向量。通过计算种子人群中每一个用户与其他非种子人群用户间的向量距离，找出距离该用户最近的 TOP 用户便可构建出目标人群。向量间距离的计算方式包括欧氏距离、契比雪夫距离、曼哈顿距离等，可以根据业务特点进行选择。用户向量也可以通过深度学习中的 embedding 实现。图 5-26 展示了基于用户向量计算相似人群的主要流程。

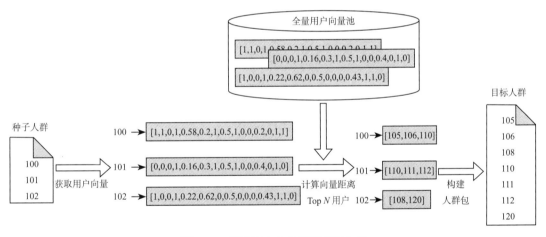

图 5-26 基于用户向量计算相似人群

基于种子人群特征分布计算相似人群。借助画像数据对种子人群进行特征分析并找出其主要标签特征，比如种子人群标签特征趋向于性别是男、年龄是 30 ～ 40 岁、兴趣爱好是军事，那么可以把非种子人群中所有年龄在 30 ～ 40 岁爱好军事的男性用户圈选出来作为目标人群。该方式的重点是对种子人群进行画像分析并找出主要特征，此处可以通过与大盘用户（日活或者月活）对比计算 TGI 找到种子人群主要画像分布特征。基于种子人群特征分布计算相似人群的流程如图 5-27 所示。

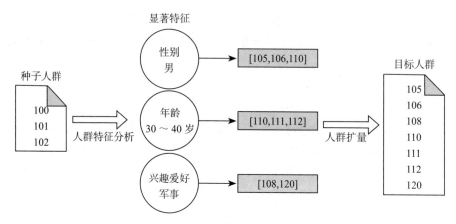

图 5-27　基于种子人群特征分布计算相似人群

　　基于分类算法计算相似人群。把种子人群当作正样本，把其他非种子人群（或者其他人群）当作负样本，通过训练分类模型计算出满足条件的用户并构建目标人群。通过分类算法计算相似人群也是业界常见的人群 Lookalike 实现方案，图 5-28 展示了其主要实现流程，其中分类模型可以使用传统机器学习或者深度学习的模型。目前也有利用社交网络进行人群 Lookalike 的实践方案，如通过好友关系找到种子人群中所有用户的几度好友并构建目标人群。

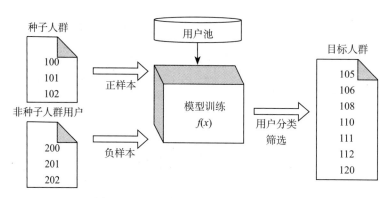

图 5-28　基于分类算法计算相似人群

5.3.6　挖掘人群

　　挖掘人群是指定优化目标，借助算法能力找到满足要求的用户并构建人群。相比通过"条条框框"的筛选条件找出满足要求的用户的规则人群，挖掘人群可以更好地拟合用户特点，以业务的优化目标为导向更精确地找到目标用户。

　　在游戏业务场景下，为了推广某款射击类游戏，需要找到对该游戏有下载意愿的用户群体，在游戏推广时针对该群体增加游戏曝光数量和消息触达量。在某充值送好礼活动中，为了提高活动充值用户数，可以挖掘充值意愿比较强的用户群体作为活动宣传时的重点宣传对象。针对某大 V 作者，为了辅助其快速涨粉，需要找到对该用户及其作品感兴趣的潜在用户。以上示例都有具体的挖掘人群的优化目标：游戏下载量、充值金额、关注用户数。算法工程师需根据该目标选择合适的模型进行人群挖掘。

人群挖掘的思路是先找到训练样本（种子人群），然后通过 Lookalike 的思路扩展种子人群。该方式与人群 Lookalike 不同的是，人群挖掘的结果中可以包含种子人群中的用户数据。以上述充值送好礼活动为例，为了挖掘出充值意愿比较强烈的用户群，第一步是找到种子人群，可以把最近有过充值行为的用户和最近在应用中有过消费行为的用户作为种子人群；第二步是基于种子人群进行扩量，其实现思路与 Lookalike 人群相似，可以通过用户向量、种子人群特征分布、分类算法等方式计算出目标人群。

5.3.7　LBS 人群

LBS 人群主要是基于地理位置信息进行人群圈选。用户在某些使用场景下可以授权应用获取其位置信息，这些数据可以作为后续 LBS 圈选的基础数据。本节将以用户上报的经纬度信息为例说明 LBS 人群圈选的主要实现思路。图 5-29 是 LBS 人群圈选的数据表结构与数据示例，LBS 数据表中记录了每日用户上报的经纬度信息以及相应时间戳，其中一个用户在单日内可能上报多条数据。为了提高 LBS 圈选速度，其数据也被写入 ClickHouse 表中。

userprofile_demo.userprofile_lbs_table_ch

属性	类型	说明
user_id	bigint	用户 UserID
report_time	bigint	上报经纬度时间戳（毫秒）
latitude	double	维度
longitude	double	经度
p_date	string	日期分区

数据示例

user_id	report_time	latitude	longitude	p_date
100	1660435352000	26.169532	108.63966	2022-08-15
101	1660435412000	27.907489	120.396364	2022-08-15
102	1660439612000	35.413236	116.576067	2022-08-15
103	1660440032000	26.117644	106.648782	2022-08-15
104	1660447254000	39.808473	109.976369	2022-08-15
100	1660461802000	25.704852	119.382839	2022-08-15

图 5-29　LBS 人群圈选的数据表结构与数据示例

基于上述表数据可以实现如图 5-30 所示的人群圈选功能，即在地图上划定一个区域并找出在指定时间范围内出现在该区域内的用户。

图 5-30 选择了海淀区西二旗地铁附近区域，该区域是一个四边形，涉及的经纬度信息为 [(116.303806,40.054007),(116.307679,40.05418),(116.307765,40.051798),(116.303935,40.051765)]，为了找到 2022-08-14 至 2022-08-15 出现在该区域的用户，可以通过以下 SQL 语句实现。ClickHouse 支持 GEO 函数 pointInPolygon，该函数可以判断坐标点是否在多边形范围内。函数中第一个参数（x，y）代表平面上某个点的坐标，第二个参数表示多边形顶点的坐标，如果第一个参数所代表的点位于多边形中，则返回结果为 1。

图 5-30   基于地图的人群圈选功能示意图

```
SELECT
  DISTINCT user_id
FROM
  userprofile_demo.userprofile_lbs_table_ch
WHERE
  p_date >= '20220815'
  AND p_date <= '20220815'
  AND user_id > 0
  AND isNotNull(longitude)
  AND isNotNull(latitude)
  AND pointInPolygon(
    (
      cast(longitude, 'Float64'),
      cast(latitude, 'Float64')
    ),
    [(116.303806,40.054007),(116.307679,40.05418),(116.307765,40.051798),(116.30
      3935,40.051765)]
  ) = 1
```

画像标签体系中一般都包含用户的省市县标签，用于标注用户所在的地理位置，在规则人群圈选中使用这三个标签筛选用户时的最细粒度只能到县镇级别。LBS 人群圈选是对地理位置筛选的补充、完善，其可以精细化到县镇以下粒度，辅助实现更精确、更丰富的地理位置运营功能。

5.3.8 其他人群圈选

基于关系数据可以实现丰富的人群圈选功能。比如基于用户间的好友关系可以构建出一张关系图并存储在图数据库中，给定一个种子人群便可以找出该人群下所有用户的二度好友列表并生成目标人群，配合画像标签数据还可以实现基于关系的精细化运营。假设中老年女性用户分享内容的意愿比较强烈，可以先找到经常分享内容的种子人群，然后基于关系数据找到该种子人群所有二度好友关系中的中老年女性用户，对该部分用户做适当的分享引导有助于提升内容分享率。图 5-31 展示了基于好友关系数据和画像宽表数据的人群圈选实现方案，通过好友关系数据筛选出目标人群，然后与画像宽表筛选出的人群进行交集操作，最终构建出目标人群。

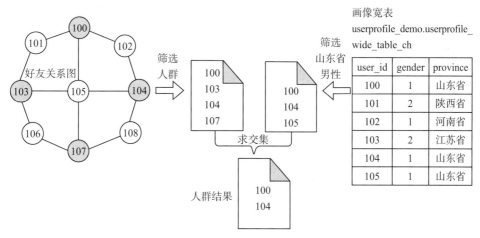

图 5-31　基于好友关系数据和画像宽表数据的人群圈选

目前业界有很多图数据库可以使用，国外有甲骨文、微软和亚马逊分别推出了 Oracle Graph、GraphView、Amazon Neptune 图数据库，国内有阿里、腾讯，字节等推出了 GraphDB、TGDB、ByteGraph 等图数据库。开源图数据库 Neo4j、TigerGraph、Dgraph 在业界使用也比较广泛。读者可以根据自身业务需求选择合适的图数据库。

基于实时标签也可以实现人群圈选。第 3 章已经对如何生产实时标签做了详细介绍，此处不再赘述。还是以"当日实时分享数量"标签为例，为了满足实时圈人需求，如图 5-32 所示，消费的实时数据除了灌入 Redis 缓存之外还可以写入 ClickHouse 中。

如图 5-32 中所示，写入 ClickHouse 的数据有两种存储方式，一是存储实时明细数据，二是存储实时更新后的统计数据。基于明细数据的用户分享数据量统计需要通过 GROUP BY 语句实现，执行效率较低；实时更新的数据表中保存了当前最新的用户分享数量，可以非常便捷地统计出用户实时分享数量。但是由于 ClickHouse 对于数据更新的支持不够友好，数据的实时更新提高了工程的实现难度。图 5-33 展示了基于两种数据表结构的实时人群圈选过程，查询实时标签数据过程中也可以与画像宽表关联实现更多维的用户筛选，比如找到当日实时分享次数超过 2 次的山东省男性用户。

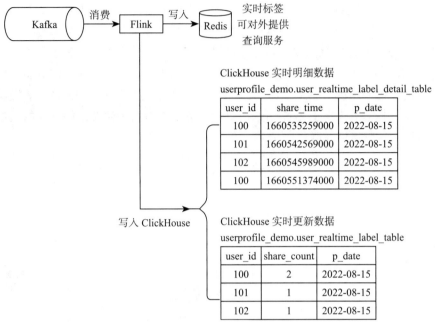

图 5-32　实时数据写入 Redis 和 ClickHouse 中

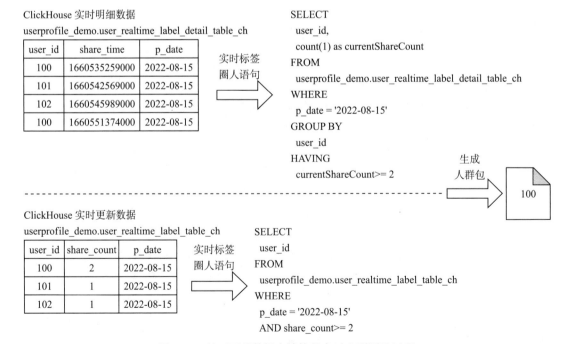

图 5-33　基于两种数据表结构的实时人群圈选过程

5.3.9 工程实现

以上介绍的多种人群创建方式虽然实现方法不同但创建流程相似，都是找到满足条件的 UserId 并生成人群。相似的流程可以抽象出一套可共用的工程实现范式。本节主要介绍分群功能的数据库设计方案以及代码实现框架。本节最后会简单介绍一个完整的人群状态机，通过它可以了解人群不同状态间的流转过程。

1. 数据库设计

虽然人群的创建方式有多种，但是每一种方式创建的人群都包含基础属性：人群 ID、人群创建者、人群状态信息等。表 5-2 展示了人群基本信息表所包含的关键属性，其中人群状态会在后文做详细介绍，人群画像分析涉及标签配置和画像数据日期，具体会在第 6 章详细介绍。

表 5-2　人群基本信息表

属性	说明	示例
id	人群主键 ID，唯一标识	123、456
crowd_name	人群名称	用户自定义的人群名称，如"河北省男性用户""潜在高价值用户"
crowd_status	人群状态	0：初始状态 1：人群创建中 2：人群创建成功等
create_time	人群创建时间	毫秒时间戳
update_time	人群最近一次更新时间	毫秒时间戳
user_count	人群用户量	人群中包含用户数，如 1000
product_id	产品线 ID，用于标识产品线	画像平台可以支持多产品线 1：A 产品 2：B 产品等
id_type	人群 ID 类型	人群支持多种 ID 类型 1：UserId 2：DeviceId
creator	人群创建者	人群创建者，比如邮箱、手机号、员工唯一标识等
crowd_type	人群类型	画像平台支持多种人群类型 1：规则人群 2：导入人群 3：组合人群等
calculate_labels	人群进行画像分析所使用的标签	人群画像分析需要指定标签列表，可以通过 JsonArray 格式存储。比如 ["gender","province",...]
userprofile_date	人群进行画像分析所使用的标签数据日期	人群画像分析所使用的标签日期，比如 2022-08-10
source_id	人群来源唯一标识	人群来源唯一标识，比如 platform：来自画像平台 A 平台；来自 A 平台调用
其他	可以根据实际业务需求添加	—

在工程项目中可以通过如下 SQL 语句创建人群基本信息表。

```
CREATE TABLE `demo_userprofile_crowd` (
  `id` bigint(20) unsigned NOT NULL AUTO_INCREMENT COMMENT '人群主键 ID',
  `crowd_name` varchar(200) NOT NULL COMMENT '人群名称',
  `crowd_status` int(1) NOT NULL COMMENT '人群状态',
  `create_time` bigint(20) NOT NULL COMMENT '人群创建时间',
  `update_time` bigint(20) NOT NULL COMMENT '人群最近一次更新时间',
  `user_count` bigint(20) NOT NULL COMMENT '人群用户量',
  `product_id` int(11) COMMENT '产品线 ID',
  `creator` varchar(100) NOT NULL COMMENT '人群创建者',
  `crowd_type` int(1) NOT NULL COMMENT '人群类型',
  `userprofile_date` varchar(50) DEFAULT NULL COMMENT '人群进行画像分析所使用的标签数
    据日期',
  `calculate_labels` text COMMENT '人群进行画像分析所使用的标签',
  `id_type` int(1) NOT NULL COMMENT '人群 ID 类型',
  `source_id` varchar(200) COMMENT '来源 ID',
  PRIMARY KEY (`id`)
) ENGINE=InnoDB AUTO_INCREMENT=1 DEFAULT CHARSET=utf8mb4 COMMENT='人群基本信息';
```

不同的人群创建方式可以使用额外的数据表来存储配置信息。以规则人群为例，需要记录标签筛选条件，其属性信息如表 5-3 所示。crowd_condition 属性用于保存标签筛选条件，各类标签嵌套条件以 JSON 字符串的形式进行存储。

表 5-3　规则人群配置信息表

属性	说明	示例
id	主键 ID，唯一标识	123、456
crowd_id	关联的人群主键 ID，即 demo_userprofile_crowd 数据表中的 ID	人群 ID：100，101

crowd_condition	规则人群筛选条件	由筛选条件构建的 JSON 字符串，比如
		`{`
		　　`"relationType": "AND",`
		　　`"labelConditions": [{`
		　　　　`"label": "gender",`
		　　　　`"actionType": "=",`
		　　　　`"value": "男"`
		　　`},`
		　　`{`
		　　　　`"label": "province",`
		　　　　`"actionType": "=",`
		　　　　`"value": "'山东省'"`
		　　`}`
		　　`]`
		`}`

创建规则人群表的 SQL 语句如下所示，其中 crowd_condition 字段通过设置为 longtext 类型可以存储各种复杂的人群圈选规则，crowd_id 通过设置成唯一索引可以保证一个规则

人群只能对应一套圈选规则。

```
CREATE TABLE `demo_userprofile_crowd_condition` (
  `id` bigint(20) unsigned NOT NULL AUTO_INCREMENT COMMENT '主键ID',
  `crowd_id` bigint(20) NOT NULL COMMENT '人群主键ID',
  `crowd_condition` longtext NOT NULL COMMENT '规则人群筛选条件',
  PRIMARY KEY (`id`),
  UNIQUE KEY `uniq_crowdid` (`crowd_id`) USING BTREE
) ENGINE=InnoDB AUTO_INCREMENT=1 DEFAULT CHARSET=utf8mb4 COMMENT='规则圈选人群配置
    信息表';
```

同理，创建导入人群所需的条件时也可以通过额外的数据表进行存储，其包含的关键属性信息如表5-4所示。其中import_channel用于标识人群导入类型，filter_condition既可以用于存储Hive表导入方式下的过滤条件，又可以用于存储SQL导入方式下的完整SQL语句。

表 5-4　导入人群配置信息表

属性	说明	示例
id	主键ID，唯一标识	123、456
crowd_id	关联的人群主键ID，即demo_userprofile_crowd数据表中的ID	人群ID：100，101
import_channel	人群导入方式	人群导入方式类型对应3种取值 1：文件导入 2：Hive表导入 3：SQL导入
file_name	文件导入方式所使用的文件名称	用户导入的文件名称，可以支持txt和csv等格式，如abc.txt，def.csv
dbtable_name	Hive表导入数据库表名称	Hive表数据库表名称，格式为db_name.table_name，如userprofile_demo.import_table
dbtable_column	Hive表导入指定的数据列	Hive表指定导入列，比如userprofile_demo.import_table表中的user_id列
dbtable_partition	Hive表导入指定日期分区	当导入的Hive表涉及日期分区时，需指定分区键，比如p_date='2022-08-10'
filter_condition	Hive表导入过滤条件或者SQL导入语句	结合import_channel使用，可以作为Hive表导入的过滤条件；也可以存储完整的SQL导入语句

可以通过下面的SQL语句创建导入人群信息表，多种导入类型共用这张数据表，不同导入方式配置的字段信息不同。

```
CREATE TABLE `demo_userprofile_crowd_import` (
  `id` bigint(20) unsigned NOT NULL AUTO_INCREMENT COMMENT '主键ID',
  `crowd_id` bigint(20) NOT NULL COMMENT '人群主键ID',
  `import_channel` int(1) NOT NULL COMMENT '人群导入方式',
  `file_name` varchar(500) DEFAULT '' COMMENT '文件导入方式所使用的文件名称',
  `dbtable_name` varchar(100) DEFAULT NULL COMMENT 'Hive表导入数据库表名称',
  `dbtable_column` varchar(100) DEFAULT NULL COMMENT 'Hive表导入指定的数据列',
  `dbtable_partition` varchar(200) DEFAULT NULL COMMENT 'Hive表导入指定日期分区',
```

```
`filter_condition` mediumtext COMMENT 'Hive 表导入过滤条件或者 SQL 导入语句 ',
PRIMARY KEY (`id`),
UNIQUE KEY `uniq_crowdid` (`crowd_id`) USING BTREE
) ENGINE=InnoDB AUTO_INCREMENT=1 DEFAULT CHARSET=utf8mb4 COMMENT=' 导入人群配置信息表 ';
```

以此类推，其他人群创建方式都可以按照业务需求创建额外的人群配置表。人群基本信息表与各类配置表的关系如图 5-34 所示，其中人群基本信息表是核心基础表，不同的人群创建方式配置表通过 crowd_id 关联到基础信息表，这种星状结构也方便扩展更多人群创建类型。

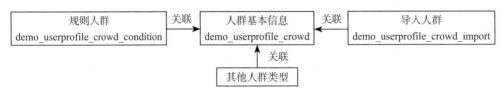

图 5-34 不同人群表之间的关联关系

2. 代码框架

分群功能的实现主要包含两部分：存储人群配置信息和创建人群。首先将各种人群创建方式的配置信息记录下来，然后采用不同计算逻辑创建人群。不同创建方式产出的人群有一些相同的属性，不同的人群计算逻辑也有一些相似的计算过程。基于以上特点，人群创建非常适合通过模板模式来实现。在模板模式中，父类定义好了操作的框架，具体的执行方法可以交给不同的子类实现。图 5-35 展示了分群功能模板模式类图。

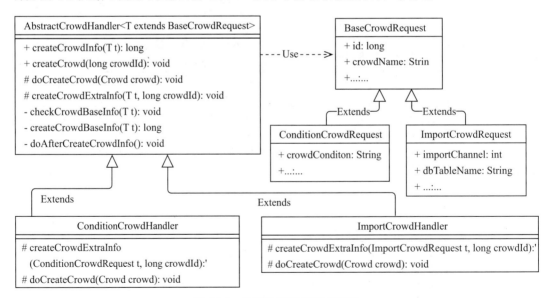

图 5-35 分群功能模板模式类图

在图 5-35 中，父类是 AbstractCrowdHandler，其中包含 public 方法 createCrowdInfo 和

createCrowd, createCrowdInfo 方法主要用于实现人群信息的存储, createCrowd 方法主要用于实现人群的创建。在 createCrowdInfo 中可以调用一些通用方法，比如人群基本参数校验以及存储人群额外配置信息（createCrowdExtraInfo）。其中 createCrowdExtraInfo 方法属于抽象方法，主要用于记录人群特殊配置信息，需要每一个子类自行实现。同理，在 createCrowd 方法中可以统一进行人群的前置和后置操作，并捕获人群创建异常，但是具体的 doCreateCrowd 方法需要每一个子类自行实现。在模板模式下，当需要新增人群创建方式时只需要添加新的子类。以规则人群为例，下面给出了核心代码示例。

```java
// 抽象人群处理器
public abstract class AbstractCrowdHandler<T extends BaseCrowdRequest> {
    // 新增人群信息公共方法
    public long createCrowdInfo(T t) {
        // 校验人群基本信息是否合法
        checkCrowdBaseInfo(t);
        // 创建人群基本信息
        long crowdId = createCrowdBaseInfo(t);
        // 补充人群额外信息
        createCrowdExtraInfo(t, crowdId);
        // 人群创建后置操作
        doAfterCreateCrowdInfo();
        return crowdId;
    }
    public void createCrowd(long crowdId) {
        try {
            // 根据 crowdId 获取当前 Crowd 对象
            Crowd crowd = null;
            // 此处可补充人群创建前置操作
            // 正式创建人群
            doCreateCrowd(crowd);
            // 此处可以补充人群创建后置操作
        } catch (Exception e) {
            // 异常处理逻辑
        }
    }
    // 具体人群创建方法，与人群创建方式密切相关
    public abstract void doCreateCrowd(Crowd crowd) throws Exception;
    // 针对每一种类型的人群需要创建的额外信息
    protected abstract void createCrowdExtraInfo(T t, long crowdId);
    // 校验人群基本信息是否合法
    private void checkCrowdBaseInfo(T t) {
        // 校验基本参数
    }
    // 创建人群基本信息并返回人群 ID
    private long createCrowdBaseInfo(T t) {
        // 创建人群基本信息并返回人群 ID
    }
    // 人群创建后置操作
    private void doAfterCreateCrowdInfo() {
```

```
    //  后置操作
  }
}
// 规则人群创建逻辑
public class ConditionCrowdHandler extends AbstractCrowdHandler<ConditionCrowdRe
  quest> {
  @Override
  protected void createCrowdExtraInfo(ConditionCrowdRequest conditionCrowdRequest,
    long crowdId) {
    //  创建规则人群特殊配置信息
  }
  @Override
  public void doCreateCrowd(Crowd crowd) throws Exception {
    //  创建规则人群
  }
}
```

3. 人群状态机

以第 7 章中的画像平台示例为例，一个人群的状态流转过程如图 5-36 所示，其状态包括初始状态、人群创建中、人群创建完成、画像计算中、画像计算完成和异常状态。当人群需要进行画像分析计算时才会包含画像相关状态；人群创建中或者画像计算中遇到异常时会转为异常状态；人群创建成功或者画像计算完成后，人群状态流转过程结束。

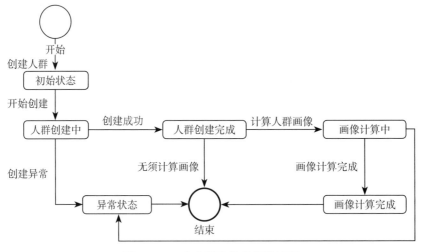

图 5-36　一个人群的状态流转过程

人群状态机是驱动人群状态变更的主要依据，在工程实现中驱动状态流转的方式主要有两种。第一种是流程内自驱动，比如刚创建完人群信息时为人群初始状态，此时可以自动触发人群创建任务从而驱动人群状态进入人群创建中状态；当人群创建完成，如果发现人群配置中需要计算画像，则主动触发画像计算任务从而驱动人群进入画像计算中状态。第二种是靠外部调度驱动，可以通过一个调度器定时扫描所有人群数据，驱动状态尚未结束的人群进入下一个人群状态，比如扫描过程中发现人群处于初始状态，则可以开启人群创建任务触发人群进入人群创建中状态。两种方式都可以驱动人群状态按照状态机进行流转，第一种触发时机更加精确，实现逻辑就在流程内部；第二种受外部调度驱动，可控制性比较强，可以按时按需进行触发调度。

5.4 人群数据对外输出

人群创建成功后会存储在 Hive 表和 OSS 中，画像平台用户有时需要拉取人群数据并应用到一些业务中。比如用户希望在 Push 平台上针对指定人群下的所有用户推送消息，此时可以使用画像平台接口拉取人群数据；再如在七夕活动中，运营人员投放使用了多个人群，为了分析不同人群的转化效果，此时需要将人群结果的 Hive 表提供给数据分析师使用。综上可知，人群数据对外输出的方式主要分为两种：Hive 表和服务接口。

Hive 表方式就是将人群结果表告知业务，此时需要注意以下 3 个问题。

❑ 权限问题：如果所有人群的结果都存储在同一张 Hive 表中，需要严格进行权限控制。拥有数据表权限的用户理论上可以读取到所有人群下的用户数据，如果部分人群数据比较敏感（比如充值用户人群、日活用户人群），就需要严格控制 Hive 表的读取权限。如果不同人群数据存储在不同 Hive 表中，根据实际需要申请相关 Hive 表权限即可。用户对人群结果表的权限仅限于读权限，只有画像平台拥有人群结果表写权限。

❑ 数据锁问题：用户在读取人群结果表数据的同时可能遇到人群数据正在写入的情况，这个时候会出现数据锁问题，可以通过 show locks 查看锁表情况。如果业务允许在人群处理过程中忽略锁，比如为了提高人群读取的效率，在人群数据读取时不希望受到锁影响，可以直接设置参数 hive.support.concurrency 为 false。

❑ 数据表下线问题：当人群结果表应用到数据生产和分析任务中时，人群表的更新或者下线会对下游依赖产生影响。比如人群表应用在某场活动的离线分析任务中，分析结果定时更新后通过数据看板展示出来，人群结果表的更新或者下线都会影响到看板上的分析结果，此时需要找到人群结果表的所有的下游使用方并及时通知对方进行数据表切换。

考虑到以上问题，在画像平台业务中一般不建议直接将人群结果表提供给业务方使用。可以通过人群下载等平台功能将人群数据导出到临时 Hive 表中供业务使用，这样可以避免上述三类问题的发生。

对外提供人群数据的服务接口主要有两个：获取人群基本信息接口和获取人群 BitMap 接口。获取人群基本信息接口主要用于查询人群基本信息，包括人群名称、用户数量、人群状态、创建者、创建规则等，该接口可以使用缓存来提高接口性能。获取人群 BitMap 接口主要用于读取 OSS 中的人群数据并返回调用方。上述两个接口可以通过微服务的形式封装到 SDK 中对外提供数据服务。

当业务方需要感知人群状态变化时，可以定期调用人群基本信息接口，对比人群前后状态就可以知道人群状态是否变更。比如在 Push 平台上设置了一个定时更新人群，当人群数据更新后需要给人群下的用户推送消息。此时 Push 侧需要及时感知人群状态变化，当发现人群重新创建成功后再次进行 Push 操作。由于大部分时间下人群状态不会变动，定期调用接口的方式会产生大量的无用请求。定期调用本身也有时间间隔，当人群状态发生变化时需要等待下次调用才能捕获到状态变化。为了解决上述问题，画像平台可以将人群状态变更信息写入消息队列，业务方订阅消息队列便能及时感知人群状态变化。

当调用方通过接口拉取人群数据时，画像平台侧首先从 OSS 读取人群 BitMap 数据，然后通过人群 BitMap 接口返回调用方。在这种情况下，当接口并发调用量较大时，画像平台会有较大的资源压力，因为内存和网络中需要存储和传输大量的人群数据。此时可以将从 OSS 拉取人群的代码逻辑封装到 SDK 中，即在调用方侧拉取和解析人群数据，从而减少画像平台侧的资源压力。

图 5-37 是通过服务接口对外输出人群数据的流程图，其中包含了人群状态监听和人群数据拉取过程。

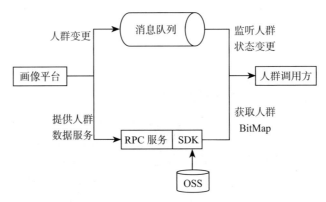

图 5-37　通过服务接口对外输出人群数据的流程图

5.5　人群附加功能

在画像平台创建和使用人群的过程中，用户对人群有一些附加功能需求，本节将介绍几个常见的附加功能及其实现逻辑。

5.5.1　人群预估

人群预估功能主要针对规则圈选人群，用户在设置圈选条件时就可以预估最终产出的人群量级，进而根据预估数量调整圈选条件直到满足人群量级要求。图 5-38 是人群预估功能示意图，根据人群配置条件可以实时展示出当前预估用户数。

图 5-38 人群数预估功能示意图

人群预估的实现逻辑和人群圈选基本一致，人群圈选在执行结果中返回了所有满足条件的实体 ID，而人群预估只需要返回满足条件的实体 ID 数量。画像平台用户对人群预估接口的响应时间比较敏感，所以只能借助 ClickHouse 等引擎来实现预估功能。以预估河北省男性用户为例，其 SQL 语句如下所示。

```sql
SELECT
  count(distinct user_id)
FROM
  userprofile_demo.userprofile_wide_table_ch
WHERE
  p_date = '2022-08-05'
  AND gender = 1
  AND province = '河北省'
```

当数据量较大时，上述 SQL 语句执行耗时较长，人群预估功能的用户体验变差。如果用户对人群预估数量没有精确度要求，也可以参考规则圈选提速优化方案，借助宽表中 uid_mod_10 这一取模列降低人群圈选量级。如图 5-39 所示，可以在 SQL 语句中增加 uid_mod_10 条件，然后将返回的结果扩大相应倍即可快速返回人群预估数。

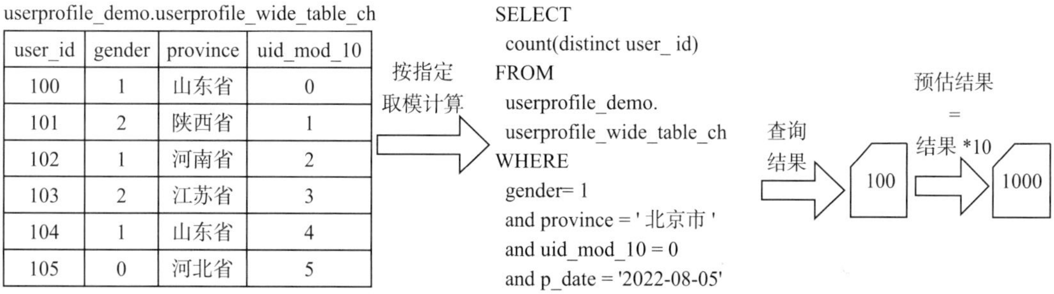

图 5-39 使用 uid_mod_10 预估人群数的实现逻辑

5.5.2 人群拆分

对于已经创建好的人群，可以通过人群拆分功能将其分拆成多个子人群。人群拆分功能适用所有的人群类型，该功能主要集中在两种业务场景下使用：一是用户初始创建的人群比较大，为了缩小人群包可以使用人群拆分功能进行抽样裁剪；二是相同条件的人群为了实现多批次投放，通过拆分功能可以将原始人群拆成彼此独立的、没有重复内容的子人群。图 5-40 是人群拆分功能示意图，其中展示了将人群按 50%、25%、25% 拆分成 3 个子人群的配置方式。基于人群 BitMap 和 Hive 表都可以实现人群拆分功能。

图 5-40　人群拆分功能示意图

基于人群 BitMap 实现人群拆分的思路如图 5-41 所示。首先将不同的子人群按拆分比例映射到 [0,99] 区间，比如 50% 的子人群映射到了区间 [0,49]；然后从头到尾遍历人群 BitMap 中的每一个用户，通过随机函数计算出随机数值并且取模 100，根据取模后的数值所在区间映射到所属的子人群。通过该方式可以保证各子人群下的用户均匀分布且无重复用户。

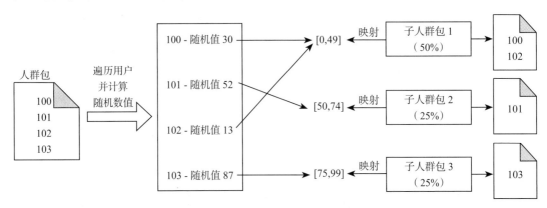

图 5-41　基于人群 BitMap 实现人群拆分思路

同理，也可以基于 Hive 表进行人群拆分，通过 Hive 自带的 rand 函数为每一个人群下的 UserID 生成随机值并取模 100，最终根据取模结果确定其归属的子人群。该实现方案涉及离线调度，人群拆分执行时间较长，一般建议基于人群 BitMap 在内存中进行人群拆分。

5.5.3　人群自动更新

如果人群在创建成功后期望可以按照每日、每周等周期进行自动更新，可以使用人群自动更新功能。图 5-42 是人群自动更新功能示意图。

图 5-42　人群自动更新功能示意图

人群自动更新的逻辑可以分为按数据自动更新和按时间自动更新。以规则人群自动更新为例，当画像宽表最新日期的数据就绪时便可以启动人群自动更新，这种方式属于按数据自动更新。其优点是每次更新都使用了最新的画像数据，缺点是当画像宽表产出延迟时也会造成人群的更新延迟。按时间自动更新需要用户指定人群最晚更新时间，当数据产出延迟时也会按照指定时间进行人群更新，其优点是可以按时产出新的人群，缺点是人群中的数据不一定是最新数据。

图 5-43 展示了人群自动更新及存储的基本流程。人群自动更新的实现逻辑比较简单，当监听到数据更新或者到达规定时间后重新计算即可。为了区分不同时间创建的人群，不论人群 BitMap 还是 Hive 表都需要保存人群版本信息，图 5-43 中的人群版本主要通过时间戳来表达。其中人群 BitMap 的 Key 中包含了版本信息，人群 Hive 表通过二级分区 version 来表达版本信息，使用人群 ID 和 version 可以快速地获取指定版本的人群数据。

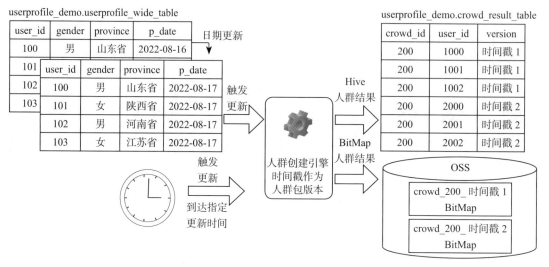

图 5-43　人群自动更新与存储的基本流程

5.5.4　人群下载

　　人群创建成功后支持下载到本地文件或者 Hive 表中。5.4 节提到，把人群结果表直接提供给业务方使用有一定的风险，所以将人群下载到用户可访问的数据表或者本地文件中是一个可行的实现方案。出于数据安全考虑，用户在下载人群的时候也可以走审批流程，审批通过后才可以真正下载人群。图 5-44 是人群下载功能示意图。

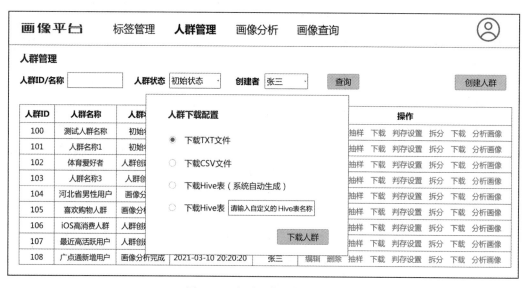

图 5-44　人群下载功能示意图

人群下载的实现逻辑并不复杂。通过遍历人群 BitMap 数据,借助文件操作函数可以将人群数据快速写入本地文件中;借助 INSERT OVERWRITE 语句可以将人群结果 Hive 表中的数据转储到目标数据表中。其核心代码如下所示,其中目标 Hive 表的表结构与人群结果表的表结构可以保持一致。

```
Roaring64NavigableMap bitMap = new Roaring64NavigableMap();
String filePath = "/ 文件路径 /crowd.txt";
BufferedWriter out = new BufferedWriter(new OutputStreamWriter(new FileOutputStream
  (filePath, false)));
bitMap.forEach(rawId -> {
  // 此处如果涉及 ID 转换,需要调用转换方法
  String entityId = String.valueOf(rawId);
  out.write(entityId);
  out.newLine();
});
out.close();


-- 将人群数据转储到目标数据表中 --
INSERT OVERWRITE TABLE userprofile_demo.crowd_result_temp_table PARTITION(crowd_
  id = 100)
SELECT
  user_id
FROM
  userprofile_demo.crowd_result_table
WHERE
  crowd_id = 100;
```

5.5.5　ID 转换

ID 转换指的是不同实体 ID 之间的转换,比如将 UserId 与 DeviceId、IMEI、OAID 等互相转换。ID 转换的使用场景大多与外部广告投放相关,比如将内部的 UserId 或者 DeviceId 转换为 OAID 或者 IMEI 并加密后导入外部广告平台进行人群定向投放;在 RTB 以及 RTA 广告投放中,外部广告流量中携带的 IMEI 或者 OAID 数据需要转换为内部的 UserId 或 DeviceId 后再判断是否出价。

在标签体系中,不同实体 ID 所支持的标签范围差异较大,大部分标签的生产和挖掘都是以 UserId 为主。当使用场景不支持 UserId 人群时,可以先借助 UserId 丰富的画像标签圈选出人群之后再通过 ID 转换成目标 ID 人群。

ID 转换功能的实现依赖 ID-Mapping 数据,ID-Mapping 数据表中记录了不同 ID 之间的映射关系,通过关联人群结果表和映射表便可以实现 ID 转换,其实现逻辑如图 5-45 所示。userprofile_demo.id_mapping_table 表存储了 ID-Mapping 数据,其中记录了不同 ID 类型及数值之间的映射关系。

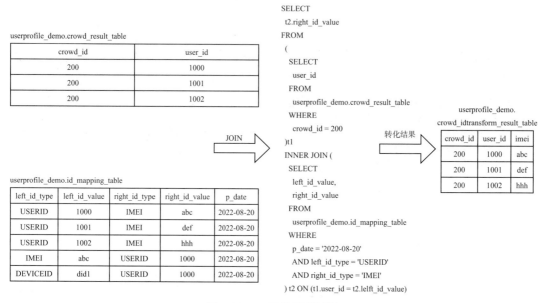

图 5-45　ID 转换实现逻辑

5.6　人群判存服务

人群判存服务也称为判定服务，即判断用户是否在指定的人群中。判存服务在业务中的使用也比较广泛，比如运营人员在画像平台上圈选了"游戏高转化"人群，针对人群中的用户，需要在客户端上显示游戏入口从而引导用户进入游戏宣传页并下载应用。当用户进入客户端指定页面后可以调用判存服务，传入当前用户 UserID 并判断是否在"游戏高转化"人群中，客户端根据返回结果控制是否展示游戏入口。

判存服务主要以微服务的形式提供给调用方使用，由于判存结果直接影响运营策略，所以必须保证判存服务的稳定性和可用性。实现判存服务的方案有多种，本节主要介绍 3 种常见的实现方式：Redis 方案、BitMap 方案以及适用范围比较小的基于规则的判存方案。下面以 UserId 人群为例详细介绍这 3 种方案的实现逻辑。

5.6.1　Redis 方案

Redis 集群在分布式和高并发场景下性能表现优异，比较适用于判存服务。使用 Redis 方案的关键在于采用合理的数据结构存储数据，常见的 Key 和 Value 设计方案主要有两种。

❑ 方案一：将人群 ID 和 UserId 拼接为 Key，Value 直接使用字符串数据结构，数值设置为 1，要实现判存功能，只需判断某些 Key 是否存在。该方案实现逻辑简单，由于所有的 Key 在集群上均匀分布，降低了出现热点数据的概率，而且 Redis 集群存储和计算压力比较均衡；该方案的缺点是 Redis 的 Key 数量是所有人群下用户量级的总和，需要消耗大量的存储空间。

❑ 方案二：UserId 作为 Key，通过哈希结构存储 UserId 所在的所有人群 ID。要实现判存功能，需要判断 UserId 作为 Key 的哈希数据中是否存在指定人群 ID。该方案中 Redis 集群的 Key 的数目等同于全量用户数，不会随着人群数目的增多而增长，相对方案一可以节约大量存储空间；但是因为单个用户所在的人群列表汇总到了哈希结构中，人群数据过期时不能使用 Redis 过期机制进行剔除，需要研发工程师自行解决；业务中可能存在热点用户，这可能造成数据热点问题。

图 5-46 展示了两种方案的数据示例以及判存功能实现逻辑，其中方案一主要使用 Redis 的 exists 函数实现判存，方案二主要使用 hget 函数获取数据并进行判存。

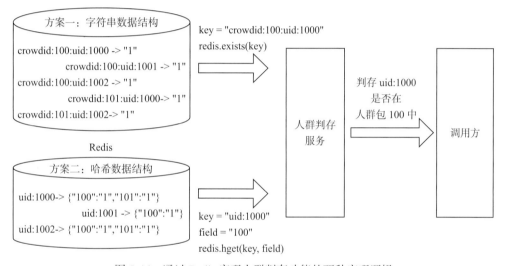

图 5-46　通过 Redis 实现人群判存功能的两种实现逻辑

以方案二为例，如何将人群数据写入 Redis 支持判存？可以参考标签数据灌入缓存的方式，通过大数据组件或者自研代码的方式读取人群结果表中的数据后写入 Redis，即读取 Hive 表数据并遍历人群下的每一个 UserId，借助 Redis 的 hset 函数写入 Redis 集群，流程如图 5-47 所示。

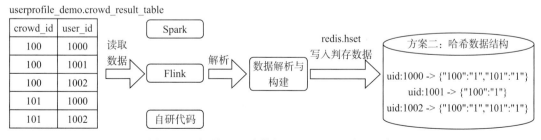

图 5-47　人群 Hive 表数据写入 Redis 的实现逻辑

当自动更新的人群用于判存业务时，判存数据也需要同步更新，判存数据更新的方式可以分为增量更新和全量更新两种。

图 5-48 展示了增量更新的实现逻辑。增量更新需要先计算出人群旧版本与新版本之间的数据差异，找出旧版本存在而新版本不存在的用户群 1 以及旧版本不存在但是新版本存在的用户群 2。更新过程采用"先删后添"的思路，首先遍历用户群 1 中的用户并依次删除 Redis 中的数据；其次遍历用户群 2 并依次将数据添加到 Redis 中，这一步完成后便实现了人群的增量更新。增量更新的优点是通过计算人群新旧版本的差异数据，降低了最终更新的数据量级；缺点是判存数据不够精确，因为在数据更新过程中新旧版本数据在某段时间内同时存在。如果业务对判存数据有很高的精确度要求，那么不适合采用增量更新的方式。

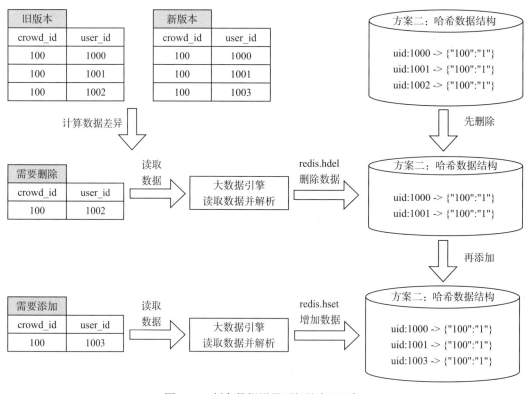

图 5-48 判存数据增量更新的实现逻辑

相比增量更新，全量更新不再需要计算新旧版本人群数据差异，只需将新版人群当成完整人群再次写入 Redis 中。为了区分出新旧版本的人群数据，需要在 Redis 中保存人群版本信息。以方案一为例，可以在所有的 Key 中添加人群 ID 版本信息，这样新版数据写入过程对老版数据无任何影响；以方案二为例，可以在哈希数据结构的 field 中添加人群版本信息，其写入过程也不会影响老版数据的使用。当新版人群数据写入完成后，判存接口的实现中可以通过更改版本信息快速切换到新版数据。全量更新不存在新旧数据同时存在的情况，判存数据的精确度更高；但劣势也比较明显，新版人群数据在写入过程中会使用更多的存储和计算资源。图 5-49 展示了全量更新的实现逻辑。

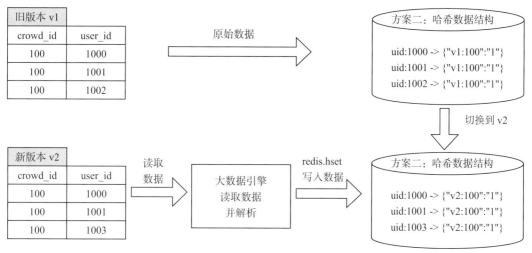

图 5-49　判存数据全量更新的实现逻辑

使用 Redis 实现人群判存可以支持各种 ID 类型的人群，不论是 UserId 人群还是 DeviceId、IMEI 人群，其实现方案一致。对于需要支持多种 ID 类型人群进行判存的业务，Redis 是一个不错的选择方案。Redis 在业界使用广泛且技术体系成熟，可以通过简单的扩容支持更大规模的判存需求。由于 Redis 实现人群判存主要基于各种 string 类型的 Key 和 Value 来实现，在存储资源上没有太大优化空间，其资源成本较大。

 提示　增量更新数据的思路也适用于第 4 章中的标签查询服务的工程化实现，将标签数据灌入缓存之前可以计算出需要改动的数据，避免全量更新数据。

5.6.2　BitMap 方案

Redis 方案适用于各种 ID 类型的人群，如果画像平台只需要支持数字类型 ID，比如 UserId、手机号等，可以通过 BitMap 来实现人群判存功能，而且其性能和资源消耗远低于 Redis 方案。

以 UserId 人群为例，使用 BitMap 实现人群判存的思路比较简单。图 5-50 展示了基于 BitMap 实现判存的实现逻辑，首先在所有的服务机器中定时加载需要支持判存的人群 BitMap 到内存中；其次处理判存请求时只需要调用 BitMap 自带的 contains 函数判断指定 UserId 是否存在即可，函数返回 true 代表人群中包含该用户，返回 false 代表不包含。对于自动更新类人群，图中展示的 BitMap 定时加载器可以定时轮询并拉取人群数据，当人群数据有变动时直接更新内存中老版本的人群 BitMap 即可，相比 Redis 方案中人群更新效率更高；对于已经过期的人群也可以直接在内存中删除人群 BitMap 数据，相对 Redis 的数据过期处理更加简便。

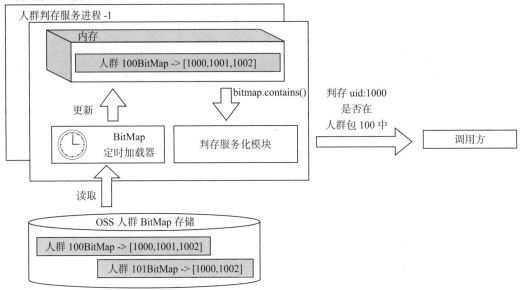

图 5-50　基于 BitMap 实现人群判存的实现逻辑

　　基于 BitMap 实现判存服务能否支持非数字类型的 ID？以 DeviceId 为例，在本章介绍规则圈选时提到可以通过编码的形式将所有 DeviceId 映射到数字 ID，在人群圈选过程中通过该数字 ID 替代真实的 DeviceId。当 DeviceId 的人群 BitMap 用于判存服务中时，需要将请求中传入的 DeviceId 转换为数字 ID 之后再进行判存，其实现逻辑如图 5-51 所示。由于判存过程中多了一次 ID 转换服务请求，因此增加了判存服务接口响应时间。

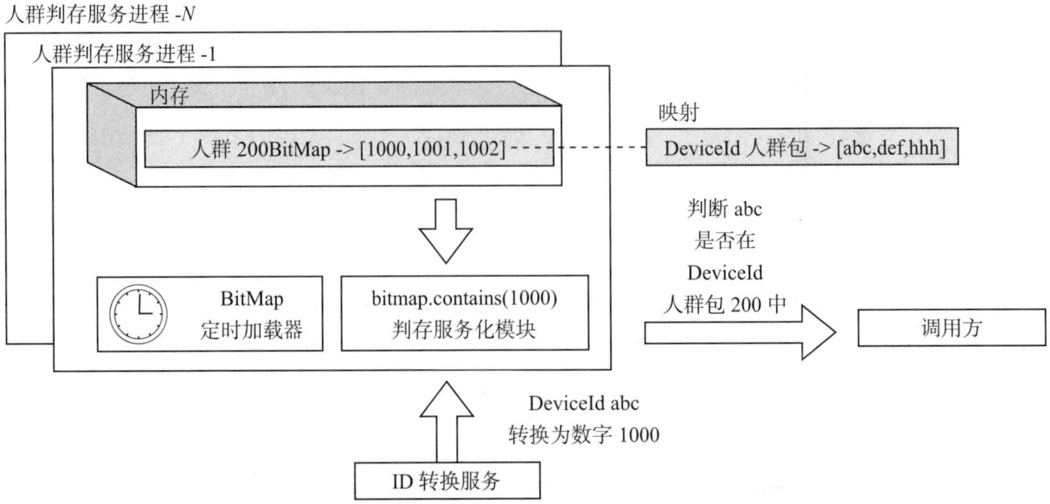

图 5-51　BitMap 支持 DeviceId 人群判存的实现逻辑

Redis 也支持 BitMap 数据结构，可以将人群 ID 作为 Key，将人群下所有 UserId 构建的 BitMap 作为 Value，但是 Redis 原生 BitMap 函数在高并发请求下的性能较差，不适合直接用于判存场景。

综上可知，相比 Redis，使用 BitMap 实现人群判存的加载速度更快、更新更加便捷。由于人群数据存储在内存中，判存的实现相对 Redis 方案少了一次网络请求，所以其在判存接口性能方面也优于 Redis 方案。因为 BitMap 存储在内存中支持判存服务，当进程重启时需要再次加载所有数据到内存中，当人群数目较多时数据加载时间较长，其维护成本比成熟的 Redis 方案高。

5.6.3 基于规则的判存

基于 Redis 和 BitMap 实现人群判存功能的前提是人群需要创建完成，前者将人群数据存储在 Redis 中，后者将人群 BitMap 存储在内存中，两个方案都会使用到额外的计算和存储资源。基于规则判断实现人群判存不需要真正创建人群，其主要依赖标签查询服务来实现。以河北省男性用户为例，前两种方案需要先实际圈选出人群，如果用户判存结果为真则代表其属于河北省男性用户；基于规则的判存只需要查询用户的常住省和性别标签值，如果结果中常住省是河北省且性别是男性，那同样代表该用户属于河北省男性用户，即判存结果为真，其实现流程如图 5-52 所示。由此可见，基于规则的判存实现方案依赖标签查询服务，也就限制了其仅适用规则人群判存。

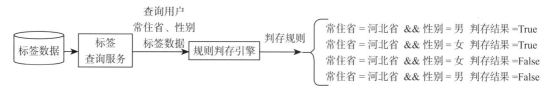

图 5-52　基于规则判存的实现逻辑

为了实现基于规则的判存，首先需要记录用户设定的判存规则表达式，比如 "province =='河北省' && gender == '男'"，其次借助标签查询获取用户的标签值，最后通过表达式引擎判断结果是否为真。Java 语言常用的表达式引擎有 MVEL 和 Aviator。MVEL 是一款功能强大的表达式解析器，支持获取对象属性及方法、支持复杂的 if else 语句，其性能优越但是资源消耗较大；Avaitor 虽然支持的功能不如 MVEL 完善，但其定位是一个高性能、轻量级的 Java 语言实现的表达式求值引擎。其他引擎一般都是通过解释的方法执行，MVEL 和 Aviator 可以直接将表达式编译成 Java 字节码并交给 JVM 执行。下面给出了使用 MVEL 和 Avaitor 实现判存逻辑的核心代码。

```
long userId = 1001;
String expression = "province == '河北省' && gender == '男'";
Map<String, Object> map = Maps.newHashMap();
// getLabelValue 函数用于查询用户标签
```

```
map.put("province", getLabelValue(userId, "province"));
map.put("gender", getLabelValue(userId, "gender"));
// 通过 MVEL 实现表达式判断
Boolean mvelResult = (Boolean) MVEL.eval(expression, map);
if (mvelResult) {
  // 判存结果是 "是"
} else {
  // 判存结果是 "否"
}
// 通过 Aviator 实现表达式判断
Expression compiledExp = AviatorEvaluator.compile(expression);
Boolean aviatorResult = (Boolean) compiledExp.execute(map);
if (aviatorResult) {
  // 判存结果是 "是"
} else {
  // 判存结果是 "否"
}
```

基于规则的判存虽然不再需要实际创建人群，但是在判存过程中需要使用标签查询服务，如果判存涉及大量的标签，为了实现规则判存需要支持大量标签的查询服务，这无疑增加了标签查询功能的资源消耗。基于规则的判存只适用于规则人群，当其他类型人群也需要支持判存时依旧需要引入其他技术实现方案，基于这一点考虑，判存功能的实现应该使用一个更普适的技术方案。

5.7　岗位分工介绍

分群功能的主要参与岗位是产品经理和研发工程师，其主要以可视化页面的方式对外提供服务，需要保障良好的用户使用体验，也需要数据工程师和算法工程师的参与。

产品经理主要负责分群功能设计以及与投放平台的合作。除了要设计常见的规则圈选、导入人群和组合人群等功能之外，还要结合数据特点和业务需求设计更丰富的人群创建方式，比如通过 LBS 人群满足地域相关业务需求；使用人群 Lookalike 满足人群扩量的需求；当业务有比较明确的基于时间范围的用户圈选诉求时，就需要支持时间范围下的人群圈选功能。人群创建主流程确定后还需求完善人群附加功能，比如人群下载、人群拆分等。分群功能的产品设计是一个精益求精的过程，主要目标是通过简单便捷的操作筛选出尽量精准的目标人群。通过画像平台创建的人群最终需要被实际使用起来，产品经理需要与各种外部平台沟通合作、互相建联，比如推动人群数据直接应用到 Push、私信、短信等投放平台上面。通过平台间合作可以实现双赢：既能增加画像平台的使用范围，又能向其他平台输出优质人群来提升投放效果。

研发工程师根据产品需求文档设计并实现各类人群创建功能。前端研发工程师对平台页面的用户操作体验负责，特别是规则人群配置页面，涉及大量的标签配置，需要保证页面操作的简洁顺畅从而提高用户的配置效率。服务端研发工程师将页面上的用户操作转换为人群配置，通过人群创建引擎计算出各类人群数据，其中与算法有关的人群要调用算法能力进行创建。服务端研发工程师还需要不断优化人群创建性能，比如在创建规则人群时可以分批次筛选出满足条件的用户，在某些场景下使用 BitMap 提高人群创建速度等。研发工程师通过技术手段不断提高人群产出效率，可以不断提升画像平台的使用体验。

数据工程师主要负责画像宽表和 BitMap 的例行产出。生产画像宽表的过程需要合并大量的标签源表，在该过程中需要根据不同标签的数据情况进行合并优化。基于宽表生成 BitMap 时，数据工程师需要进行大数据技术调优、编写 UDF 函数；还需要与研发工程师沟通清楚各环节 BitMap 的序列化及存储方式等。

算法工程师主要参与人群 Lookalike 以及挖掘人群的产出。人群 Lookalike 实现方案中的算法模型需要算法工程师参与并产出；挖掘人群的关键是找到种子人群，算法工程师需要根据优化目标找到合适的种子人群并完成模型训练和人群挖掘。算法工程师沉淀的技术能力也可以转化为画像平台功能。产品经理可以设计合理的功能页面，借助工程手段将算法能力通过可视化的形式提供给各类业务使用。

在分群功能实现过程中需要注意以下事项：

❑ 按时产出画像宽表。画像宽表的生产依赖上游标签数据，不同标签的产出时间差异较大。大部分标签 T 日数据会在 $T+1$ 日某个时间段产出，但也有一些标签 T 日数据可能在 $T+2$ 甚至 $T+3$ 日产出，有些特殊标签可能每周或者每月更新一次。当这些产出时间差别较大的标签混合生成一张画像宽表时会出现"短板效应"，即产出最晚的标签决定了宽表的就绪时间。如果用户无法尽快使用最新的标签数据，用户体验会很差。在生产数据宽表时要梳理每个标签的产出时间，可以从业务上放弃产出较晚的标签或者对标签数据进行降级。

❑ 合理设计分群功能代码。为了满足多种多样的人群圈选需求，画像平台上的人群创建方式会不断完善和扩展，这需要研发工程师设计合理的代码架构来支持灵活地添加新型人群创建方式。本章给出了基于模板模式的代码实现方案，增加新的人群创建方式时只需要编写新的子类并重写核心方法，其可以有效地降低代码的维护成本、提高代码的扩展性。

❑ 人群使用与监控。人群最终会用于 Push、短信、广告投放等各类业务中，我们需要做好对人群使用情况的监控，比如详细记录业务在什么时间点调用了哪个人群以及当时的人群版本。记录人群使用情况一方面可以方便数据回查，另一方面可以为后续跟踪人群使用效果提供线索和依据。要合理控制人群的使用权限，防止人群被滥用；比较敏感的人群在使用时需要进行权限审批，保证业务数据安全。人群的创建量级和调用量级是衡量画像平台价值的两个指标，要尽量推广人群创建功能，争取与各类运营类平台打通来提高人群使用效率。

5.8　本章小结

本章首先介绍了分群功能的整体架构以及分群功能底层数据的构建过程，其中包括画像宽表和 BitMap 两种数据的生成方式；其次介绍了多种人群创建方式，其中重点描述了规则人群的实现逻辑，还介绍了基于算法能力实现的 Lookalike 人群以及 LBS 人群等比较有特色的人群创建方式；人群创建成功后，可以通过 Hive 表或者服务接口对外提供人群数据；然后介绍了人群预估、人群拆分、人群自动更新和人群下载等常见的人群附加功能的实现逻辑，这些功能丰富了人群的使用场景；最后介绍了实现人群判存服务的 3 种技术方案。本章最后按惯例介绍了分群功能开发中各岗位的主要分工以及注意事项。

分群就是通过各种方式找到目标用户的过程，大部分人群创建功能最终都可以转换为SQL 语句并从数据表中筛选出目标用户，其实现逻辑并不复杂，关键在于理解人群筛选需求并通过合理的技术方案实现业务目标。有了人群后便可以对其进行画像分析，下一章将详细介绍画像分析中的各种功能和实现方案。

第 6 章 *Chapter 6*

画 像 分 析

画像平台依托画像数据可以便捷地支持画像分析功能。画像分析的对象可以是人群或者单个用户，比如河北省男性用户这一群体或者某一个具体的明星账号。画像分析的数据源可以是已经聚合好的各种标签数据，也可以是行为明细数据。本章将介绍画像平台常见的分析功能，其中包括群体和单用户分析、离线和实时数据分析、聚合数据和明细数据分析等。

本章首先给出画像分析功能的整体架构，其中包含主要功能模块及关键技术组件介绍，可以对画像分析有个整体认识。其次介绍常见的人群画像分析功能，基于已经创建完成的人群可以进行分布分析、指标分析、下钻分析和交叉分析等，在规则圈选这一特定场景下，无须真实创建人群也可以进行即席分析。然后介绍基于行为明细数据的常见分析功能，重点介绍 8 种分析模型的计算逻辑、实现方案和应用场景。除了对群体的分析，本章还会介绍单用户分析以及其他常见分析功能，比如业务分析看板、地域分析等。最后按惯例详细介绍画像分析功能开发过程中各岗位主要分工以及注意事项。

6.1 画像分析整体架构

图 6-1 展示了画像分析的整体技术架构，主要包含数据源、数据表、功能模块和平台功能四部分。数据源描述了不同模块的数据生产来源和生产方式，数据表展现了不同数据的存储方式，功能模块呈现了画像平台分析功能各核心模块，平台功能即可视化的画像平台。

不同分析场景所使用的数据源不同。行为明细数据表中的数据一般来自实时数据，经过 Flink 消费后写入 ClickHouse 明细表中；单用户分析数据和画像宽表数据大部分来源于离线数据，为了提高分析速度，数据会从 Hive 表导入 ClickHouse 表中；人群结果表中的数据由分群功能产出，其默认存储在 Hive 表中，部分分析功能也会将人群结果数据同步到

ClickHouse 表中。

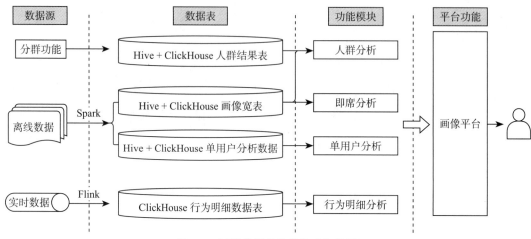

图 6-1 画像分析的整体技术架构图

不同分析功能模块所依赖的数据表不同。人群分析功能主要依赖画像宽表和人群结果表，大部分功能实现都依赖两张表的连接（join）运算；即席分析功能主要依赖画像宽表，为了提高接口响应速度，主要使用 ClickHouse 表做即席分析；单用户分析功能只依赖单用户分析数据；行为明细分析功能的数据来源于行为明细数据表，部分场景下会关联使用画像宽表中的标签数据。大部分分析功能都期望快速返回分析结果，对于 ClickHouse 表的依赖较多。

平台功能的实现依赖各核心功能模块。画像平台用户通过可视化页面使用各种分析功能，每一个分析功能的实现都依赖特定的功能模块。

本章默认人群结果存储在 Hive 表 userprofile_demo.crowd_result_table 中，该表以 crowd_id 作为数据分区，在人群更新时覆盖写入数据；画像宽表使用 Hive 表 userprofile_demo.userprofile_wide_table，以日期作为数据分区，每个分区都包含全量用户的所有标签数据；用户明细数据存储在 Hive 表 userprofile_demo.userprofile_action_detail_table 中，表中按日期记录了用户的行为数据。以上 Hive 数据表也对应存储到 ClickHouse 表中。图 6-2 展示了上述几个关键数据表的生产逻辑以及数据示例。

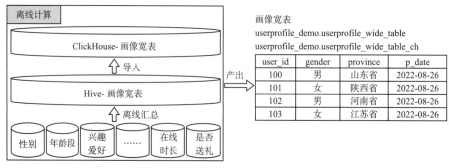

图 6-2 人群画像分析关键数据表生产逻辑即数据示例

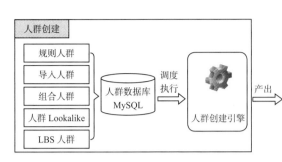

人群结果表
userprofile_demo.crowd_result_table
userprofile_demo.crowd_result_table_ch

crowd_id	user_id
100	1000
100	1001
100	1002
101	1000
101	1006
101	1010

行为明细表
userprofile_demo.userprofile_action_detail_table
userprofile_demo.userprofile_action_detail_table_ch

user_id	action_time	operation_page	action_type	action_content	p_date
100	1660435352000	APP_NEWS	SHARE	100	2022-08-15
101	1660435412000	APP_PROFILE	LIKE	102	2022-08-15
102	1660439612000	H5_PAGE	SHARE	105	2022-08-15
103	1660440032000	H5_PAGE	COMMENT	106	2022-08-15
104	1660447254000	APP_NEWS	SHARE	108	2022-08-15
100	1660461802000	APP_NEWS	LIKE	109	2022-08-15

图 6-2　人群画像分析关键数据表生产逻辑即数据示例（续）

6.2　人群画像分析

人群画像分析是对已经创建完成的人群进行画像分析，目的是从不同角度更深入地认识人群用户并挖掘人群特点。

人群分布分析偏重人群画像标签值的占比分析，比如人群中男女占比分别为 40% 和 60%。人群指标分析主要针对可量化的标签进行分析，比如人群的平均在线时长、平均点赞次数等。人群下钻分析是在某一画像分析维度的基础上再次基于其他画像维度进行分析，比如在人群男女分布的基础上，针对男性用户再次下钻分析其常住省分布。人群交叉分析是使用多个维度交叉计算人群数据指标，比如通过性别和常住省交叉分析其在线时长。人群对比分析是对已经完成画像分析的多个人群进行分析结果对比，找出人群间的主要差异。

6.2.1　人群分布分析

人群分布分析是计算人群在画像标签上的分布占比数据，比如分析人群的性别分布、常住省分布、兴趣爱好分布等。从技术角度来看，分布分析适用于各类画像标签，但是从业务角度来看，有些标签的分布分析没有实际价值。比如对"每日在线时长"进行分布分析，如果其数据单位是毫秒，那么该标签的取值数量众多，分布分析计算出的分布结果很难被业务使用且不具有分析价值。由上可知，适合做分布分析的画像标签大多是可枚举且数量有限的标签，比如性别、年龄、常住省、手机操作系统等；标签值量级较大的标签则不适合作为分布分析的画像标签，比如在线时长、粉丝数、新闻话题、历史阅读文章字数等。

人群分布分析结果可以通过饼图、环形图或者柱状图进行展示。饼图和环形图比较适合性别、年龄等标签值数量少且不同标签值占比之和为100%的标签，通过这些图形可以明确展示各标签值的分布占比数据。柱状图一般适用于标签取值较多、需要对标签值占比进行排序的标签，比如对城市标签进行分布分析（获取占比最高的前10个城市），对兴趣爱好（获取占比较高的头部兴趣爱好）进行分布分析。图6-3是人群分布分析功能示意图，图中通过饼图和柱状图展示了指定人群的性别和常住省占比分布。

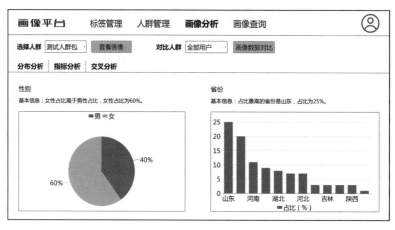

图6-3   人群分布分析功能示意图

对于自动更新人群，如果也需要定时计算其画像分布数据，那么使用该人群连续多日的分布分析结果可以构建出标签值占比变化趋势图。比如在某游戏的运营过程中，可以将每天下载游戏的用户构建成定时更新人群，该人群更新后可以自动计算其性别占比分布。如果近一周男女占比趋势分析图中男性占比逐渐提升，那么后续可以重点分析男性占比提升的主要原因并调整运营策略。再如运营人员在某活动中为了吸引中老年用户采取了一系列补贴策略，那么可以通过观察活动参与人群年龄分布趋势变化评估是否达到运营目的。

6.2.2   人群指标分析

人群指标分析用于计算人群在某些指标类标签上的数值及变化趋势。指标类画像标签的特点是可以量化并进行聚合运算，比如在线时长、粉丝数、充值金额，以上标签支持求和、平均值、最小值、最大值等函数运算。人群指标分析结果具有很大的业务参考价值，比如人群平均在线时长可以反馈该人群的活跃情况，平均充值金额可以反映人群的消费意愿。

人群指标分析结果一般是单个数值，可以通过数字看板进行展示。指标分析也可以计算过去一段时间每天的指标数值并通过折线图展示其变化趋势。折线图的横坐标展示指标分析日期，纵坐标展示具体的指标分析数值。通过折线图中数值波动可以感知人群指标变化。基于折线图数据可以实现数据报警功能，如当数据波动超过阈值时可以发出报警信息。

图 6-4 是人群指标分析功能示意图，其中展示了平均在线时长数字看板以及近一周平均充值金额指标变化折线图。

图 6-4　人群指标分析功能示意图

6.2.3　人群下钻分析

人群下钻分析可以增加分析的层次，由浅入深、由粗入细地进行人群画像分析。人群分布分析只能对人群进行最直观的画像分析，比如性别和常住省的占比分布分析。如果业务需要查看该人群中所有男性用户的常住省分布情况，那么需要深入男性用户中进行更深层的画像分析。通过下钻分析功能，用户可以更深入和细致地了解人群特点，比如某人群男女占比分别为 40%、60%，在此基础上进行常住省下钻，其中男性下钻后占比最高的省份是山东省，女性下钻后占比最高的省份是河南省。这一分析结果可以反映出该人群男女用户常住省信息有明显差异，而通过单一的人群分布分析很难得出上述结论。人群下钻分析结果也可以通过饼图、柱状图或者折线图进行展示，图 6-5 是某人群在性别基础上进行常住省下钻分析的功能示意图。

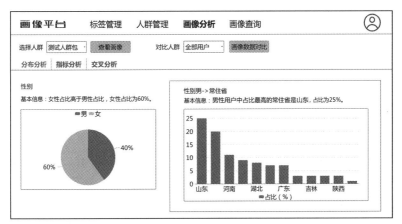

图 6-5　人群下钻功能示意图

6.2.4 人群交叉分析

人群交叉分析可以选择多个画像标签维度，通过交叉计算不同标签值组合下的人群指标数据。相比下钻分析只专注某标签值的深入分析，交叉分析更偏重多维的全面分析，其结果包含所有维度组合后的分析数据。比如查看指定人群性别和常住省交叉计算后的用户平均在线时长，其分析结果包括性别和所有省份交叉组合后的人数占比以及平均在线时长数据。交叉分析的展示结果可以根据其数值大小呈现不同的颜色，从而快速区分并定位重点分析结果。图 6-6 是某人群基于性别和常住省的交叉分析示意图，其中广东男性用户模块颜色最深，代表该人群中广东省男性用户平均在线时长最长。

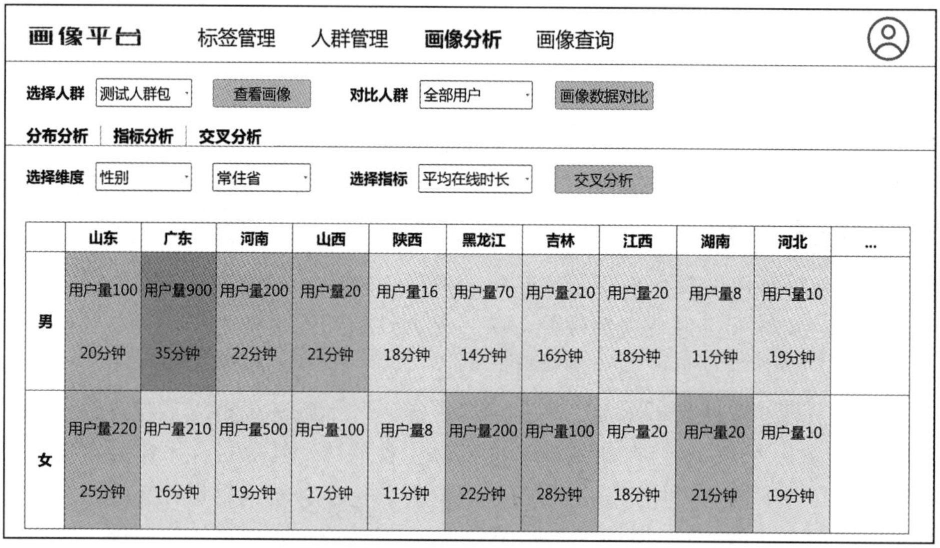

图 6-6　人群交叉分析示意图

6.2.5 人群对比分析

人群对比分析通过对比两个人群的画像分析结果，找出人群间的主要差异。人群对比分析可以利用人群分布分析结果进行计算，假设两个人群 A 和 B 都计算出了性别分布数据，其中人群 A 男女占比分别是 60% 和 40%，人群 B 男女占比分别是 70% 和 30%，将两个人群的占比环形图放到一起便可以对比出人群间的主要差异。

为了量化不同人群之间的画像分布差异，可以引入 TGI 指数进行计算，计算公式如下：

目标人群中具有某一个特征的人群比例 ×100 / 对比人群中具有该特征的人群比例

如果计算出的 TGI 数值等于 100，说明两者之间没有任何差异；当 TGI 数值与 100 差距越大时说明两者的差异越明显，也可以侧面反映出人群的主要特点。TGI 计算公式中的对比人群一般指全量用户人群，目的是找到人群与大盘用户的主要差异；也可以指任何其他人群，主要目的是找到任意两个人群之间的显著差异。还是以人群 A 和 B 为例，其中男

性用户的 TGI =（60% / 70%）× 100 = 85.7，表示人群间男性用户占比有微弱的差异。图 6-7
是两个人群进行人群对比分析的功能示意图，其中主要展示了性别和常住省的所有 TGI 数
值，其中河南省具有显著差异。

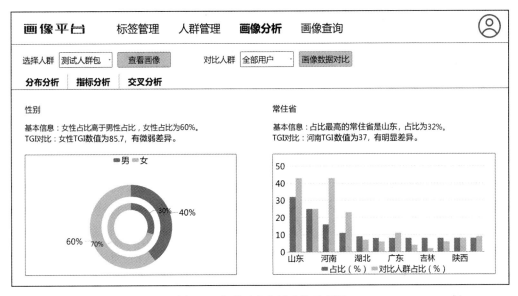

图 6-7 人群对比分析功能示意图

6.2.6 工程实现

　　人群画像分析是在人群创建完成之后进行的，并不是每一个人群都需要进行画像分析，
所以画像平台需要支持对人群进行画像分析配置。配置人群画像分析功能时可以指定标签
维度和指标，该配置内容通过接口传递到服务端并存储到数据表中。当人群状态流转到"创
建完成"状态之后（参见 5.3.9 节），人群画像计算引擎可以根据画像配置计算出分布分析和
指标分析结果并存储到数据表中，之后便可以通过平台可视化页面查看人群分析结果。基
于不同人群的分析结果可以进行人群对比分析并计算不同标签取值的 TGI。对于自动更新
人群，可以从数据库中查询一段时间内的标签分布数据并构建标签占比趋势图。人群下钻
分析和交叉分析的使用方式比较灵活，使用者可以在平台上进行即席配置和分析，可以将
相关配置传递到服务端后转换为分析语句，可以借助 ClickHouse 引擎计算出分析结果后返
回前端进行可视化展示。人群画像分析的基本流程如图 6-8 所示。

　　如图 6-8 所示，人群信息（如人群分布分析和指标分析配置）存储在数据表 demo_userprofile_
crowd 中，其中 calculate_labels 字段通过 JSON 数组的方式记录了需要进行分析的画像标
签列表；人群画像分析结果存储在数据表 demo_userprofile_crowd_overview 中，overview_
result 字段存储了指定标签的画像分析结果，userprofile_date 字段记录了画像分析所使用的
数据日期。

人群信息表 -MySQL

demo_userprofile_crowd

id	crowd_name	⋯	calculate_labels	userprofile_date
100	人群包名称	⋯	["gender","province"]	2022-08-30
101	—	⋯	["label1","label2"]	2022-08-30
102	—	⋯	["label1","label2"]	2022-08-30
103	—	⋯	["label1","label2"]	2022-08-30

画像宽表

userprofile_demo.userprofile_wide_table

userprofile_demo.userprofile_wide_table_ch

user_id	gender	province	p_date
100	男	山东省	2022-08-26
101	女	陕西省	2022-08-26
102	男	河南省	2022-08-26
103	女	江苏省	2022-08-26

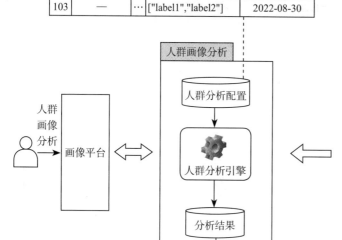

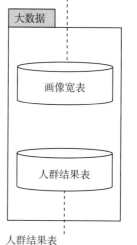

人群画像分析结果表 -MySQL

demo_userprofile_crowd_overview

id	crowd_id	label_name	overview_result	userprofile_date
1	100	gender	{" 男 ":60," 女 ":40}	2022-08-26
2	100	province	{" 河北省 ":30," 山东省 ":20}	2022-08-26
3	101	label1	—	—
4	101	label2	—	—

人群结果表

userprofile_demo.crowd_result_table

userprofile_demo.crowd_result_table_ch

crowd_id	user_id
100	1000
100	1001
100	1002
101	1000
101	1006
101	1010

图 6-8　人群画像分析的基本流程

通过人群结果表和画像宽表之间的连接（join）操作可以实现人群分布分析和指标分析。人群结果表连接画像宽表后可以获取每一个用户的画像标签值，根据不同标签值可以聚合计算出其对应的用户数，基于用户数便可以实现分布分析。比如某个人群有 100 万人，其中男女用户的数量分别是 60 万和 40 万，那么该人群性别标签男女分布即 60%（60/100）和 40%（40/100）。指标分析需要使用聚合函数进行计算，比如平均函数 AVG、求和函数 SUM 以及最大（最小）值函数 MAX（MIN）等。图 6-9 以性别和在线时长为例展示了人群画像分布分析和指标分析的计算流程。

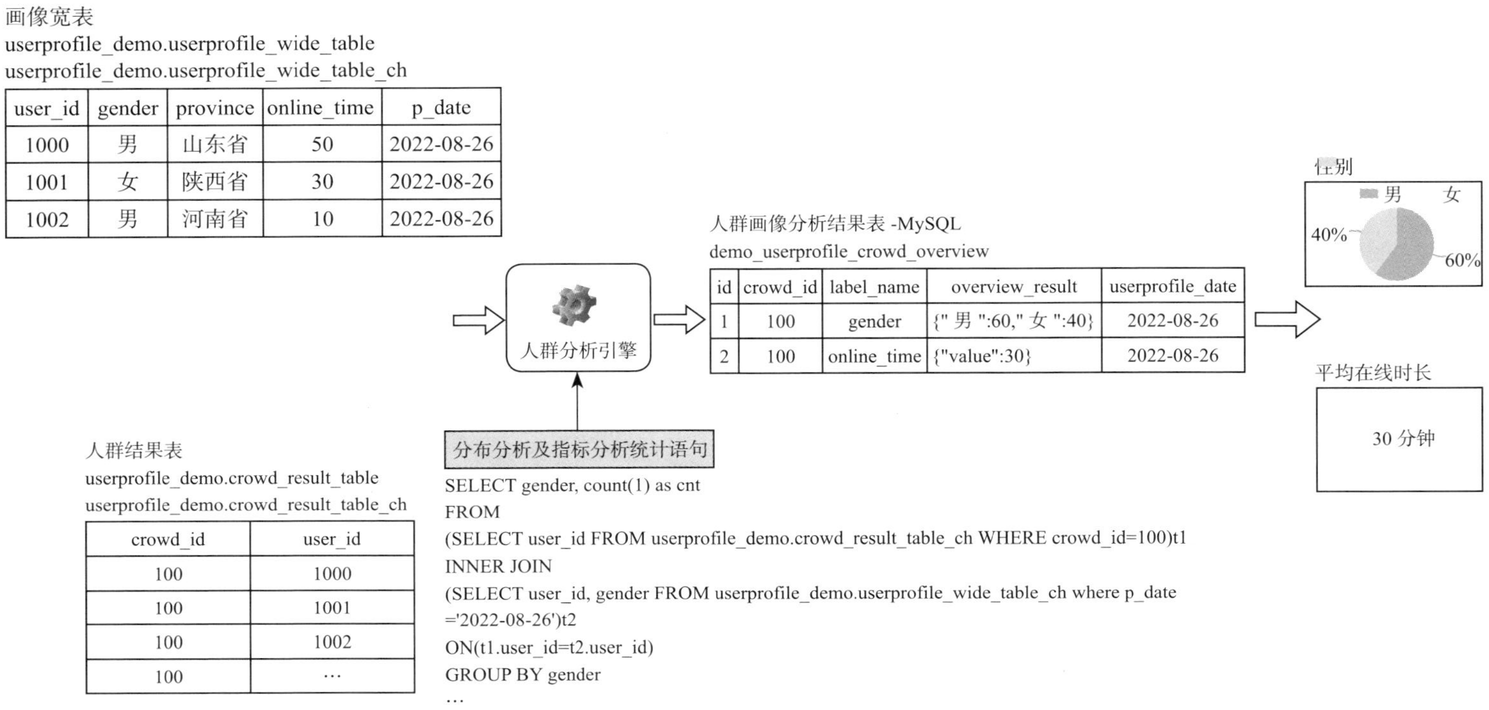

画像宽表
userprofile_demo.userprofile_wide_table
userprofile_demo.userprofile_wide_table_ch

user_id	gender	province	online_time	p_date
1000	男	山东省	50	2022-08-26
1001	女	陕西省	30	2022-08-26
1002	男	河南省	10	2022-08-26

人群结果表
userprofile_demo.crowd_result_table
userprofile_demo.crowd_result_table_ch

crowd_id	user_id
100	1000
100	1001
100	1002
100	...

分布分析及指标分析统计语句

```
SELECT gender, count(1) as cnt
FROM
(SELECT user_id FROM userprofile_demo.crowd_result_table_ch WHERE crowd_id=100)t1
INNER JOIN
(SELECT user_id, gender FROM userprofile_demo.userprofile_wide_table_ch where p_date
='2022-08-26')t2
ON(t1.user_id=t2.user_id)
GROUP BY gender
…
```

人群分析引擎

人群画像分析结果表 -MySQL
demo_userprofile_crowd_overview

id	crowd_id	label_name	overview_result	userprofile_date
1	100	gender	{" 男 ":60," 女 ":40}	2022-08-26
2	100	online_time	{"value":30}	2022-08-26

性别
■ 男
■ 女
40% 60%

平均在线时长
30 分钟

图 6-9　人群画像分布分析和指标分析的计算流程

关键代码如下所示，代码中默认使用 ClickHouse 表进行计算，出现异常后可以使用 Hive 表重新计算。

```
-- 性别占比统计语句 --
SELECT
  gender, count(1) AS cnt
FROM
  (
    SELECT
      user_id
    FROM
      userprofile_demo.crowd_result_table_ch
    WHERE
      crowd_id = 100
  ) t1
  INNER JOIN (
    SELECT
      user_id,
      gender
    FROM
      userprofile_demo.userprofile_wide_table_ch
    WHERE
      p_date = '2022-08-26'
  ) t2 ON (t1.user_id = t2.user_id)
GROUP BY
  gender


-- 平均在线时长统计语句 --
SELECT
  avg(online_time) AS avgValue
FROM
  (
    SELECT
      user_id
    FROM
      userprofile_demo.crowd_result_table_ch
    WHERE
      crowd_id = 100
  ) t1
  INNER JOIN (
    SELECT
      user_id,
      online_time
    FROM
      userprofile_demo.userprofile_wide_table_ch
    WHERE
      p_date = '2022-08-26'
  ) t2 ON (t1.user_id = t2.user_id)
```

下钻分析是在指定标签值的基础上进行深入分析，其实现逻辑主要是在 JOIN 语句中添加额外的筛选条件。比如在 A 人群男性用户基础上对常住省进行下钻分析，分析目标是不同省份下的用户数目，其分析语句和分布分析语句相似，主要不同点是需要在 JOIN 语句中增加筛选条件 gender=' 男 '，这样便限定了人群中的男性用户，其核心 SQL 语句如下所示。同理，如果要在性别为男性、常住省为河北省的基础上进一步下钻年龄分布，只需要在宽表的筛选条件中添加 gender = 男 AND province = ' 河北省 '。

```
SELECT
  province,
  count(1) AS cnt
FROM
  (
    SELECT
      user_id
    FROM
      userprofile_demo.crowd_result_table_ch
    WHERE
      crowd_id = 100
  ) t1
  INNER JOIN (
    SELECT
      user_id,
      province
    FROM
      userprofile_demo.userprofile_wide_table_ch
    WHERE
      p_date = '2022-08-26'
      AND gender = ' 男 '
  ) t2 ON (t1.user_id = t2.user_id)
GROUP BY
  province
```

交叉分析需要对选定的维度进行组合并计算其人群指标数值，工程上使用 GROUP BY 语句可以实现多个维度的交叉组合，借助聚合函数可以实现指标计算。实现性别和常住省的交叉分析并计算平均在线时长的核心 SQL 语句如下所示。

```
SELECT
  gender,
  province,
  avg(online_time) AS avgValue
FROM
  (
    SELECT
      user_id
    FROM
      userprofile_demo.crowd_result_table_ch
    WHERE
      crowd_id = 100
  ) t1
  INNER JOIN (
    SELECT
      user_id,
```

```
        gender,
        province,
        online_time
    FROM
        userprofile_demo.userprofile_wide_table_ch
    WHERE
        p_date = '2022-08-26'
    ) t2 ON (t1.user_id = t2.user_id)
GROUP BY
    gender,
    province
```

以上示例中的标签在数据表中的存储类型都是基本数据类型, 对于特殊类型的标签,
如何实现画像分析呢? 以兴趣爱好标签为例, 其在数据表中以数组的方式进行存储, 实际
分析过程中需要将数据 "打散" 后再进行画像分析。Hive 表中需要通过 LATERAL VIEW
EXPLODE (行转列) 展开数组内容, ClickHouse 表中可以使用 arrayJoin 函数实现。比如统
计某人群兴趣爱好的分布, 通过 Hive 和 ClickHouse 表进行分析的核心 SQL 语句如下所示。

```
-- 基于 Hive 表实现数组类标签的统计分析 --
SELECT
  item,
  count(1) AS cnt
FROM
  (
    SELECT
      interests
    FROM
      (
        SELECT
          user_id
        FROM
          userprofile_demo.crowd_result_table
        WHERE
          crowd_id = 100
      ) t1
      INNER JOIN (
        SELECT
          user_id,
          interests
        FROM
          userprofile_demo.userprofile_wide_table
        WHERE
          p_date = '2022-08-26'
      ) t2 ON (t1.user_id = t2.user_id)
  ) joinTable LATERAL VIEW EXPLODE (interests) virtual_table AS item
GROUP BY
  item
-- 基于 ClickHouse 表实现数组类标签的统计分析 --
SELECT
```

```
    item,
  count(1) AS cnt
FROM
  (
    SELECT
      arrayJoin(interests) AS item
    FROM
      (
        SELECT
          user_id
        FROM
          userprofile_demo.crowd_result_table_ch
        WHERE
          crowd_id = 100
      ) t1
      INNER JOIN (
        SELECT
          user_id,
          interests
        FROM
          userprofile_demo.userprofile_wide_table_ch
        WHERE
          p_date = '2022-08-26'
      ) t2 ON (t1.user_id = t2.user_id)
  )
GROUP BY
  item
```

　　人群画像分析的目标是做"有用的分析"，如果只是展示人群分布分析和指标分析结果的话，很难直观体现出当前人群的特点，一般会默认计算人群与全部用户的画像标签 TGI 数据并将其中差异明显的特征列举出来。对于一些核心画像标签也可以自动进行下钻和交叉分析，从而找出人群深层次的画像特点。比如对人群自动进行性别和常住省交叉分析，找出其中人数占比最高的交叉条件（如河北省女性）。对于自动更新人群，可以基于多日的分布分析结果构建标签占比趋势图并支持用户配置数据监控报警。比如配置人群中有充值行为的用户占比低于 5% 或者人群平均在线时长低于 30 分钟时发出报警，以便用户通过报警信息可以快速感知问题并及时干预。

　　在画像分析的结果上可以再次沉淀生成人群。比如对某人群的兴趣爱好进行分布分析，其中对军事感兴趣的用户占比为 60%，可以将该批用户直接转化为人群，即从原始人群中找到所有对军事感兴趣的用户并生成新的人群。通过这种方式不仅可以打通人群分析和人群创建功能，而且可以实现对人群的精细化筛选，该思路也同样适用于其他分析功能。

6.3　人群即席分析

　　人群画像分析基于已经创建完成的人群进行分析，适用于所有的人群创建方式。人群的创建需要一定的时间，这造成人群画像分析结果的产出时间较晚。基于 ClickHouse 中的画像宽表可以实现人群即席分析，即用户配置一些标签规则后便可以即时计算用户群体的分布分析、指标分析和下钻分析结果。即席分析的实现仅依赖画像宽表，分析配置不再需要存储在服务端，分析请求经由分析引擎转换为 SQL 后直接执行并返回结果。

本节将分别介绍人群即席分布分析、指标分析、下钻分析和交叉分析的实现方式，其功能定义与人群画像分析相似。人群即席分析还可以支持规则人群的画像预览功能，本节最后会给出详细介绍。

6.3.1　分布分析与指标分析

人群即席分析可以对满足筛选条件的用户进行即时分布分析和指标分析。比如选择了喜欢军事的用户后，可以立即分析其性别、常住省分布情况以及平均在线时长的变化趋势。图 6-10 是人群即席分析的分布分析功能示意图，其中人群筛选方式与规则人群圈选类似。分布分析默认只计算最近一天的画像分布数据，也支持按指定时间范围查看标签占比变化趋势。

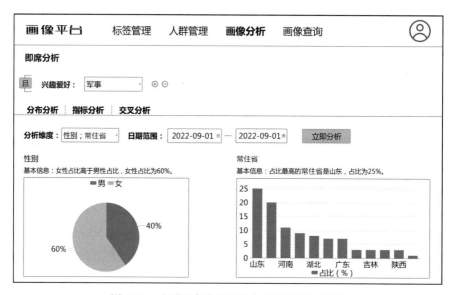

图 6-10　人群即席分析的分布分析功能示意图

人群即席分析的配置内容通过接口传递到服务端，由服务端分析引擎将配置内容转换为 SQL 语句并交由 ClickHouse 引擎执行，计算结果并封装为图表样式后再返回前端展示。页面上的用户筛选条件最终映射到 SQL 语句中的 WHERE 条件语句，分析维度和指标对应到 SQL 中的 SELECT 选项，其实现逻辑如图 6-11 所示。图中示例用于筛选出对军事感兴趣的用户群体并分析其性别分布情况。

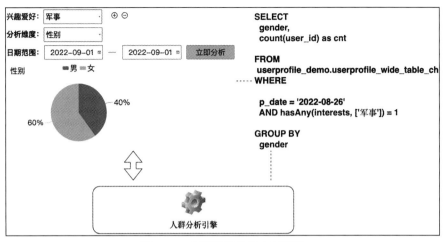

图 6-11 人群即席分析实现逻辑

6.3.2 下钻分析与交叉分析

下钻分析在分布分析的基础上，需要指定具体的标签值并配置下钻维度。图 6-12 是在男性用户的基础上进行常住省下钻分析的功能示意图。与人群下钻分析的实现逻辑相似，指定标签值"男性用户"作为筛选条件，不同省份的用户数量作为最外层的统计内容，其核心 SQL 语句如下所示。

```
SELECT
  province,
  count(user_id) AS cnt
FROM
  userprofile_demo.userprofile_wide_table_ch
WHERE
  p_date = '2022-09-01'
  AND hasAny(interests, ['军事']) = 1
  AND gender = '男'
GROUP BY
  province
```

与即席下钻分析的实现逻辑类似，交叉分析配置的交叉维度和分析指标最终由分析引擎转换为 SQL 语句并执行，其中交叉维度主要用于 SQL 中的 GROUP BY 语句，分析指标作为统计内容。以图 6-13 中所示的交叉分析配置为例，其核心 SQL 语句如下所示。

```
SELECT
  gender,
  province,
  count(user_id) AS cnt
FROM
  userprofile_demo.userprofile_wide_table_ch
WHERE
```

```
p_date = '2022-09-01'
AND hasAny(interests, ['军事']) = 1
GROUP BY
  gender,
  province
```

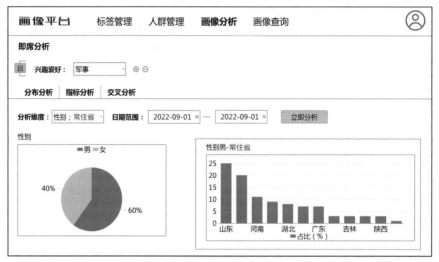

图 6-12 即席下钻分析的功能示意图

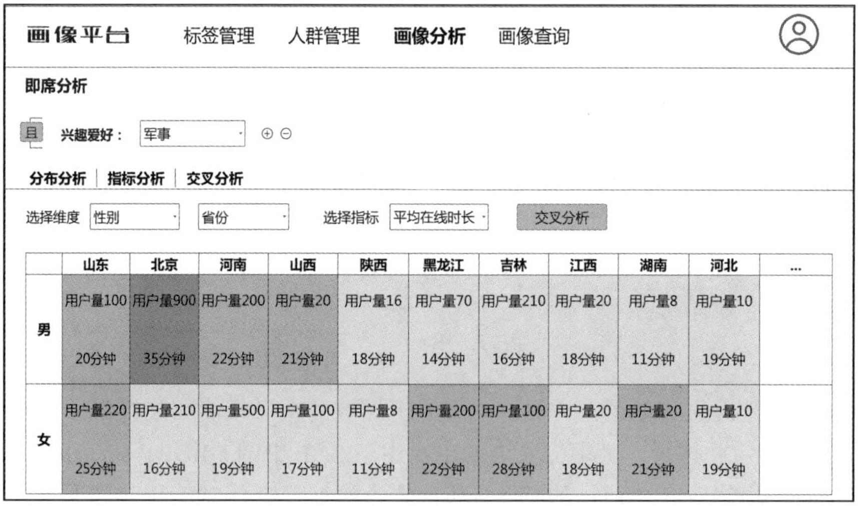

图 6-13 即席交叉分析的功能示意图

6.3.3 人群画像预览

第 5 章介绍了规则人群数量预估功能及其实现逻辑，本节介绍规则人群的另外一个预估能力：人群画像预览。在规则人群配置过程中，可以即时预览人群的画像分布，其技术实现方案与人群即席分布分析类似。作为人群预估能力的一部分，画像预览可以帮助用户快速了解人群画像分布情况，通过不断调整筛选配置来满足最终人群圈选诉求。图 6-14 是人群画像预览功能示意图，无须实际创建人群便可以查看指定条件下的性别和常住省分布情况。

图 6-14　人群画像预览功能示意图

6.4　行为明细分析

人群画像分析和即席分析所使用的数据都是离线处理整合后的数据。在画像宽表中，基本上所有的指标类标签都做了聚合处理，比如点赞次数、充值金额、观看视频时长等，其标签数值都是基于某一日的行为明细数据进行了汇总计算。经过处理整合后的标签数据能更全面地展示用户特点，但数据本身已不包含行为细节信息，比如用户具体点赞了哪些视频，用户在什么时间点进行了充值，用户观看每个视频的具体时长等。

相比整合后的数据，行为明细数据包含更多细节信息。第 5 章介绍行为人群圈选功能时描述了行为明细数据包含的 5 个要素：WHO、WHEN、WHERE、HOW、WHAT。明细数据记录了用户在什么时间点通过哪个功能模块以何种方式操作了什么内容。行为明细数据大部分来自用户操作日志，经过大数据实时处理后存储到合适的数据存储引擎中。本节所有行为明细数据都存储在 ClickHouse 表中。

部分行为明细分析场景会涉及画像标签数据，此时可以从标签查询服务获取相应的标签数据后随行为数据一起写入明细表中，也可以在行为分析过程中直接关联画像宽表来使用其中的画像标签数据。图 6-15 展示了行为明细分析所用到的数据表及数据示例。

本节将介绍页面分析、事件分析、留存分析、指标分布分析、漏斗分析、行为跨度分析、商业价值分析、生命周期分析 8 个常见的行为明细分析模型，内容涵盖了功能示意图、分析逻辑以及工程实现方案。功能示意图可以直观地展示具体功能点，分析逻辑介绍不同分析模型的实现原理，工程实现方案描述各分析功能的具体实现方式。

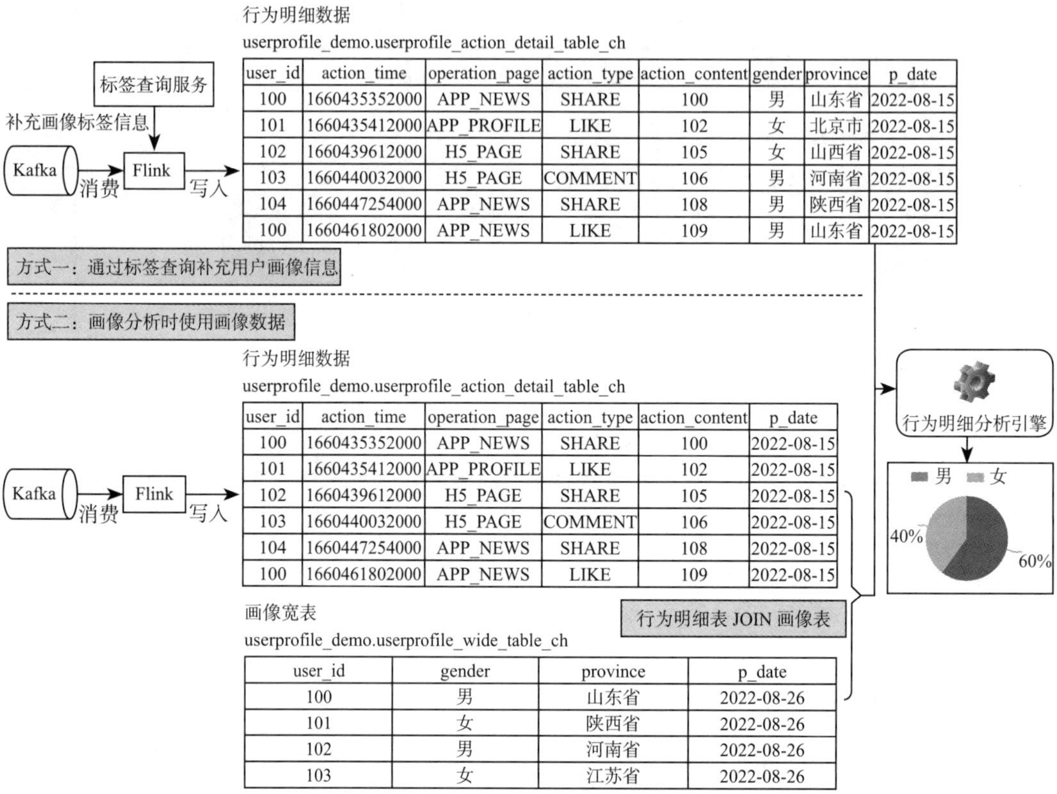

图 6-15　行为明细分析所用到的数据表及数据示例

8 个分析模型可以划分为 4 种类型：明细统计、用户分析、流程转化和价值分析。明细统计偏重明细数据的客观事实统计，主要包含页面分析和事件分析；用户分析突出对明细数据中各类用户的分析，包括留存分析和指标分布分析；流程转化重点描述系列行为步骤间的转化统计，包括漏斗分析和行为跨度分析；价值分析凸显用户的价值挖掘，主要包含商业价值分析和生命周期分析。业界还有用户属性分析、归因分析、事件流分析、投放分析等分析功能，其面向的分析场景和诉求各不相同，虽然不在本书介绍范围内，但其实现逻辑与本书介绍的分析模型有相似之处。

数据基础决定了功能建设，以图 6-15 中的数据表结构为例，其中 operation_page 记录了产生用户行为的页面，主要用于页面分析；action_type 和 action_content 记录了用户的行为类型和行为关联的实体 ID，主要用于事件分析；user_id 描述了行为用户主体，结合明细行为和画像属性可以实现留存分析和指标分布分析；action_time 记录了行为的发生时间，通过行为序列可以实现漏斗分析和行为跨度分析；价值分析突出用户的商业价值，需要提取一些关键动作来分析用户带来的商业价值。

6.4.1 明细统计

明细统计是对行为明细数据最直观的统计分析，页面分析和事件分析都属于明细统计的范围。页面分析的主体是功能页面，主要围绕其访问的 PV/UV、页面间的流转以及页面元素做详细分析。事件分析的主体是用户行为事件，主要分析事件的 PV/UV、事件的趋势变化、事件相关用户的属性分布等。

1.页面分析

页面分析主要对各功能页面及页面元素进行统计分析，功能页面可以是 H5 网页，也可以是手机应用上的功能页面；页面元素主要是指各类可操作的触发组件，比如按钮、跳转链接等。

页面分析最常见的功能是统计不同页面的 PV 和 UV。根据 PV 和 UV 可以知道页面的实际访问量和访问用户数，从而计算每个用户的平均访问次数。比如统计某商场各页面每日访问量以及用户数，可以随时了解各核心页面的使用情况；统计某网站首页各商品频道的点击量以及用户量，可以分析用户最喜爱的商品分类。图 6-16 是页面分析功能示意图，图中通过折线图的形式展示了一段时间内首页的 PV 和 UV 数据变化。

页面分析除了可以统计 PV 和 UV 之外，也可以统计页面上关键元素的使用情况，比如网页上不同元素的点击次数、触达深度等。页面元素的统计分析可以反映出用户对功能的使用情况，通过该数据可以指明功能页面的优化方向。比如为了证明购物车按钮的颜色变动是否对业务有正向作用，可以开展对比实验并收集按钮的使用数据，当按钮的点击率和最终成交率更高时，可以证明按钮颜色的改动是有价值的。页面元素的统计结果可以通过图表进行可视化展示，目前很多分析产品尝试通过网页的形式更直观地展示每个页面元素的使用数据。

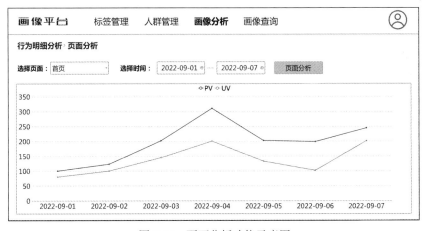

图 6-16　页面分析功能示意图

页面分析还可以统计不同页面间的访问路径分布情况。用户在使用产品的过程中，因访问页面的先后顺序不同，可以计算出不同访问路径的分布数据。比如用户进入某网站首页后，有一定比例的用户会进入搜索页，部分用户会点击搜索结果并进入商品详情页，最终会有一批用户进入商品购买页。通过分析用户在使用产品时的访问路径数据，可以优化各页面间的转化率从而最终提高用户在网站的成交率；也可以借此了解用户对不同功能的喜好程度，比如用户主要靠搜索功能查找商品还是依赖信息流推荐商品，最终有的放矢地优化用户体验。图 6-17 是页面访问路径分析功能示意图，其转化数据主要通过桑基图的形式展现出来。

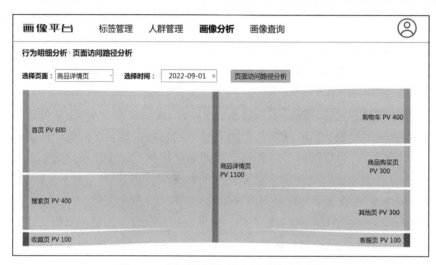

图 6-17　页面访问路径分析功能示意图

页面访问量分析只需要按日期统计出不同页面（operation_page）的数据行数作为 PV，去重后的 user_id 数量作为 UV。页面元素统计分析只需找到用户行为中涉及的页面元素，统计其 PV 和 UV 数值即可。页面访问路径分析需要按照时间顺序统计出不同用户的页面访问序列，然后计算各序列中不同页面先后出现的次数。

2. 事件分析

行为明细记录了最细粒度的用户行为，事件是对行为的一种抽象，其可以是具体某一个行为，也可以是多个行为的组合。比如用户注册这一行为可以被认为是一个事件，用户观看直播并送礼也可以认为是一个事件。事件分析就是筛选出满足条件的事件并统计其指标数据趋势、与事件相关主体的属性分布等。事件分析的偏重点是对行为的统计分析，辅助数据分析人员更深入地了解用户的行为特点。

事件分析模型是行为明细分析中最常见的分析模型，其应用场景比较丰富。新增用户的来源渠道统计是比较典型的事件分析示例，如果用户注册行为中包含其来源渠道，通过事件分析可以统计出不同渠道下的新增用户数，通过分析每个渠道的新增用户成本便可以找出最好的用户投放渠道。很多网站都会在重大节日开展一些线上运营活动，活动结束之后需要统计参与活动的用户属性分布，比如性别分布、年龄分布等。使用事件分析功能能够找到参与活动的用户并计算其属性分布，该分析结果可以在活动总结或者复盘中使用。

事件分析还可用于统计与事件相关的指标数值，比如在直播活动中，通过实时统计直播交易金额的变化趋势可以及时调整直播策略。

事件分析支持丰富的行为筛选方式，并最终通过图表展示指标趋势或者属性分布数据。当业务需要时也可以支持多组事件的对比分析，通过对比找出事件间的主要差异。为了满足不同用户对分析精确度和响应时间的要求，事件分析可以支持抽样功能，即选定一部分用户用于实际分析。图 6-18 是事件分析功能示意图，其中选择了用户注册事件并配置了用户筛选条件，分析了一段时间范围内的注册用户数并按照操作系统类型进行分类展示。

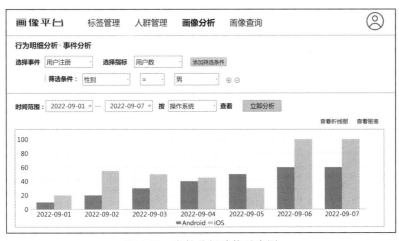

图 6-18　事件分析功能示意图

事件分析的筛选条件和属性配置会映射到 SQL 分析语句中的查询条件，事件分析的指标或者维度将转化为查询内容。分析语句执行结果转换为可视化图表数据后返回前端进行可视化展示。一般明细数据量级比较大，当筛选的时间范围较广时查询速度较慢，为了提升查询效率，可以在行为明细数据表中增加抽样字段并设置为 ClickHouse 表排序键，配合抽样功能可以实现分析提速。

6.4.2　用户分析

用户分析的主体是行为事件关联的操作人。留存分析用于统计用户关键行为的留存情况，经常用于统计新用户的多日留存数据；指标分布分析用于统计用户的指标数值分段后的数据分布情况，比如按粉丝数分段后的用户数量分布。本节将分别详细介绍上述两种针对用户的分析模型。

1. 留存分析

留存分析主要结合用户的初始行为和留存行为进行统计分析，可以计算指定时间范围内发生了初始行为的用户最终产生留存行为的占比。借助留存分析可以评估用户在使用产品过程中的依赖程度，留存率高说明用户会反复使用产品功能。留存率也可以反映产品对于用户的价值高低，当产品有价值时用户才会持续使用产品功能。

留存分析可以自由选择初始行为和留存行为，所以其支持的"留存"分析范围比较广泛。

最传统的留存分析是针对新用户的活跃留存分析，这也是衡量一个产品用户黏性和功能优劣的主要指标。新用户留存分析的初始行为是注册行为，留存行为可以是任意活跃行为。新用户留存的口径主要有次日留存（1 日留存）、3 日留存和 7 日留存等，时间越长且留存率越高则代表功能越吸引用户。如果在新用户注册行为上增加一些限定条件（比如因参加优惠券活动而注册的新用户），通过分析该批次用户的留存率并对比自然新增用户的留存率，可以分析出优惠券活动对于用户留存的影响。当留存率相对较高时则代表该活动在用户留存上的贡献较大，可以适当地进行活动推广。

除了注册行为，活跃留存分析的初始行为可以指定任意普通行为，以此来验证该行为对留存的影响。比如为了验证产品中收藏功能是否对用户留存有影响，可以将使用收藏功能指定为初始行为，通过对比使用该功能的用户留存率和未使用该功能的留存率来判断收藏功能的业务价值。

留存分析还可以用于分析用户不同行为间的转化情况。比如分析某 App 上使用了首单满减券的用户后续继续下单的"留存"数据，其初始行为和留存行为分别是使用满减券和下单，计算出来的留存数据可以表明前后两个行为的转化情况。

留存分析的结果可以通过图表数据进行展示，画像平台支持不同留存数据之间的对比。留存分析功能除了选择初始和留存行为之外还支持配置额外的筛选条件，比如为点击视频行为配置具体的视频 ID，为购买商品行为指定具体商品种类。图 6-19 是留存分析功能示意图，图中初始行为选择了用户注册，留存行为选择了浏览新闻，分析结果为一段时间内新用户 7 日留存数据。

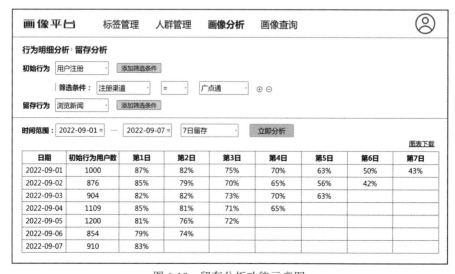

图 6-19　留存分析功能示意图

留存分析的实现逻辑分为三步：
☐ 第一步是找到所有满足筛选条件且发生了初始行为的用户。
☐ 第二步是按指定时间窗口统计该批用户在后续的行为事件中发生留存行为的用户数量。
☐ 第三步是根据不同的留存口径计算出次日、3日或者7日留存率。

2. 指标分布分析

指标分布分析主要统计某个事件的指标在不同取值范围下的用户量分布情况，比如用户点赞行为的次数可以划分为多个分段，不同点赞数分段下的用户量不同。指标分布分析的重点是找出并定义好需要关注的事件指标，比如点赞行为次数、充值行为金额数、打卡行为天数等，用户无须通过复杂的配置就可以便捷地选择事件指标并进行分析。事件指标的分段方式可以采用默认配置或者用户自定义方式，最终分析结果可以通过如图6-20所示的柱状图展示出来，图中显示了充值金额在不同取值分段下的用户数量。

指标分布分析主要用于分析业务核心指标的分布情况。比如在直播卖货场景下，可以分析有购买行为的用户消费金额分布情况，比如购买金额可以划分为0、（0,10]、（10,50]、（50,100]、（100,∞）等数值分段，根据不同分段下的用户量级可以判断该直播的观众购买力分布情况。在邀请好友送红包活动中，邀请好友的数目代表了用户参与活动的积极度，通过分析好友数量的分布情况可以了解用户的参与情况。

指标分布分析是事件分析的一种特例，需要找到发生某些行为的用户并计算出指标数据。指标分析的重点不再是指标数值随时间的变化趋势，而是在指标结果上进行分段统计，其实现方式需要在事件分析的基础上增加一层指标数值分段处理逻辑。

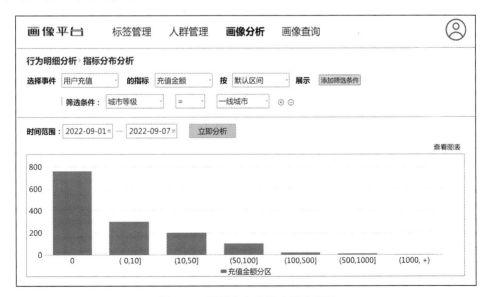

图6-20 指标分布分析功能示意图

6.4.3 流程转化

流程转化是指基于用户行为序列的分析，找到行为序列中满足特定行为模式的数据并进行转化统计。本节主要介绍漏斗分析和行为跨度分析。漏斗分析需要对一组行为步骤进行分析并计算各步骤之间的转化率。行为跨度分析的重点是统计两个行为发生的时间跨度，其关注点是间隔时间。本节将结合实际案例介绍漏斗分析和行为跨度分析的实现逻辑。

1. 漏斗分析

漏斗分析主要针对多步骤的流程并统计其中各步骤之间的转化和流失数据，此处的流程是根据实际业务场景制定的包含多个步骤且步骤间有明确先后关系的一种行为抽象，步骤在行为明细分析中主要是指用户事件。比如用户购买商品的过程可以抽象为浏览商品、点击商品详情、发起拼单、立即支付和支付完成这五个步骤的流程，其中每一个步骤都对应用户在购买过程中的一些行为事件。

漏斗分析首先要明确一个完整的流程执行所需要的时间窗口，即在多大的时间范围内分析一个流程中每个步骤之间的转化情况。比如上述购买商品流程可以把时间窗口定义为 3 小时，那么流程中第一个步骤发生后 3 小时内产生的其他行为会被统计到漏斗分析结果中。漏斗分析的目的是统计流程中各步骤之间的转化率，通过分析结果可以了解现状并找出转化薄弱点，后续可以针对性地提高步骤之间的转化效率。

图 6-21 是添加漏斗的功能示意图，图中新增了一个流程并配置了五个步骤，该流程配置的时间窗口为 1 天，每一个步骤都可以配置额外的筛选条件。图 6-22 是漏斗分析功能示意图，通过漏斗图将分析结果形象地展示了出来。漏斗图包括各步骤的用户数以及步骤间的转化率，点击每一个步骤可以查看该步骤下的用户数变化趋势以及用户画像分布情况。

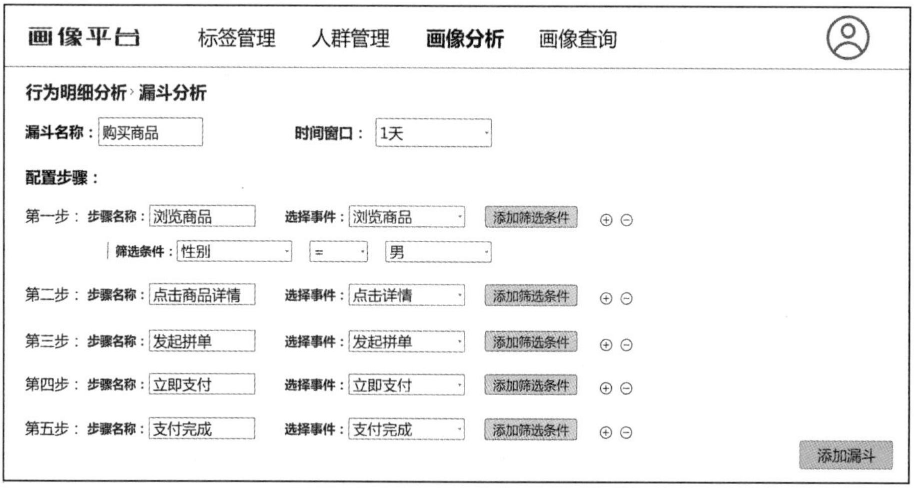

图 6-21 添加漏斗功能示意图

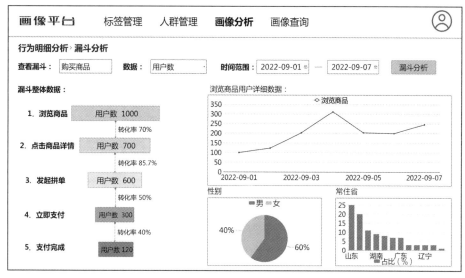

图 6-22 漏斗分析功能示意图

大部分业务中都会有流程的概念,所以漏斗分析可以广泛地应用到各类业务场景中。

在某直播间购物的流程包括点击小黄车、点击抢购、点击支付和支付完成 4 个步骤,通过漏斗分析可以计算各步骤间的转化率。通过不断优化流程中的每个环节并提高步骤之间的转化效率,最终可以提高直播购物的交易成功率和成交金额。

有些 App 上有购买会员的流程,其步骤包括浏览课程、查看课程介绍、开通会员、确认支付和支付完成。分析各步骤间的漏斗转化数据可以找到用户流失的主要环节,后续通过优化相关环节可以提高购买会员的完成率。通过漏斗分析还可以找到点击了确认支付按钮但最终未完成支付的用户,可以给该批用户定期推送优质课程来促使用户完成购买。

给用户推送消息是一种常见的运营手段,在推送消息流程中存在实际推送、消息送达和消息点击三个步骤,通过漏斗分析可以统计出消息推送的成功率和点击率等核心指标。

以上各业务场景都可以依赖漏斗分析了解当前核心流程各步骤转化情况,结合分析结果可以不断优化现有功能并最终实现转化效率最大化。

漏斗分析需要借助用户行为序列数据来实现。首先需要找到所有发生了流程中初始行为的用户;其次分析这批用户在未来指定时间窗口内的所有行为序列数据,在其中找到满足流程中各步骤先后操作顺序的行为模式;然后统计完成初始行为的用户完成后续各步骤的用户数量;最后将结果通过漏斗图的样式展示出来。

2. 行为跨度分析

行为跨度分析统计的是先后发生的两个行为之间的时间间隔。两个行为之间有时间上的先后关系,但并不需要像漏斗分析一样隶属于同一个流程。行为跨度分析需要指定初始行为和目标行为,然后指定分析的时间范围。其结果中会展示每一天发生初始行为的用户在后续发生目标行为的平均时间跨度，而且可以通过柱状图或者折线图的方式展示时间跨度的变化趋势。除了计算平均时间，它还可以计算时间跨度的最大值、最小值和中位数等数值。图 6-23 是行为跨度分析功能示意图，图中分析了一段时间内广点通新增用户首次购买商品的时间跨度分析结果，通过柱状图展示了当天分析结果的平均转化时间、中位数、最大值、最小值。

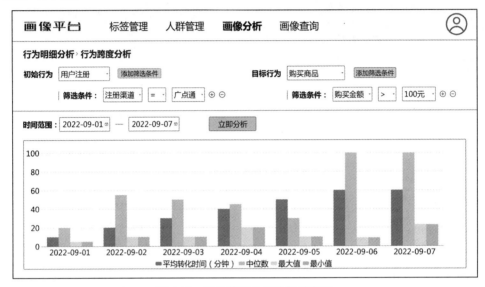

图 6-23　行为跨度分析功能示意图

行为跨度分析经常用在新用户首次发生指定行为的分析场景中，除了分析首次购买商品场景，还可以分析新用户首次分享文章、首次观看课程、首次发布视频、首次直播间送礼等场景。此时的初始行为都是注册行为，只是目标行为有所不同，通过分析结果可以了解新用户第一次发生指定行为的时间跨度。

当初始行为和目标行为选定为某个操作的首尾两个动作时，行为跨度分析还可以用于分析用户的操作效率。比如初始行为和目标行为分别选择了点击注册按钮和完成注册两个动作，此时的行为跨度分析结果代表了用户完成注册操作的平均耗时；再如短视频场景下初始行为和目标行为分别选择了点击创建作品和发布作品的行为，其分析结果代表了用户发布一个短视频的操作时长。如果上述分析结果中的行为跨度数值较大，则需要优化用户注册和发表作品的流程，通过降低用户的操作时间来提高操作的完成率。

当初始行为和目标行为选择了相同行为时，行为跨度分析可以用于分析用户对某个操作的频繁程度，比如在直播场景下，用户的开播行为跨度分析结果如果较小则说明用户的开播频率较高。

行为跨度分析的实现逻辑与漏斗分析类似，首先需要找出所有用户的行为序列并判断其中是否包含指定的初始行为和目标行为；其次计算所有满足条件的用户行为序列中两个行为发生的时间间隔；最后汇总所有用户时间跨度结果并计算出时间跨度平均值等数据。

6.4.4 价值分析

价值分析顾名思义就是对用户价值的统计分析。商业价值分析可以直接反馈用户的价值高低，不同业务的商业价值衡量指标不同，比如充值金额、交易金额和广告收入等。用户所处生命周期可以体现用户的价值，生命周期分析用于统计处于不同生命周期阶段的用户数量。本节会结合案例详细介绍商业价值分析和生命周期分析。

1. 商业价值分析

商业价值分析是直接体现用户价值的一种分析方式，依据业务的商业目标不同，商业价值分析的数据可以是用户充值金额、消费金额、送礼金额、邀请好友数量等。商业价值分析需要选择一批用户并计算其在后续的一段时间内贡献的商业价值数据，通过分析结果可以了解用户在使用产品过程中商业价值的变化趋势，依据不同用户的商业价值大小可以找出更具潜力的用户群体。

商业价值分析的要素是用户群体、商业价值目标和分析周期，其中商业价值目标需要依据业务特点来制定。图 6-24 是商业价值分析功能示意图，图中选择了通过广点通注册的新用户并分析消费金额这一商业价值指标，最终使用折线图展示了 14 天内商业价值随时间的变化趋势。

商业价值分析目标明确，可以直观地了解用户带来的价值，其可以应用在各类业务场景中。

在游戏推广场景中，通过商业价值分析可以统计出不同渠道下新增用户在未来一个月内游戏充值金额的平均值。根据统计结果可以分辨不同渠道新增用户的商业价值潜力大小，对于潜力较大的渠道可以增加投放力度。

图 6-24　商业价值分析功能示意图

为了评估不同运营活动的效果，借助商业价值分析可以统计参加运营活动的用户在后续一段时间内的充值或者消费金额数据，根据其数值大小可以评估运营效果优劣。对于效果较好的运营活动可以延长运营时间或者扩大运营覆盖的用户量。

在地推场景中，使用商业价值分析功能可以统计出通过地推入住的商家在后续一段时间内交易金额的变化趋势，根据分析结果可以了解哪些区域或者哪种方式的地推效果更加显著，以便及时调整地推策略。

商业价值分析的实现逻辑比较简单，首先从明细数据中找到满足筛选条件的初始用户，然后计算用户在指定时间范围内的商业价值相关指标数值，最后将分析结果组装成图表格式进行可视化展示。

2. 生命周期分析

用户生命周期一般可以分为引入期、成长期、成熟期、休眠期和流失期，处于不同时期的用户业务价值不同，当一款产品的成长期和成熟期的用户量占比越大时，其可以产生的商业价值也越大。通过分析不同生命周期的用户数量和变化趋势可以了解当前用户分布情况以及潜在的业务风险，当休眠期和流失期用户量明显增加时说明用户在不断减少，需要采取措施拉活用户并避免用户提前进入休眠期和流失期。

生命周期分析也可以指定一批用户并分析其在一段时间内的生命周期变化过程。对于某日新增用户，可以分析其从引入期转变为其他周期的转化过程，了解该批用户在不同周期下的平均停留时间和转化率，后续通过功能迭代可以提高用户在成长期和成熟期的停留时长并最终提高用户带来的商业价值。

图 6-25 是生命周期分析功能示意图，图中选定了指定时间范围内的新增用户并展示了其在后续 7 天内的生命周期的转化过程，还展示了全量用户在不同生命周期下的用户量变化趋势。

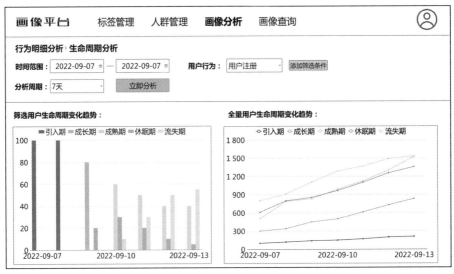

图 6-25　生命周期分析功能示意图

用户生命周期的划分可以根据业务特点进行调整。在自媒体行业，可以按照用户发表文章的活跃程度划分成不同的生命周期阶段，比如新手期、活跃期、稳定期、衰退期和流失期，可以根据用户所在的不同生命周期阶段而采取不一样的运营策略，持续鼓励用户稳定地产出高质量文章。在电商领域，可以根据用户的购买频率将生命周期划分为未成交期、首单期、成交稳定期、休眠期和流失期，通过分析不同阶段的用户量级变化可以了解用户购买潜力变动趋势。

用户所处的生命周期阶段属于用户的一个画像维度，需要通过离线计算生成。如果只是单纯分析不同生命周期阶段下用户量级变化，可以直接使用画像宽表进行即席分析；如果需要选定一批发生了某类行为的用户并进行生命周期分析，可以基于行为明细数据筛选出用户后再借助生命周期标签数据进行画像分析。

6.4.5 工程实现

以上介绍了 8 种基于行为明细数据的分析模型，不同模型的分析偏重点和分析结果的展现样式不同，但是其核心实现逻辑主要分为两种：基于行为明细的多维统计和基于行为序列的统计。页面分析、事件分析、指标分布分析、商业价值分析、生命周期分析等属于前者，留存分析、漏斗分析和行为跨度分析等属于后者。图 6-26 描述了两种实现逻辑与分析模型的对应关系。

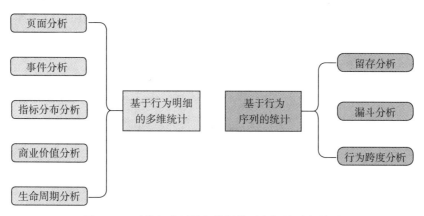

图 6-26 两种实现逻辑与分析模型之间的对应关系

基于行为明细的多维统计借助 SQL 语句可以实现数据的筛选、分组以及聚合操作。图 6-27 展示了它的实现原理，基本逻辑就是将页面元素映射到 SQL 语句中的不同配置，最终将分析结果组装成图表样式并返回前端进行可视化展示。

以页面 UV 统计为例，选择的时间范围和功能页面影响了 SQL 中的筛选条件；分析结果是页面上去重后的用户数，其依赖聚合函数 COUNT 实现；按照日期顺序展示分析结果决定了 SQL 中以日期作为分组条件。同样，在商业价值分析中，时间范围和用户行为配置影响了 SQL 语句中的筛选条件；选择的商业价值分析目标映射到 SQL 中的聚合内容，最终通过 SUM、AVG 函数计算出分析结果。

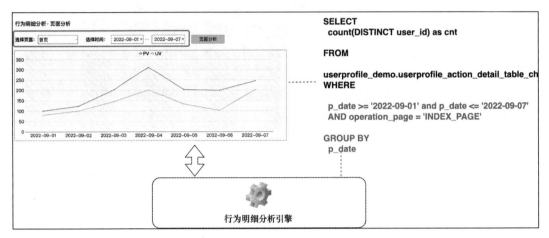

图 6-27　基于行为明细的多维统计的实现原理

基于行为序列的统计需要先计算出所有用户的行为序列，然后分析其中是否包含指定的行为模式并统计其出现次数、时间间隔等。图 6-28 展示了其实现原理，图中通过数据示例展示了留存分析、行为跨度分析和漏斗分析的实现方法。

留存分析统计的是发生初始行为的用户中最终发生留存行为的用户数，首先需要找到满足初始行为的用户在指定时间范围下的行为序列，如果在行为序列中发现了留存行为，那么就可以计入当日留存数据中。行为跨度分析与留存分析类似，其只关注初始行为和目标行为，但是行为跨度分析的重点是基于行为序列统计两个行为之间发生的时间间隔。漏斗分析的实现方式相对复杂，其关注一组行为（步骤）按时间先后顺序发生时涉及的用户数以及各行为间的时间间隔，不仅需要统计出不同行为之间的用户转化情况，还需要统计步骤之间的转化时间。

6.5　单用户分析

人群画像分析和行为明细分析都是针对群体用户的分析，但是在很多场景下，画像平台用户也希望通过全面详尽的画像分析深入了解单个用户。本节将介绍几种常见的单用户分析功能及其工程实现方案：用户画像查询支持通过用户唯一标识查询该用户的画像标签数值，通过多维的画像标签来表征用户；用户关系数据分析借助用户关系链中的群体分析来侧面反馈用户特点，本节主要介绍用户的粉丝画像分析以及好友画像分析；用户涨掉粉分析的主要目的是梳理清楚用户的涨掉粉数据，借助数据来促进涨粉、避免掉粉；用户内容流量分析是从用户生产内容的角度了解用户，比如分析用户作品的曝光、点击、评论数据，深入了解作品的受众画像分布。

本节在介绍单用户各分析功能时会分别介绍其数据来源以及工程实现方案。为了理解方便，本节还是默认以用户实体 UserId 进行介绍说明。

行为明细数据
userprofile_demo.userprofile_action_detail_table_ch

user_id	action_time	operation_page	action_type	action_content	gender	province	p_date
100	1660435352000	APP_NEWS	SHARE	100	男	山东省	2022-08-15
101	1660435412000	APP_PROFILE	LIKE	102	女	北京市	2022-08-15
102	1660439612000	H5_PAGE	SHARE	105	女	山西省	2022-08-15
103	1660440032000	H5_PAGE	COMMENT	106	男	河南省	2022-08-15
104	1660447254000	APP_NEWS	SHARE	108	男	陕西省	2022-08-15
100	1660461802000	APP_NEWS	LIKE	109	男	山东省	2022-08-15

用户的行为序列

user_id	action_time	action_type	p_date
100	1660435352000	REGIST	2022-08-15
100	1660435412000	SHOW	2022-08-15
100	1660439612000	SHOPCART	2022-08-16
100	1660440032000	BUY	2022-08-16
101	1660447254000	SHOW	2022-08-15
101	1660461802000	LIKE	2022-08-15
…	…	…	…

user_id	action_type	p_date
100	REGIST	2022-08-15
100	SHOW	2022-08-15
122	REGIST	2022-08-15
123	SHOW	2022-08-16
124	REGIST	2022-08-15
125	SHOW	2022-08-16
…	…	…

2022-08-15 REGIST->3

2022-08-16 SHOW->3

2022-08-16 留存 100%

user_id	action_time	action_type
100	1660435352000	REGIST
100	1660435412000	SHOW
122	1660439612000	REGIST
122	1660440032000	SHOW
124	1660447254000	REGIST
124	1660461802000	SHOW
…	…	…

100：SHOW-REGIST=23 小时

122：SHOW-REGIST=16 小时

124：SHOW-REGIST=20 小时

行为跨度
平均时间 20 小时

user_id	action_time	action_type	p_date
100	1660435412000	SHOW	2022-08-15
100	1660439612000	SHOPCART	2022-08-16
100	1660440032000	BUY	2022-08-16
101	1660447254000	SHOW	2022-08-15
101	1660461802000	SHOPCART	2022-08-15
101	1660661802000	BUY	2022-08-16
…	…	…	…

SHOW->100

转化率 60%

SHOPCART->60

转化率 50%

BUY->30

图 6-28 基于行为序列的统计的实现原理

6.5.1　用户画像查询

用户画像标签体系包含很多标签，每一个用户都可以查询到其对应的标签数值，这些标签及其数值综合表征了该用户的画像特点。比如查询 UserId 为 100 的画像标签，其性别标签数值为男、常住省标签值为山东、兴趣爱好标签值包含军事，通过这三个标签可以了解该用户是喜欢军事的北京市男性用户。用户画像查询功能可用于客服系统、风控系统、作者运营等场景中，通过查看用户标签数据可以全面认识用户并辅助进行业务判断。

用户画像查询功能支持输入实体 ID 并可视化地展示各类标签数值，其支持按时间顺序查看指标类标签数值变化趋势。为了凸显用户特征，可以通过词云形象化地展示用户画像数据，词云中的字体颜色和字号大小可以用于表征用户的特点，比如蓝色代表男性、红色代表女性，字号越大代表特征越突出。图 6-29 是用户画像查询功能的示意图。

用户画像查询功能可以借助标签查询服务或者画像宽表来实现。第 4 章介绍了标签查询服务，输入 UserId 和标签名称可以快速查询到标签数值，由于标签查询接口性能优越，使用标签查询服务实现用户画像查询功能的用户体验较好。标签查询服务也有一定的弊端，当用户画像查询功能涉及比较多的画像标签时，需要将这些标签进行服务化处理，这无疑增加了标签服务化成本。如果用户对查询功能响应时间不敏感，可以通过 ClickHouse 中的画像宽表来支持用户画像查询功能，画像宽表包含全部用户标签数据，可以满足查询任意标签的需求。随着 ClickHouse 宽表中数据量的增加，通过 UserId 查询标签数值的性能会逐渐降低，此时可以考虑使用 HBase 实现标签查询功能。HBase 不适合支持高并发的查询场景，但是在画像查询功能中使用 HBase 的性价比较高，不仅可以满足查询性能要求而且避免了对大量标签进行服务化。为了使用 HBase，需要维护从 Hive 导入 HBase 的导入任务，这会增加工程复杂度以及维护成本。图 6-30 展示了以上 3 种实现用户画像查询功能的技术方案。

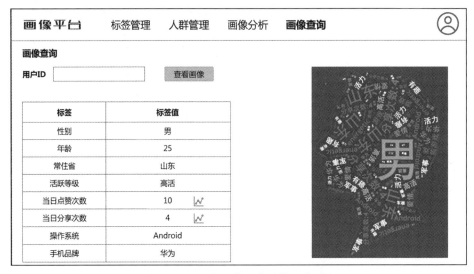

图 6-29　用户画像查询功能示意图

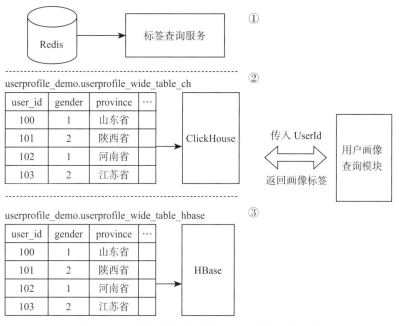

图 6-30　3 种实现用户画像查询功能的技术方案

6.5.2　用户关系数据分析

本节将介绍两种常见的用户关系数据分析功能：粉丝画像分析和好友画像分析。

粉丝代表了喜欢用户的群体，对粉丝做画像分析能够深入理解该用户的受众特色。假设某作者的粉丝中大部分是高学历男性用户，可以推断该用户比较适合售卖高端男士用品，或者在其生产的内容中可以插入男士广告来提高广告点击率。

好友代表了用户的交际范围，对其好友进行画像分析能够侧面反馈该用户的社交特点。假设该用户的好友大部分都喜欢电影，那么该用户大概率也会对电影感兴趣。如果一个用户的好友较多且互动频繁，那么该用户比较适合作为"传播者"，在某些活动中可以引导该用户参与并分享，从而提高活动的裂变效果。

1. 粉丝画像分析

粉丝画像分析需要找到用户的所有粉丝并把其作为一个群体进行画像分析，其支持的分析功能与人群画像分析类似，可以实现粉丝群体的分布分析、指标分析、下钻分析和交叉分析等。

用户的粉丝可以按照新增时间、活跃情况、粉丝来源进行分类。粉丝按新增时间可以分为当日新增、近 3 日新增、近一月新增等，按粉丝活跃情况可以分为日活粉丝、周活粉丝和月活粉丝，按粉丝来源可以分为自然新增、广告投放等。图 6-31 是粉丝画像分析功能示意图，图中显示了某用户全部粉丝的人群分布分析和指标分析结果。

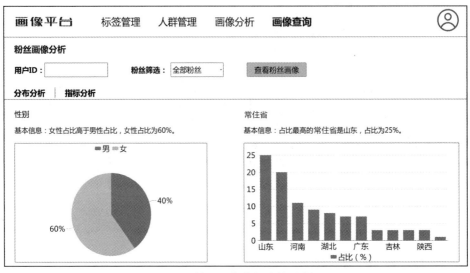

图 6-31　粉丝画像分析功能示意图

粉丝画像分析的实现原理与人群画像分析类似，其使用的数据源是用户粉丝数据表和画像宽表。用户粉丝数据表包含所有用户的粉丝数据，主要通过离线计算产出并存储到 Hive 表和 ClickHouse 表中。当分析某用户的粉丝画像时，可以直接从粉丝表中查询出满足条件的粉丝群体并与画像宽表进行连接操作。图 6-32 展示了单用户粉丝画像分析的实现逻辑，其中粉丝表主要包含的属性是 user_id 和 fans_id，额外属性 fans_type、fans_active、fans_channel 主要用于标识粉丝的新增时间、活跃情况以及来源信息。

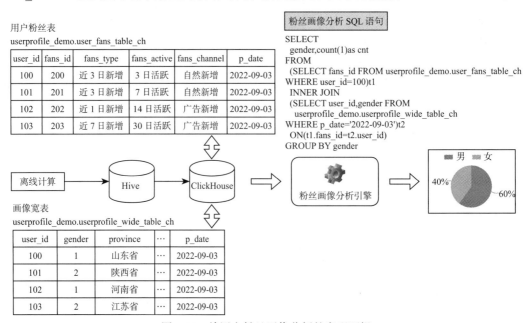

图 6-32　单用户粉丝画像分析的实现逻辑

以分布分析为例，其核心 SQL 语句如下所示。当用户的粉丝量级较大时，SQL 分析语句执行速度较慢，为了提高分析速度可以对粉丝数据进行抽样。常见的抽样方法是在粉丝数据表中增加字段 uid_mod_100，其计算方式为 fans_id 字段取模 100，在 ClickHouse 表中将其设置为排序键可以显著提高查询和计算速度。同理，其他分析功能的实现原理与人群分析相似，此处不再赘述。

```
SELECT
  gender,
  count(1) AS cnt
FROM
  (
    SELECT
      fans_id
    FROM
      userprofile_demo.user_fans_table_ch
    WHERE
      user_id = 100
      -- 增加抽样条件 --
      AND uid_mod_100 = 1
  ) t1
  INNER JOIN (
    SELECT
      user_id,
      gender
    FROM
      userprofile_demo.userprofile_wide_table_ch
    WHERE
      p_date = '2022-09-03'
  ) t2 ON (t1.fans_id = t2.user_id)
GROUP BY
  gender
```

2. 好友画像分析

好友画像分析的业务逻辑与粉丝画像分析类似，需要找到满足条件的用户好友群体并进行画像分析。筛选好友时可以附加其他筛选条件，比如好友间关系距离、建立好友关系的天数、与好友的交互频率等。好友间关系距离表达了两个用户关系的远近，如果两个用户之间是直接好友，其关系距离为 1，如果是好友的好友，其关系距离为 2，以此类推可以确定好友间的关系距离。好友关系天数和交互频率可以表达两个用户间好友关系的紧密程度。

好友画像分析最终也是对人群的分析，可以支持分布分析、指标分析、下钻分析等各类功能。图 6-33 是单用户好友画像分析功能示意图，其中选择了某用户最近一个月新增的且交互比较频繁的好友并展示了其分布分析和指标分析结果。

好友关系数据可以通过传统的数据表进行存储，表中需要包含双方实体 ID 以及可供筛选使用的数据信息。图 6-34 展示了比较常见的好友关系数据表结构和数据示例，该数据经离线计算后存储在 Hive 表中并写入 ClickHouse，用于提高分析速度。

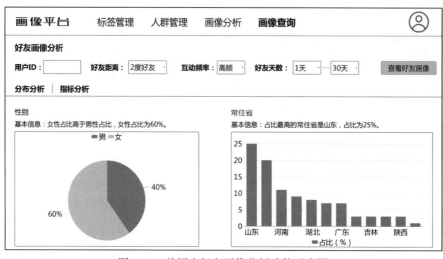

图 6-33   单用户好友画像分析功能示意图

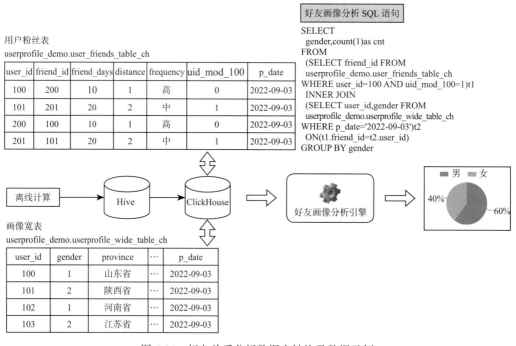

图 6-34   好友关系分析数据表结构及数据示例

以图中示例为准，分析指定用户的所有 2 度关系好友并计算其画像分布，其核心 SQL 语句如下所示。为了提高分析速度，在 SQL 语句中使用到了抽样字段 uid_mod_100=1。

```
SELECT
  gender,
  count(1) AS cnt
```

```
FROM
  (
    SELECT
      friend_id
    FROM
      userprofile_demo.user_friends_table_ch
    WHERE
      user_id = 100
      AND distance = 2
      -- 增加数据抽样条件 --
      AND uid_mod_100 = 1
  ) t1
  INNER JOIN (
    SELECT
      user_id,
      gender
    FROM
      userprofile_demo.userprofile_wide_table_ch
    WHERE
      p_date = '2022-09-03'
  ) t2 ON (t1.friend_id = t2.user_id)
GROUP BY
  gender
```

从图 6-34 可以看出，由于好友关系是双向关系，通过传统数据表存储关系数据时存在大量的双向冗余数据。为了解决此类问题，可以通过图数据库存储好友关系。假设好友关系存储在图数据库 Neo4j 中，由于其不能与 ClickHouse 中的画像宽表直接关联使用，因此好友画像分析功能需要离线异步计算，其计算逻辑如图 6-35 所示：首先使用图数据库函数筛选出满足条件的所有好友，沉淀为临时人群后同步到人群结果表中，然后借助人群画像分析能力对好友（临时人群）进行画像分析。

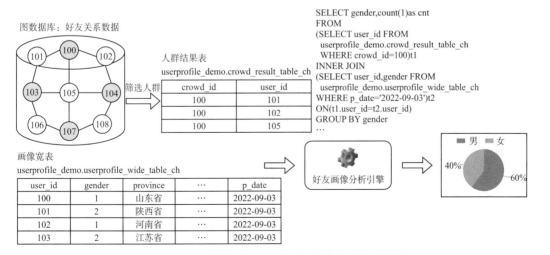

图 6-35 基于图数据库的好友画像分析实现逻辑

6.5.3 用户涨掉粉分析

粉丝量多少代表了用户受欢迎程度以及商业价值大小，清晰地了解用户的涨掉粉情况对于用户运营有重要作用。以短视频行业为例，引入一个重要用户之后需要及时关注该用户的涨掉粉数据，跟踪用户入驻后的发展情况；根据涨粉分析可以了解用户热度变化，找到主要的涨粉视频或者直播；当用户粉丝量降低时，通过掉粉分析可以查看掉粉趋势，分析引发掉粉的主要原因。

涨掉粉分析的主要功能是通过趋势图查看粉丝量变化，通过多元的涨掉粉相关数据分析涨掉粉原因。图 6-36 是以短视频业务为例的用户涨掉粉分析功能示意图，图中展示了某用户在一段时间内的粉丝量变化趋势以及该用户视频和直播的涨掉粉数据。

图 6-36　涨掉粉分析功能示意图

图 6-37 展示了涨掉粉分析功能的实现逻辑，涨掉粉数量存储在数据表 userprofile_demo.user_fans_change_table_ch 中，其包含的主要属性是 user_id 和 fans_change，后者表示用户粉丝量变化数值；用户视频和直播的涨掉粉数据存储在表 userprofile_demo.user_photolive_fans_change_table_ch 中，其包含的主要属性是 media_id 和 fans_change。

以上两个表中的数据依赖离线计算，为了支持即时分析功能需要将数据存储到 ClickHouse 表中。涨掉粉分析功能的实现难点是离线数据整理，数据工程师需要清洗各种上游数据并生成涨掉粉数据表，工程上只需通过如下 SQL 语句即可查询到分析结果。

```
-- 查看用户涨掉粉数据变化趋势 --
SELECT
  fans_change
FROM
```

```
  userprofile_demo.user_fans_change_table_ch
WHERE
  p_date >= '2022-09-01'
  AND p_date <= '2022-09-08'
  AND user_id = 100

-- 查看用户视频的涨掉粉数据 --
SELECT
  media_id,
  fans_change
FROM
  userprofile_demo.user_photolive_fans_change_table_ch
WHERE
  p_date >= '2022-09-01'
  AND p_date <= '2022-09-08'
  AND user_id = 100
  AND media_type = '视频'
```

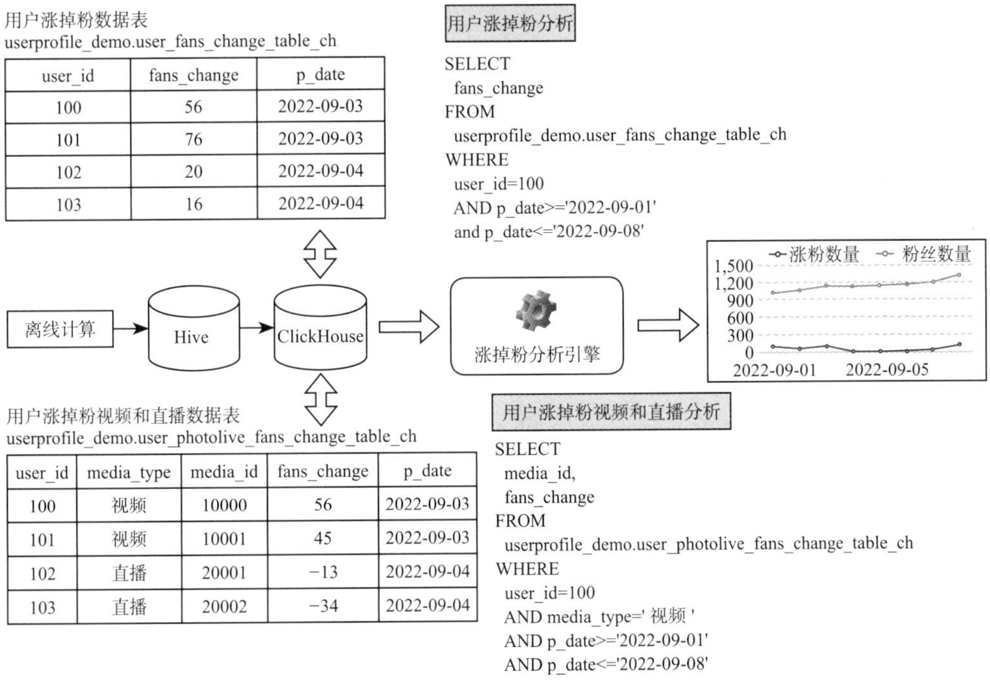

图 6-37　涨掉粉分析实现逻辑

　　涨掉粉分析的实现逻辑还可以复用到其他用户分析领域,比如短视频用户的生产情况分析、对平台的贡献分析,知识付费领域作者的影响力分析、作者的作品传播分析,电商领域用户的销售额分析、电商服务质量分析等。

6.5.4 用户内容流量分析

内容流量分析是针对用户生产内容的受众进行画像分析。比如用户在视频网站上发布了一个视频，可以对该视频的曝光、点击、观看等行为所涉及的用户群体进行画像分析；用户在进行直播时，可以实时分析进入直播间的用户画像特点；在某场运营活动开展过程中，可以实时监控活动参与者的画像分布。

内容流量分析可以分为事中分析和事后分析。直播间实时用户分析和运营活动参与者实时分析都属于事中分析，基于分析结果可以及时感知流量受众画像，调整直播或者运营策略；对已经发布的视频相关受众进行画像分析属于事后分析，根据分析结果可以了解受众特点，辅助作者后续进行更有效的生产创作。

内容流量分析数据来源于实时行为明细数据。以用户在视频网站上传视频后的流量分析为例，通过消费视频相关行为数据流可以解析出该视频的曝光、点击、观看等行为明细数据并存储到 ClickHouse 表中。结合该表和画像宽表数据，可以计算出产生曝光、点击和观看等行为的用户群体的画像分布数据。该技术实现方案适用于事中分析，可以实时查看视频的流量画像；也适用于事后分析，在视频发布一段时间后可以整体分析其受众画像。内容流量分析的实现逻辑如图 6-38 所示，数据消费环节使用 Flink 实现并将明细数据写入 ClickHouse 表中，统计性别分布的关键 SQL 语句如下所示。

```
SELECT
  gender,
  count(1) AS cnt
FROM
  (
    SELECT
      user_id
    FROM
      userprofile_demo.userprofile_photo_action_detail_table_chh
    WHERE
      p_date = '2022-08-15'
      AND photo_id = 100
  ) t1
  INNER JOIN (
    SELECT
      user_id,
      gender
    FROM
      userprofile_demo.userprofile_wide_table_ch
    WHERE
      p_date = '2022-09-03'
  ) t2 ON (t1.user_id = t2.user_id)
GROUP BY
  gender
```

图 6-38　内容流量分析的实现逻辑

6.6　其他常见分析

业务分析看板可以将用户关心的多种分析内容汇总在一张数据看板中，用户不再需要分散到多个功能模块中进行分析，提高了用户查看关键数据的效率。基于地域分析主要从地域的角度出发，围绕用户在地域上的各类数据进行统计分析。当人群被用于各类投放业务之后，通过人群投放分析可以验证人群投放效果、分析投放各阶段的人群画像。本节将针对上述 3 种分析功能进行详细介绍。

6.6.1　业务分析看板

画像平台的用户可能存在一些固定的分析需求和分析模式，比如用户只关心大盘人群的性别分布、一线城市的用户量变化、新增用户的七日留存，以上分析结果分别来自人群画像分析、即席分析和行为明细分析等功能模块。当用户每天都需要查看这些分析结果时，需要反复进入不同的功能模块并进行分析操作，这无疑提高了用户的使用成本。如果需要将以上分析结果分享给其他人员查看，基于分散的分析功能也无法实现。

业务分析看板的主要目的就是将不同分析模块的结果进行汇总，通过一个看板记录用户的各类分析需求，看板作为一个整体也可以分享给其他用户查看和使用。比如数据分析师可以将重要的统计分析结果汇总成业务看板并提供给管理者使用，从而辅助后者进行管理决策。图 6-39 是一个常见的业务分析看板功能示意图，用户可以对看板上的分析内容进行编辑和删除，也可以随时将各功能模块的分析结果添加到指定的分析看板中。

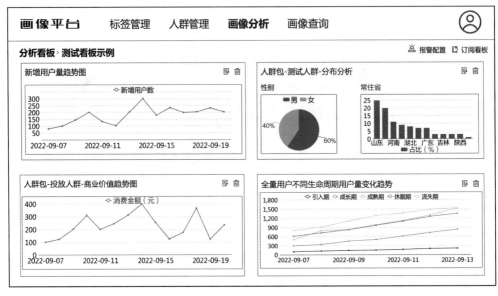

图 6-39 业务分析看板功能示意图

分析看板作为多个分析结果的集合体，需要记录所有的分析条件配置。当打开某个分析看板时，需要读取看板关联的所有分析配置并进行即时分析，所有分析结果最终会被组织成图表样式展示出来。为了支持多样化的分析条件配置，分析看板的设计需要具有很好的扩展性。图 6-40 展示了分析看板功能的数据表结构及数据示例，通过表 demo_userprofile_analysisboard 记录了分析看板的基本信息，其中包括看板 ID、看板名称、创建者、创建时间、看板状态等基本信息；表 demo_userprofile_analysisboard_config 中记录了看板中的所有分析配置，通过 analysis_type 字段区分不同的分析类型，analysis_config 字段通过 JSON 格式的数据记录所有具体的分析配置，show_chart_type 字段用于记录分析结果的展示样式，show_seq 字段标识了分析结果在看板中的展示顺序。这种表结构设计方式支持在看板中灵活地添加更多的分析内容以及分析类型。

分析看板计算引擎读取到看板配置之后，可以通过多线程并发计算以及增加数据缓存的方式来提高页面的响应速度，其实现逻辑如图 6-41 所示。其中每一个线程针对一个分析配置进行计算，按照分析类型可以设置不同的缓存失效时间，最终将多线程的分析结果整合后展示到一张分析看板中。

基于分析看板可以实现指标的订阅和报警功能。对于分析看板上的指标类数据可以配置数据订阅功能，比如订阅每日新增用户量这一分析指标，当数据更新后可以通过邮件、短信等方式向用户推送新增用户量数据。有些场景下用户只在乎异常指标，比如当每日新增用户少于 10 万或者多于 60 万时需要推送报警信息，此时可以通过报警功能实现。订阅和报警的实现原理一致，通过调度器定时计算用户关注的指标数值，当数值更新后给订阅用户推送消息；或者与报警阈值进行对比，当发现异常后给用户推送报警信息。

分析看板基本信息 (MySQL)
demo_userprofile_analysisboard

属性	类型	说明
id	bigint	主键
board_name	string	看板名称
creator	string	创建者
ctime	bigint	创建时间戳
board_status	int	看板状态 1: 正常 0: 删除
…	…	…

数据示例

id	board_name	creator	ctime	board_status
1	分析看板示例 1	张三	1660435352000	1
2	分析看板示例 2	李四	1660435412000	1
3	分析看板示例 3	王五	1660439612000	0
4	分析看板示例 4	赵一	1660440032000	1
5	分析看板示例 5	钱六	1660447254000	1
6	分析看板示例 6	张佳一	1660461802000	1

关联

分析看板配置信息 (MySQL)
demo_userprofile_analysisboard_config

属性	类型	说明
id	bigint	主键
analysisboard_id	bigint	分析看板 ID
analysis_type	int	分析类型 1: 人群画像分析 2: 留存分析…
analysis_config	string	分析内容配置
show_chart_type	int	展示图表类型 1: 柱状图 2: 趋势图…
show_seq	int	看板中的展示顺序
…	…	…

数据示例

id	analysisboard_id	analysis_type	analysis_config	show_chart_type	show_seq
1	1	1	{"crowd_id":123, "label":"gender"}	1	1
2	1	1	{"crowd_id":456, "label":"gender"}	1	2
3	1	2	{"filter":{...}, "date_range":[...]}	3	3
4	2	2	{"filter":{...}, "date_range":[...]}	3	1
5	2	2	{"filter":{...}, "date_range":[...]}	3	2
6	3	1	{"crowd_id":123, "label":"online_time"}	2	1

图 6-40 分析看板功能的数据表结构及数据示例

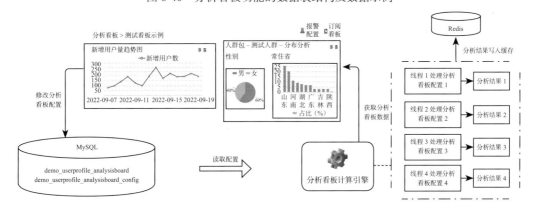

图 6-41 分析看板功能实现逻辑图

6.6.2 地域分析

有些业务与地域紧密相关，基于地域的画像分析具有很高的业务价值。在外卖业务中可以对片区内的商家数量、订单数量等进行统计分析，当片区内商家和订单数量比较大时，可以灵活调度更多的外卖人员进入该片区来满足配送需求。在房产领域可以以地图的形式统计出不同地域当前在售房屋数量、房屋平均价格等，以便用户便捷直观地检索房屋信息。教育培训行业可以通过地域分析统计出不同小区的学员数量，针对学员覆盖率较低的小区针对性地开展地推等宣传活动。处于用户增长阶段的应用，可以通过地域分析统计出不同省份、城市、区县的新增和活跃用户数，根据不同地区的用户渗透率情况采取不同的运营策略。

本节以用户渗透率分析为例，通过热力图的形式展示地域分析功能，其功能示意图如图 6-42 所示。该地域分析结果以地图的样式展示了广东省下属城市的用户量及用户渗透率数据，不同用户量级对应的热力不同；当选中左侧地图中某个区域时右侧会呈现该区域详细的用户数量和渗透率数据；对于选中的用户群体可以进行分布分析和下钻分析。

图 6-42 中地域分析的粒度可以到区县，为了实现更细致的分析，可以进一步精细化到 GeoHash 块粒度。GeoHash 是一种空间索引算法，可以将经纬度信息编码为一个字符串。在一定的经纬度范围内 GeoHash 计算出的字符串数值相同，基于这一个原理，可以在地图上拆分出更细粒度的区域用于画像分析。

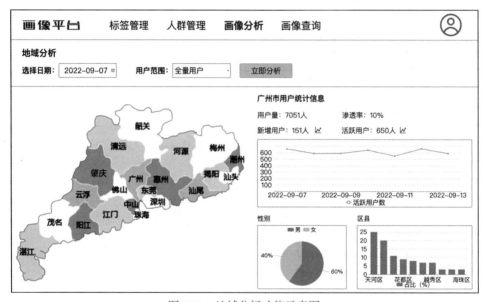

图 6-42 地域分析功能示意图

以上地域分析功能的实现依赖如图 6-43 所示的数据表 userprofile_demo.userprofile_user_active_location_table_ch，该表包含了全量用户最近一次活跃所在的省市县信息，其中 geohash 字段记录了用户最近一次活跃的 GeoHash 编码信息。该数据表依赖数据研发工程师离线产出，为了提高分析速度，可以将数据写入 ClickHouse 中。不同区域的用户量统计实现方式比较简单，按照指定区域分组统计即可，其实现 SQL 语句如图 6-43 中 SQL1 所示。分析指定区域下的用户画像分布依赖画像宽表，通过聚合操作可以对筛选出的满足条件的用户按指定维度进行画像分布计算，其实现 SQL 语句如图 6-43 中 SQL2 所示。

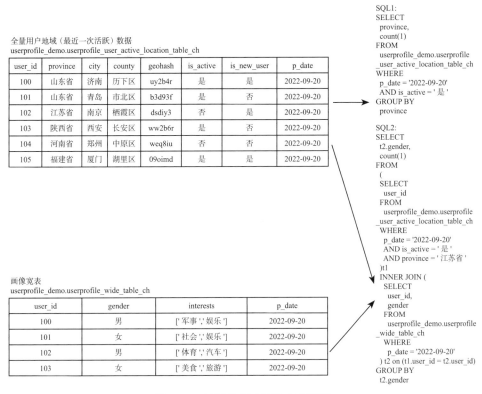

图 6-43 地域分析功能的实现逻辑

6.6.3 人群投放分析

通过画像平台创建的人群可以应用在广告投放、Push 投放、短信投放、外呼投放等投放和触达平台中，为了验证人群的使用效果需要进行投放分析。投放分析可以分为两类：实时投放分析和投后分析。实时投放分析是在人群投放使用过程中进行的实时效果分析，根据分析结果可以及时调整投放策略；投后分析是在投放活动结束之后进行分析，分析过程使用了完整数据，可以更全面地展示投放效果。

以 Push 投放分析为例，在推送过程中可以实时分析 Push 的推送量、到达量和点击量，对于被推送的用户、接收到消息的用户以及点击用户可以进行实时画像分析，当投放效果较差时可以及时停止推送。当推送结束之后，可以针对 Push 各阶段用户进行漏斗分析，针对任一阶段的用户还可以进行详尽的画像分析。图 6-44 是 Push 投放效果分析功能示意图，图中展示了 Push 各阶段用户的漏斗分析图和到达阶段的人群画像分析结果。

图 6-45 展示了 Push 投放分析的实现逻辑。为了实现 Push 投放实时分析，需要消费 Push 的日志数据并解析后存储到 ClickHouse 中，基于数据中不同的行为类型可以统计出 Push 各阶段的用户量级。通过 Push 明细数据表与画像宽表做连接操作可以计算出满足条件的用户的画像分布。当 Push 数据量级较大时，基于两张表之间做连接操作计算画像的耗时

较长，此时可以借助 BitMap 实现画像计算的提速。首先从 Push 表中查询出满足条件的用户并构建 BitMap，然后与内存中的各类标签 BitMap 计算交集就可以计算出画像分布。

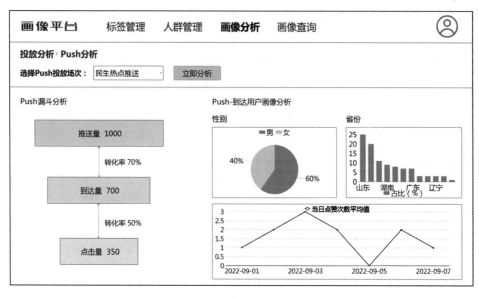

图 6-44　Push 投放效果分析功能示意图

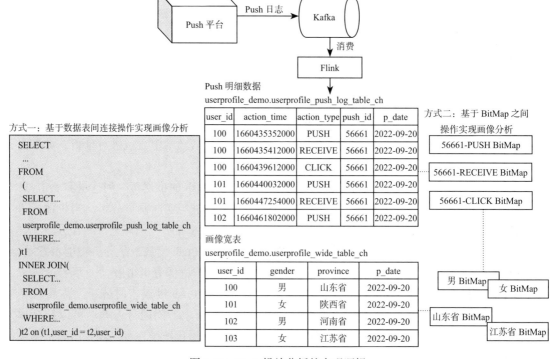

图 6-45　Push 投放分析的实现逻辑

6.7 岗位分工介绍

画像分析通过可视化页面提供人群、行为明细和单用户分析功能，其目标是满足业务灵活多样的分析需求。画像分析的主要参与岗位包括产品经理、数据工程师和研发工程师。

产品经理负责分析功能设计和使用体验优化。画像分析的方向多种多样，产品经理需要结合实际业务需求设计画像分析功能。人群画像分析功能可以应用于所有人群类型，其优点是分析功能具有普适性，缺点是需要等待人群创建完成之后才能进行人群分析，分析结果的产出时间较长。为了解决这个问题，可以开发即席分析功能，该功能可以实现筛选后的即时分析，但仅适用于规则人群。当业务中存在单用户运营需求时，画像平台可以支持单用户分析功能，可以从单用户画像、粉丝画像、涨掉粉分析等场景切入，辅助运营更深入地了解用户。业界行为明细分析模型比较多，其中事件分析、留存分析和漏斗分析是最常见的分析方式，适用于大部分业务场景。业界不同平台间的分析功能类似，但是功能细节相差较大，这需要产品经理根据实际需求不断调整和优化分析功能，提高用户的使用体验。

数据工程师按照分析功能设计生产底层数据，保证底层数据质量。人群画像分析和即席分析依赖画像宽表，该数据在分群功能模块已经产出，数据工程师的主要工作集中在行为明细分析和单用户分析功能上。在行为明细分析功能中数据工程师负责消费实时数据并将结果写入合适的大数据存储引擎中；单用户分析功能涉及的底层数据表比较多样，不同的分析模块和分析目标所依赖的数据不同，这需要数据工程师找到各种可用的数据源并进行统计计算。数据工程师也需要对分析功能依赖的底层数据做好数据监控，当数据出现异常时需要及时干预来保证分析结果的可信性。

研发工程师通过前后端技术实现画像分析功能，通过技术优化手段不断提升分析性能。画像分析涉及复杂的筛选条件和多样的分析结果展示页面，前端研发工程师的工作量和工程难度较大，分析结果中的各种图表样式可以借助开源的前端组件实现。所有分析功能请求最终都会经分析引擎转换为数据执行 SQL 语句，服务端负责语句的执行并将执行结果转换为可视化图表数据返回前端。当分析功能因数据量较大、执行逻辑复杂而响应缓慢时，服务端研发工程师需要进行工程优化，比如在人群画像分析和即席分析中可以通过数据抽样的方式提高接口响应速度。当画像分析请求比较密集时系统压力会很大，此时研发工程师可以通过削峰限流等手段降低画像分析的并发量，从而保证系统的可行性。

画像分析的结果会影响使用者的认知，甚至影响重要决策，所以画像分析需要重点关注数据的可靠性、分析结果的可理解性以及分析功能的通用性。

❑ 数据的可靠性。要对画像分析各功能模块所依赖的底层数据做严格的质量监控，当数据出现质量隐患时及时阻断生产。对于已经在使用中的数据，可以限制分析功能的使用来及时止损，比如限制某天的数据不可选或者直接使用历史数据。通过操作日志记录所有分析请求，当发现请求中用到了异常数据时需要及时通知用户重新计算，严格保证数据的可靠性。

❑ 分析结果的可理解性。画像分析结果在页面上通过各类图表进行展示，不同的分析内容要配置合理的图表样式。人群画像分布比较适合通过饼图或者柱状图进行展示，可以明确看出占比情况；指标分析比较适合通过折线图进行展示，可以看出不同日期下的数据变化趋势；地域分析借助地图展示会更加形象和直观。当分析结果有数据单位时要给出明确提示，比如平均在线时长、充值金额等都需要给出明确的数值单位。在功能页面上，尽量给出各类维度、属性和指标的计算口径说明，比如用户的位置信息，可能存在常住地、工作地、家乡地、活跃地等多种口径，如果没有明确说明，可能会造成用户的错误使用。分析结果中尽量给出数据所使用的日期说明，比如粉丝画像分析，需要在分析结果页面明确说明具体使用哪天的粉丝数据。

❑ 分析功能的通用性。产品经理在设计画像分析功能时既要满足业务分析需求，也要考虑功能的通用性，个性化的分析需求涉及特定的数据生产和工程研发，对资源和人力消耗较大。面对不同业务提出的分析需求，画像平台需要找到其中的相似性，最终构建出普适的平台分析功能。

6.8 本章小结

本章介绍了画像分析常见的功能模块和实现逻辑。首先给出了画像分析的整体架构，描述了画像分析涉及的功能模块和相关技术点；其次介绍了人群画像分析功能，对人群分布分析、指标分析、下钻分析和交叉分析等做了详细介绍，在规则圈选这一特殊场景下介绍了如何实现即席分析功能；然后介绍了行为明细分析常见的 8 种分析模型，其中包括了事件分析、留存分析、指标分布分析、漏斗分析等；针对单用户的画像分析，本章介绍了用户画像查询、用户关系数据分析和内容流量分析等功能；之后补充了业务分析看板、地域分析、投放分析等几种常见的分析功能；最后对画像分析模块涉及的各岗位的主要分工及注意事项做了详细说明。

通过本章，读者对于画像分析常见功能和实现原理可以有一个比较全面的认识。在实际开发中要结合业务需求和分析目标，在当前拥有的数据基础上开发出好用且有用的分析功能，最终为业务人员提供高效的分析工具。本章也是画像平台 4 个核心功能介绍的最后一章，下一章将从实践的角度介绍如何从 0 到 1 构建画像平台。

从 0 到 1 构建画像平台

之前的章节比较偏重理论方法介绍，本章将从实践的角度介绍如何从 0 到 1 构建画像平台，包括运行环境配置和服务端工程框架的搭建。运行环境配置包括基础准备、大数据环境和存储引擎搭建。基础准备将介绍各技术组件与平台功能的关联关系以及一些基础环境配置，为后续搭建运行环境做好准备。大数据环境和存储引擎搭建将详细介绍大数据组件和存储引擎的安装配置方式，为画像平台的运行提供基础运行环境。服务端工程框架搭建将介绍如何构建多模块项目以及如何通过代码连接和使用各类大数据组件。

业界画像平台的核心功能与实现逻辑基本类似，但是具体的可视化页面受业务影响较大。本章只简单介绍前端工程常见的搭建方法，具体的代码实现不在本章介绍范围内。构建画像平台所需的安装包以及核心代码已经上传到开源平台（https://gitee.com/duomengwuyou/userprofile-demo），读者可以在下载相关代码后按照本章内容进行环境搭建并运行代码。

7.1 基础准备

本节将首先介绍画像平台使用的技术组件以及各组件的协作关系，其次介绍几个必需的基础环境配置步骤，为后续搭建运行环境提供基础保障。本章实践案例主要基于虚拟机来实现，读者也可以根据自身需求选择物理机或者云主机进行环境配置搭建。

7.1.1 技术组件协作关系

图 7-1 描述了画像平台主要技术组件的协作关系，不同组件通过协作支持画像平台各功能模块的实现。

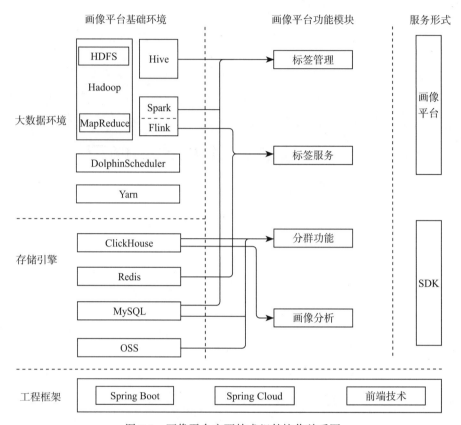

图 7-1　画像平台主要技术组件协作关系图

画像平台基础环境主要包含大数据环境和存储引擎。大数据环境主要基于 Hadoop 实现，通过 Hive 构建数据仓库，使用 Spark 或者 MapReduce 作为离线计算引擎，通过 Yarn 实现大数据资源统一调度，借助 DolphinScheduler 实现大数据任务调度。存储引擎中 ClickHouse 主要用于人群圈选和画像分析提速，Redis 作为数据缓存主要应用在标签查询这一高并发业务场景下，MySQL 用于存储业务数据，OSS 主要用于存储经过 BitMap 压缩后的人群数据。

画像平台每个核心功能模块的实现都依赖多个技术组件。标签管理的核心功能是新增标签，主要依赖 Hive 及 Spark 等大数据技术来实现。标签元数据信息存储在 MySQL 中，方便业务查询使用。标签服务依赖 Spark 或者 Flink 将标签数据灌入 Redis。分群功能中很多人群创建方式依赖 ClickHouse 来实现，人群结果数据都会存储在 Hive 和 OSS 中。画像分析也主要依赖 ClickHouse 实现计算提速，有些实时分析功能通过 Flink 消费实时数据。画像平台的实现依赖工程框架将各类技术组件组合串联起来，使用 Spring Boot 和 Spring Cloud 可以快速搭建支持 API 和微服务的工程框架。画像平台最终以可视化的操作页面或者 SDK 的方式对外提供画像服务，其中可视化页面依赖前端技术实现。

7.1.2 基础环境准备

正式搭建画像平台环境之前，需要做好软硬件基础环境准备。本书通过 VMware 虚拟机进行环境搭建。选择虚拟机的原因有两点：一是方便读者进行操作实践，可以在个人电脑上按照本章内容进行相关操作；二是 VMware 虚拟机的集群配置贴近实际环境，部署思路可灵活迁移到生产环境中。

后续环境配置过程中涉及下载各类安装包，常见的安装包下载地址如下。

❑ 阿里云开发者镜像：https://developer.aliyun.com/mirror/。

❑ 清华大学开源软件镜像站：https://mirrors.tuna.tsinghua.edu.cn/。

❑ 各类官网。可优先从上述镜像网站下载，其下载体验较好。

本章实践案例中各技术组件的安装部署方案如表 7-1 所示，表中展示了所有的技术组件及其版本信息，并根据组件的部署方式制定了每一个机器节点的角色信息。

表 7-1 实践案例环境部署概览

组件名称	部署方式	节点角色	userprofile-master 192.168.135.128	userprofile-slave1 192.168.135.129	userprofile-slave2 192.168.135.130
Hadoop (3.2.3)	集群部署	NameNode	☑	–	–
		SecondaryName-Node	☑	–	–
		DataNode	–	☑	☑
		ResourceManager	☑	–	–
		NodeManager	–	☑	☑
Spark (3.1.2)	集群部署	Master	☑	–	–
		Worker	–	☑	☑
Hive (3.1.2)	单点部署	metastore	☑	–	–
		hiveserver2	☑	–	–
MySQL (8.0)	单点部署	–	☑	–	–
ZooKeeper (3.5.9)	集群部署	Leader	–	☑	–
		Follower	☑	–	☑
Flink (1.13.6)	集群部署	Master	–	☑	–
		Worker	–	–	☑
DolphinScheduler (2.0.5)	集群部署	Master	☑	–	–
		Worker	–	☑	☑
		AlertServer	–	☑	–
		ApiServer	☑	–	–
		PythonGateWay-Server	–	–	☑
Redis (6.2.5)	集群部署	Server	–	☑	☑
ClickHouse (22.2.2)	集群部署	Server	☑	☑	☑

1. 安装虚拟机

通过官网下载 VMware 软件并进行安装，适用于个人电脑版的是 VMware Workstation（Windows 或者 Linux）和 VMware Fusion（macOS）。构建虚拟机所需要的镜像，可以通过阿里云开发者社区下载。本书基于 VMware 搭建了 3 台虚拟机，每台虚拟机的配置如表 7-2 所示。VMware 支持随时调整虚拟机配置，后续可以按需进行调整。

 注意　本书后续所有配置及安装过程均在 root 权限账号下进行，安装目录默认为 /root/userprofile。

表 7-2　虚拟机基础环境配置

内容	配置	查看指令
操作系统版本	Linux version 3.10.0-957.el7.x86_64 (gcc version 4.8.5 20150623 (Red Hat 4.8.5−36)(GCC))	cat/proc/version
操作系统发行信息	CentOS Linux release 7.6.1810 (Core)	cat/etc/centos-release
CPU 个数 / 核数	4/4	# 查看 CPU 个数 cat/proc/cpuinfo|grep "physical id" |wc-1 # 查看 CPU 核数 cat/proc/cpuinfo|grep "cpu cores" |uniq
内存大小	4 GB	cat/proc/meminfo|grepMemTotal
磁盘大小	20 GB	df-hl
jdk 版本	Open JDK 1.8	java-version

2. 配置静态 IP

集群配置过程中涉及大量的机器间 IP 配置，而虚拟机重启后可能会重新分配 IP 地址。为了保证虚拟机重启后 IP 不变，可以为每台虚拟机配置静态 IP。

```
# 编辑网络配置文件
vim /etc/sysconfig/network-scripts/ifcfg-ens33
# 修改相关配置
BOOTPROTO="static"
ONBOOT="yes"
# 在配置文件中补充如下内容
IPADDR="192.168.135.128"   # 其他机器改成对应 IP 地址
NETMASK="255.255.255.0"
# 修改完成后退出并通过下面的命令重启网络配置
systemctl restart network
```

为了提高后续集群配置效率，可以修改机器名称并配置机器名与 IP 的映射关系。以 192.168.135.128 机器为例，通过 hostnamectl 命令可以修改机器名称，修改 hosts 文件可以实现机器名与 IP 的映射。

```
# 修改机器名称 (另外两台机器同理修改)
hostnamectl set-hostname userprofile-master
# 在 3 台机器上配置机器名到 IP 的映射
```

```
vim /etc/hosts
# 在 hosts 文件中添加如下配置
192.168.135.128 userprofile-master
192.168.135.129 userprofile-slave1
192.168.135.130 userprofile-slave2
```

3. 配置 Java 运行环境

如果机器自带 Java 且不满足版本需求，可以卸载后再自行安装并配置 Java 运行环境。

```
# 查看当前 Java 版本
java -version
# 如果自带 Java 且需要卸载，执行如下两个步骤
# 1）使用 CentOS 查看当前 Java 安装包
rpm -qa | grep java
# 2）卸载对应安装包
yum -y remove [ 第 1 步获取的安装包名称 ]
```

如须自行安装并配置 Java，可以先下载 JDK 1.8 安装包，然后上传至 3 台机器 /root/userprofile 目录下并解压安装包。

```
# 解压安装包文件
 tar -zxvf jdk-8u202-linux-x64.tar.gz
```

本书中 JDK 解压后路径为 /root/userprofile/jdk1.8.0_202，在 3 台机器上按如下方式配置 Java 环境变量。

```
# 编辑 /etc/profile
vim /etc/profile
# 配置 Java 运行环境
export JAVA_HOME=/root/userprofile/jdk1.8.0_202
export PATH=$PATH:$JAVA_HOME/bin
# 保存并退出 profile 文件，通过 source 命令让配置生效
source /etc/profile
# 判断配置是否生效
java -version
```

4. 机器间无密登录配置

为了方便机器间数据传输和配置，需要在 3 台机器间配置无密登录。首先，需要在 3 台机器上按如下命令生成密钥对。

```
# 生成密钥对
ssh-keygen -t rsa
```

然后在 master 上执行以下 3 条 ssh-copy-id 命令，实现无密登录其他机器。同理，可以在 slave1 和 slave2 两台机器上执行相同命令。配置完成后可通过 ssh 命令验证是否可以实现无密登录。

```
ssh-copy-id userprofile-master
ssh-copy-id userprofile-slave1
```

```
ssh-copy-id userprofile-slave2
```

最后，为了保证后续机器间网络访问正常，需要通过下面命令关闭 3 台机器的防火墙。

```
systemctl disable firewalld
```

5. 编译 Hive 安装包

本章实践案例的很多功能需要通过 Hive 执行 SQL 语句，Hive 默认使用 MapReduce 执行引擎。为了提高运行速度，本案例中会配置 Hive On Spark，即通过 Spark 引擎替代 MapReduce，提高 SQL 语句的执行速度。为了尽量使用最新版本的大数据组件，本案例所使用的 Hive 3.1.2 和 Spark 3.1.2 默认不兼容，需要自行编译 Hive 来支持 Spark 3.1.2。

步骤一： 通过 GitHub 下载 Hive 3.1.2 源码，下载地址为 https://github.com/gitlbo/hive/tree/3.1.2，如图 7-2 所示。

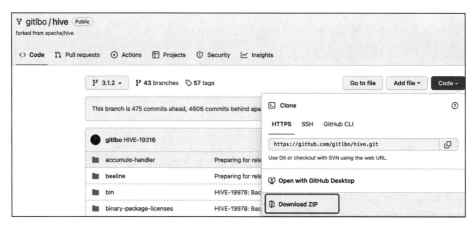

图 7-2   通过 GitHub 下载 Hive 3.1.2 源码

步骤二： 将源码导入 IDEA，并将 POM 中 Spark 的版本由 3.0.0 改为 3.1.2。

```
<spark.version>3.0.0</spark.version>
# 修改为
<spark.version>3.1.2</spark.version>
```

步骤三： 按如下命令重新编译 Hive 工程，编译成功后可在 hive-packaging 模块 target 目录下获取到编译后的安装包 apache-hive-3.1.2-bin.tar.gz。

```
# 编译命令
mvn clean package -Pdist -DskipTests -Dmaven.javadoc.skip=true
```

7.2   大数据环境搭建

本节介绍 Hadoop、Spark、Hive 等大数据组件的安装配置过程，有些组件间有明确的依赖关系，需要严格按照顺序安装。

> 提示　如无特殊说明，所有组件的安装配置路径都是 /root/userprofile，配置中的 $HADOOP_HOME 等属于环境变量，可自行替换成实际路径。

7.2.1　Hadoop

步骤一： 下载 Hadoop 安装包（hadoop-3.2.3.tar.gz）并上传至 userprofile-master 机器 /root/userprofile 文件夹下，解压安装包后的安装目录为 /root/userprofile/hadoop-3.2.3。

```
# 解压 Hadoop 安装包
tar -zxvf hadoop-3.2.3.tar.gz
```

步骤二： 按如下代码配置 Hadoop 环境变量，配置成功后可通过 hadoop -version 命令校验环境变量配置是否生效。

```
# 编辑 /etc/profile
vim /etc/profile
# 配置 Hadoop 环境变量
export HADOOP_HOME=/root/userprofile/hadoop-3.2.3
export HADOOP_CONF_DIR=/root/userprofile/hadoop-3.2.3/etc/hadoop
export PATH=$PATH:$HADOOP_HOME/bin:$HADOOP_HOME:/sbin
# 保存并退出 profile 文件，通过 source 命令让配置生效
source /etc/profile
```

步骤三： 在 $HADOOP_HOME 文件夹下创建文件夹 temp、hdfs-namenode 和 hdfs-datanode，用于后续存储 Hadoop 数据。

```
# 创建临时数据文件夹
mkdir temp
# 创建 NameNode 节点数据文件
mkdir hdfs-namenode
# 创建 DataNode 节点数据文件
mkdir hdfs-datanode
```

> 注意　配置过程中涉及大量的接口配置，需要提前校验端口是否被占用，可以借助 lsof 命令来查询。比如通过 lsof -i:9000 命令可以验证 9000 端口是否被占用。

步骤四： 修改配置文件 $HADOOP_HOME/etc/hadoop/core-site.xml，指定默认文件格式和临时文件目录。

```xml
<configuration>
  <property>
    <name>fs.defaultFS</name>
    <value>hdfs://userprofile-master:9000</value>
  </property>
  <property>
    <name>hadoop.tmp.dir</name>
    <value>/root/userprofile/hadoop-3.2.3/temp</value>
  </property>
```

```
<!-- JDBC 连接 Hive 相关配置 -->
<property>
  <name>hadoop.proxyuser.root.hosts</name>
  <value>*</value>
</property>
<property>
  <name>hadoop.proxyuser.root.groups</name>
  <value>*</value>
</property>
</configuration>
```

步骤五： 修改配置文件 $HADOOP_HOME/etc/hadoop/hdfs-site.xml，调整配置中的 HDFS 副本数，以及 NameNode 和 DataNode 的文件目录。

```
<configuration>
  <property>
    <name>dfs.namenode.secondary.http-address</name>
    <value>userprofile-master:50090</value>
  </property>
  <property>
    <name>dfs.replication</name>
    <value>2</value>
  </property>
  <property>
    <name>dfs.namenode.name.dir</name>
    <value>file:/root/userprofile/hadoop-3.2.3/hdfs-namenode</value>
    <final>true</final>
  </property>
  <property>
    <name>dfs.datanode.data.dir</name>
    <value>file:/root/userprofile/hadoop-3.2.3/hdfs-datanode</value>
    <final>true</final>
  </property>
  <property>
    <name>dfs.webhdfs.enabled</name>
    <value>true</value>
  </property>
  <property>
    <name>dfs.permissions.enabled</name>
    <value>false</value>
  </property>
</configuration>
```

步骤六： 修改配置文件 $HADOOP_HOME/etc/hadoop/mapred-site.xml，指定资源管理器以及运行时所依赖的 JAR 包地址。

```
<configuration>
  <property>
    <name>mapreduce.framework.name</name>
    <value>yarn</value>
  </property>
```

```
<property>
  <name>mapreduce.jobhistory.address</name>
  <value>userprofile-master:10020</value>
</property>
<property>
  <name>mapreduce.jobhistory.webapp.address</name>
  <value>userprofile-master:19888</value>
</property>
<property>
  <name>mapreduce.application.classpath</name>
  <value>
    /root/userprofile/hadoop-3.2.3/etc/hadoop,
    /root/userprofile/hadoop-3.2.3/share/hadoop/common/*,
    /root/userprofile/hadoop-3.2.3/share/hadoop/common/lib/*,
    /root/userprofile/hadoop-3.2.3/share/hadoop/hdfs/*,
    /root/userprofile/hadoop-3.2.3/share/hadoop/hdfs/lib/*,
    /root/userprofile/hadoop-3.2.3/share/hadoop/mapreduce/*,
    /root/userprofile/hadoop-3.2.3/share/hadoop/mapreduce/lib/*,
    /root/userprofile/hadoop-3.2.3/share/hadoop/yarn/*,
    /root/userprofile/hadoop-3.2.3/share/hadoop/yarn/lib/*
  </value>
</property>
</configuration>
```

步骤七：修改配置文件 $HADOOP_HOME/etc/hadoop/yarn-site.xml，完善资源管理器 Yarn 的相关配置。

```
<configuration>
  <property>
    <name>yarn.nodemanager.aux-services</name>
    <value>mapreduce_shuffle</value>
  </property>
  <property>
    <name>yarn.resourcemanager.address</name>
    <value>userprofile-master:8032</value>
  </property>
  <property>
    <name>yarn.resourcemanager.scheduler.address</name>
    <value>userprofile-master:8030</value>
  </property>
  <property>
    <name>yarn.log-aggregation-enable</name>
    <value>true</value>
  </property>
  <property>
    <name>yarn.resourcemanager.resource-tracker.address</name>
    <value>userprofile-master:8031</value>
  </property>
  <property>
    <name>yarn.resourcemanager.admin.address</name>
    <value>userprofile-master:8033</value>
```

```
  </property>
  <property>
    <name>yarn.resourcemanager.webapp.address</name>
    <value>userprofile-master:8088</value>
  </property>
</configuration>
```

步骤八：修改 $HADOOP_HOME/etc/hadoop/workers 文件，指定 DataNode 节点。

```
userprofile-slave1
userprofile-slave2
```

步骤九：修改 $HADOOP_HOME/etc/hadoop/hadoop-env.sh 文件，配置 JAVA_HOME 等环境变量及大数据账号信息。

```
export JAVA_HOME=/root/userprofile/jdk1.8.0_202
export HDFS_NAMENODE_USER=root
export HDFS_DATANODE_USER=root
export HDFS_SECONDARYNAMENODE_USER=root
export YARN_RESOURCEMANAGER_USER=root
export YARN_NODEMANAGER_USER=root
```

步骤十：将 userprofile-master 机器上的 Hadoop 文件夹复制到 userprofile-slave1 和 userprofile-slave2 的相同路径下。按照步骤二配置 slave1 和 slave2 的 Hadoop 环境变量，并测试 Hadoop 是否配置成功。

```
scp -r ./hadoop-3.2.3/ root@userprofile-slave1:/root/userprofile
scp -r ./hadoop-3.2.3/ root@userprofile-slave2:/root/userprofile
```

步骤十一：在 userprofile-master 机器上格式化 NameNode 数据成功后启动 Hadoop 集群。通过 jps 命令可以查看 Hadoop 集群是否启动成功。

```
# 格式化 NameNode
hdfs namenode -format
# 进入 Hadoop 目录
cd /root/userprofile/hadoop-3.2.3
# 按如下方式启动服务
./sbin/start-all.sh
# 如果需要，可以启动日志服务，方便后续查看任务执行日志
./sbin/mr-jobhistory-daemon.sh start historyserver
```

为了验证服务是否启动成功，也可以通过浏览器访问相关服务：

❑ HDFS NameNode 地址为 http://userprofile-master:9870/。

❑ Yarn 管理地址为 http://userprofile-master:8088/。

7.2.2　Spark

步骤一：下载 Spark 安装包（spark-3.1.2-bin-without-hadoop.tgz）并上传文件至 userprofile-master 机器 /root/userprofile 文件夹下，解压安装包后的安装目录为 /root/userprofile/spark-3.1.2。

```
# 解压文件
tar -zxvf spark-3.1.2-bin-without-hadoop.tgz
# 为了方便配置，重命名文件夹名称
mv spark-3.1.2-bin-without-hadoop spark-3.1.2
```

步骤二：配置 Spark 环境变量，添加 SPARK_HOME 配置。

```
vim /etc/profile
# 配置 Spark 环境变量
export SPARK_HOME=/root/userprofile/spark-3.1.2
export PATH=$PATH:$SPARK_HOME/bin:$SPARK_HOME/sbin
# 通过 source 命令让配置生效
source /etc/profile
```

步骤三：创建并修改 $SPARK_HOME/conf/spark-env.sh 配置文件。

```
# 进入 Spark conf 文件夹
cd /root/userprofile/spark-3.1.2/conf
# 创建 spark-env.sh
cp spark-env.sh.template spark-env.sh
# 在 spark-env.sh 中添加如下配置
export JAVA_HOME=/root/userprofile/jdk1.8.0_202
export HADOOP_CONF_DIR=/root/userprofile/hadoop-3.2.3/etc/hadoop
export SPARK_MASTER_HOST=userprofile-master
export SPARK_LOCAL_DIRS=/root/userprofile/spark-3.1.2
export SPARK_DIST_CLASSPATH=$(/root/userprofile/hadoop-3.2.3/bin/hadoop
  classpath)
```

步骤四：创建并修改 $SPARK_HOME/conf/workers 配置文件，配置 worker 节点。

```
# 进入 Spark conf 文件夹
cd /root/userprofile/spark-3.1.2/conf
# 创建 workers 文件
cp workers.template workers
# 在 workers 文件中添加如下内容
userprofile-slave1
userprofile-slave2
```

步骤五：将 Spark 文件夹复制到 userprofile-slave1 和 userprofile-slave2 的相同目录下，并按照步骤二配置环境变量。

```
scp -r ./spark-3.1.2/ root@userprofile-slave1:/root/userprofile
scp -r ./spark-3.1.2/ root@userprofile-slave2:/root/userprofile
```

步骤六：在 userprofile-master 上按照如下命令启动 Spark 服务。启动成功后，可以通过 http://userprofile-master:8080/ 访问 Spark 管理页面。

```
# 进入 Spark 目录
cd /root/userprofile/spark-3.1.2
# 执行启动脚本
./sbin/start-all.sh
```

可以通过 Spark 自带的代码示例验证 Spark 是否可以成功运行。如下代码所示，可以启动 Spark 任务计算圆周率。

```
cd /root/userprofile/spark-3.1.2
# 提交计算圆周率的 Spark 任务，任务运行依赖 Yarn 进行资源调度，需要先启动 Hadoop 集群
./bin/spark-submit --class org.apache.spark.examples.SparkPi --master yarn
    --deploy-mode cluster examples/jars/spark-examples*.jar 10
```

7.2.3　Hive

步骤一：将 7.1.2 节自行编译后的 Hive 安装包（apache-hive-3.1.2-bin.tar.gz）上传至 userprofile-master 机器 /root/userprofile 文件夹下，解压安装包后的安装目录为 /root/userprofile/hive-3.1.2。

```
# 解压安装包
tar -zxvf apache-hive-3.1.2-bin.tar.gz
# 修改文件夹名称
mv apache-hive-3.1.2-bin hive-3.1.2
```

步骤二：配置环境变量，添加 HIVE_HOME 配置。

```
# 编辑 profile 文件
vim /etc/profile
# 配置 Hive 环境变量
export HIVE_HOME=/root/userprofile/hive-3.1.2
export PATH=$PATH:$HIVE_HOME/bin
# 通过 source 命令让配置生效
source /etc/profile
```

步骤三：本实践案例会将 Hive 元数据存储到 MySQL 中，其中 MySQL 安装方式可参见 7.3.3 节。Hive 连接 MySQL 依赖 Connector，如图 7-3 所示，从 Maven Repository 下载 mysql-connector-java-8.0.22.jar 并复制到 $HIVE_HOME/lib 文件夹下。

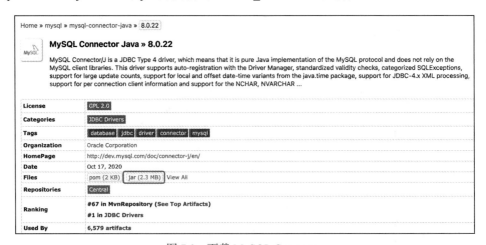

图 7-3　下载 MySQL Connector

步骤四： 在 $HIVE_HOME/conf 目录下新增配置文件 hive-site.xml。

```xml
<configuration>
  <!-- MySQL JDBC 连接配置 -->
  <property>
    <name>javax.jdo.option.ConnectionURL</name>
    <value>jdbc:mysql://userprofile-master:3306/metastore?useSSL=false&amp;allow
      PublicKeyRetrieval=true&amp;serverTimezone=UTC</value>
  </property>
  <!-- JDBC 连接 Driver-->
  <property>
    <name>javax.jdo.option.ConnectionDriverName</name>
    <value>com.mysql.cj.jdbc.Driver</value>
  </property>
  <property>
    <name>javax.jdo.option.ConnectionUserName</name>
    <value>root</value>
  </property>
  <property>
    <name>javax.jdo.option.ConnectionPassword</name>
    <value> 数据库密码 </value>
  </property>
  <property>
    <name>hive.metastore.schema.verification</name>
    <value>false</value>
  </property>
  <!-- 元数据存储授权 -->
  <property>
    <name>hive.metastore.event.db.notification.api.auth</name>
    <value>false</value>
  </property>
  <!-- 配置元数据服务 -->
  <property>
    <name>hive.metastore.uris</name>
    <value>thrift://userprofile-master:9083</value>
  </property>
  <!-- 指定 HiveServer2 连接的主机 -->
  <property>
    <name>hive.server2.thrift.bind.host</name>
    <value>userprofile-master</value>
  </property>
  <!-- 指定 HiveServer2 连接的端口号 -->
  <property>
    <name>hive.server2.thrift.port</name>
    <value>10000</value>
  </property>
</configuration>
```

步骤五： 连接 MySQL 并创建数据库 metastore。

```
# 连接 MySQL
```

```
mysql -uroot -p
# 创建数据库
create database metastore
```

进入 $HIVE_HOME，初始化 Hive 元数据表，执行成功后可以在 metastore 数据库下看到相关数据表。

```
# 初始化元数据表
bin/schematool -initSchema -dbType mysql
```

 注意 如果初始源数据表时遇到如图 7-4 所示异常，说明存在 guava 包冲突。这主要是 Hadoop 与 Hive 所依赖的包版本不同造成的。可以比较两个包的版本大小，用较大版本的 JAR 包替代低版本的即可。

```
[root@userprofile-master hive-3.1.2]# bin/schematool -initSchema -dbType mysql
SLF4J: Class path contains multiple SLF4J bindings.
SLF4J: Found binding in [jar:file:/root/userprofile/hive-3.1.2/lib/log4j-slf4j-impl-2.10.0.jar!/org/slf4j/impl/StaticLoggerBinder.class]
SLF4J: Found binding in [jar:file:/root/userprofile/hadoop-3.2.3/share/hadoop/common/lib/slf4j-log4j12-1.7.25.jar!/org/slf4j/impl/StaticLoggerBin
der.class]
SLF4J: See http://www.slf4j.org/codes.html#multiple_bindings for an explanation.
SLF4J: Actual binding is of type [org.apache.logging.slf4j.Log4jLoggerFactory]
Exception in thread "main" java.lang.NoSuchMethodError: com.google.common.base.Preconditions.checkArgument(ZLjava/lang/String;Ljava/lang/Object;)
V
        at org.apache.hadoop.conf.Configuration.set(Configuration.java:1357)
        at org.apache.hadoop.conf.Configuration.set(Configuration.java:1338)
        at org.apache.hadoop.mapred.JobConf.setJar(JobConf.java:536)
        at org.apache.hadoop.mapred.JobConf.setJarByClass(JobConf.java:554)
        at org.apache.hadoop.mapred.JobConf.<init>(JobConf.java:448)
        at org.apache.hadoop.hive.conf.HiveConf.initialize(HiveConf.java:5141)
        at org.apache.hadoop.hive.conf.HiveConf.<init>(HiveConf.java:5104)
        at org.apache.hive.beeline.HiveSchemaTool.<init>(HiveSchemaTool.java:96)
        at org.apache.hive.beeline.HiveSchemaTool.main(HiveSchemaTool.java:1473)
        at sun.reflect.NativeMethodAccessorImpl.invoke0(Native Method)
        at sun.reflect.NativeMethodAccessorImpl.invoke(NativeMethodAccessorImpl.java:62)
        at sun.reflect.DelegatingMethodAccessorImpl.invoke(DelegatingMethodAccessorImpl.java:43)
        at java.lang.reflect.Method.invoke(Method.java:498)
        at org.apache.hadoop.util.RunJar.run(RunJar.java:323)
        at org.apache.hadoop.util.RunJar.main(RunJar.java:236)
```

图 7-4　guava 包冲突异常

步骤六：启动 MetaStore 元数据服务和 HiveServer2 服务，用于后续通过 JDBC 连接 Hive。

```
# 启动元数据服务
nohup hive --service metastore 2>&1 &
# 启动 HiveServer2 服务
nohup hive --service hiveserver2 2>&1 &
```

可以通过下面的代码借助 BeeLine 客户端校验 JDBC 连接是否生效。

```
bin/beeline -u jdbc:hive2://userprofile-master:10000 -n root
```

步骤七：Hive On Spark 配置。

1）将 Spark JAR 包复制到 Hive 安装目录下，上传运行时所需 JAR 包至 HDFS。

```
# 将 Spark JAR 包复制到 Hive 安装目录
cp $SPARK_HOME/jars/scala-library-2.12.10.jar $HIVE_HOME/lib/
cp $SPARK_HOME/jars/spark-core_2.12-3.1.2.jar $HIVE_HOME/lib/
cp $SPARK_HOME/jars/spark-network-common_2.12-3.1.2.jar $HIVE_HOME/lib/
cp $SPARK_HOME/jars/spark-unsafe_2.12-3.1.2.jar $HIVE_HOME/lib/
```

```
# 创建 HDFS spark-history 路径，用于存储 Spark 运行日志
hadoop fs -mkdir /spark-history
# 创建 HDFS spark-jars 路径，用于存储运行时所依赖的 JAR 包
hadoop fs -mkdir /spark-jars
hadoop fs -put $SPARK_HOME/jars/* /spark-jars
```

2）在 $HIVE_HOME/conf/hive-site.xml 中配置 Spark 引擎信息。

```
<!-- 配置 Hive 引擎为 Spark -->
<property>
  <name>hive.execution.engine</name>
  <value>spark</value>
</property>
<!-- Hive On Spark 运行时所依赖的 JAR 包 -->
<property>
  <name>spark.yarn.jars</name>
  <value>hdfs://userprofile-master:9000/spark-jars/*</value>
</property>
<!-- 配置链接 Spark 超时时间 -->
<property>
  <name>hive.spark.client.connect.timeout</name>
  <value>100000ms</value>
</property>
```

3）在 $HIVE_HOME/conf 下新增 spark-defaults.conf 配置文件。

```
# 配置文件内容如下
spark.master              yarn
spark.eventLog.enabled    true
spark.eventLog.dir        hdfs://userprofile-master:9000/spark-history
```

以上配置成功后，重启 Hive 服务，其默认引擎会变为 Spark。

7.2.4 ZooKeeper

很多大数据组件分布式部署依赖 ZooKeeper，比如 DolphinScheduler、Flink 以及 ClickHouse。本节主要介绍 ZooKeeper 的安装部署。

步骤一： 下载安装包（apache-zookeeper-3.5.9-bin.tar.gz）并上传至 userprofile-slave2 机器 /root/userprofile 目录下。ZooKeeper 安装目录为 /root/userprofile/zookeeper-3.5.9。

```
# 解压安装包
tar -zxvf apache-zookeeper-3.5.9-bin.tar.gz
# 修改文件夹名称
mv apache-zookeeper-3.5.9-bin zookeeper-3.5.9
```

步骤二： 修改 ZooKeeper 配置文件 zoo.cfg。

```
# 在安装目录下创建日志和数据文件夹
cd /root/userprofile/zookeeper-3.5.9/
mkdir data
```

```
mkdir logs
# 创建 zoo.cfg 配置文件
cd /root/userprofile/zookeeper-3.5.9/conf/
cp zoo_sample.cfg zoo.cfg
# 修改配置文件内容
vim zoo.cfg
dataDir=/root/userprofile/zookeeper-3.5.9/data
dataLogDir=/root/userprofile/zookeeper-3.5.9/logs
server.1=userprofile-slave2:2888:3888
server.2=userprofile-slave1:2888:3888
server.3=userprofile-master:2888:3888
```

步骤三：将 ZooKeeper 文件夹复制到 userprofile-master 和 userprofile-slave1 的相同目录下。按照如下命令在 3 台机器上分别配置 myid。

```
# 将 ZooKeeper 文件夹复制到 userprofile-slave2 和 master
scp -r zookeeper-3.5.9 root@userprofile-slave1:/root/userprofile
scp -r zookeeper-3.5.9 root@userprofile-master:/root/userprofile
# 配置 myid
cd /root/userprofile/zookeeper-3.5.9/
echo "1" > ./data/myid # userprofile-slave2 上执行
echo "2" > ./data/myid # userprofile-slave1 上执行
echo "3" > ./data/myid # userprofile-master 上执行
```

步骤四：通过如下命令启动或者停止 ZooKeeper 服务。

```
# 服务启动命令
sh /root/userprofile/zookeeper-3.5.9/bin/zkServer.sh start
# 服务停止命令
sh /root/userprofile/zookeeper-3.5.9/bin/zkServer.sh stop
```

7.2.5　DolphinScheduler

步骤一：下载 DolphinScheduler 安装包（apache-dolphinscheduler-2.0.5-bin.tar.gz）并上传至 userprofile-master 机器 /root/userprofile 文件夹下，解压安装包后的安装目录为 /root/userprofile/dolphinscheduler-2.0.5。

```
# 解压安装包
tar -zxvf apache-dolphinscheduler-2.0.5-bin.tar.gz
# 修改安装包名称
mv apache-dolphinscheduler-2.0.5-bin dolphinscheduler-2.0.5
```

步骤二：修改 DolphinScheduler 配置文件 install_config.conf。

```
# 进入安装目录
cd /root/userprofile/dolphinscheduler-2.0.5
# 编辑配置文件 install_config.conf
vim conf/config/install_config.conf
# 节点配置
ips="userprofile-master,userprofile-slave1,userprofile-slave2"
```

```
masters="userprofile-master"
workers="userprofile-slave1:default,userprofile-slave2:default"
alertServer="userprofile-slave1"
apiServers="userprofile-master"
pythonGatewayServers="userprofile-slave2"
installPath="/root/userprofile/dolphinscheduler-2.0.5/dcinstall"
deployUser="root"
javaHome="/root/userprofile/jdk1.8.0_202"
# 数据库配置
DATABASE_TYPE="mysql"
SPRING_DATASOURCE_URL=jdbc:mysql://userprofile-master:3306/dolphinscheduler?useU-
    nicode=true&characterEncoding=UTF-8&serverTimezone=UTC
SPRING_DATASOURCE_USERNAME=root
SPRING_DATASOURCE_PASSWORD=USERprofile@2022!
# ZooKeeper 配置
registryPluginName="zookeeper"
registryServers="userprofile-slave1:2181"
registryNamespace="dolphinscheduler"
```

步骤三：DolphinScheduler 部署依赖 MySQL，将 mysql-connector JAR 包复制到 /root/userprofile/dolphinscheduler-2.0.5/lib 目录下。复制成功后连接 MySQL 并创建数据库 dolphinscheduler，之后运行 DolphinScheduler 数据库初始化脚本，初始化成功后可在数据库 dolphinscheduler 下看到相关数据表。

```
<!-- 创建数据库 dolphinscheduler -->
CREATE DATABASE dolphinscheduler;
# 初始化数据库
sh script/create-dolphinscheduler.sh
```

步骤四：初次启动服务时需要执行 install.sh 脚本，后续可通过以下命令启动或者停止服务。服务启动成功后可以通过 http://userprofile-master:12345/dolphinscheduler 访问 DolphinScheduler 管理后台，其初始用户名和密码分别为 admin 和 dolphinscheduler123，在该平台上可以新增项目并配置工作流来实现任务调度。

```
# 启动集群服务
sh /root/userprofile/dolphinscheduler-2.0.5/bin/start-all.sh
# 停止集群服务
sh /root/userprofile/dolphinscheduler-2.0.5/bin/stop-all.sh
```

7.2.6 Flink

步骤一：下载 Flink 安装包（flink-1.13.6-bin-scala_2.12.tgz）并上传至 userprofile-slave1 机器 /root/userprofile 文件夹下，解压安装包后的安装目录为 /root/userprofile/flink-1.13.6。

```
# 解压文件
tar -zxvf flink-1.13.6-bin-scala_2.12.tgz
```

步骤二：配置 Flink 环境变量，添加 FLINK_HOME 配置。

```
# 修改配置文件
vim /etc/profile
# 添加环境变量
export FLINK_HOME=/root/userprofile/flink-1.13.6
export PATH=$PATH:$FLINK_HOME/bin
# 通过 source 命令让配置生效
source /etc/profile
```

步骤三：修改 $FLINK_HOME/conf/flink-conf.yaml 配置文件。

```
# 修改 Flink 配置
cd /root/userprofile/flink-1.13.6/conf
# 编辑 flink-conf
vim flink-conf.yaml
# 修改如下内容
jobmanager.rpc.address: userprofile-slave1
state.backend: filesystem
# 配置启用检查点，可以将快照保存到 HDFS
state.backend.fs.checkpointdir: hdfs://userprofile-master:9000/flink-checkpoints
# 配置保存点，可以将快照保存到 HDFS
state.savepoints.dir: hdfs://userprofile-master:9000/flink-savepoints
# 使用 ZooKeeper 搭建高可用集群
high-availability: zookeeper
# 配置 ZooKeeper 集群地址
high-availability.zookeeper.quorum: userprofile-slave2:2181
# 存储 JobManager 的元数据到 HDFS
high-availability.storageDir: hdfs://userprofile-master:9000/flink/ha/
# 配置 ZooKeeper client
high-availability.zookeeper.client.acl: open
```

步骤四：修改 $FLINK_HOME/conf/masters 和 workers 文件，配置 master 以及 worker 节点。

```
# 修改 Flink 配置
cd /root/userprofile/flink-1.13.6/conf
# 修改 masters 文件
vim masters
userprofile-slave1:8081
# 修改 workers 文件
vim workers
userprofile-slave2
```

步骤五：针对 Flink 完成 ZooKeeper 相关配置。

```
# 创建 ZooKeeper 临时文件夹
mkdir /root/userprofile/flink-1.13.6/tmp/zookeeper
# 编辑 zoo.cfg 文件
vim /root/userprofile/flink-1.13.6/conf/zoo.cfg
# 修改如下配置
dataDir=/root/userprofile/flink-1.13.6/tmp/zookeeper
server.1=userprofile-slave2:2888:3888
```

步骤六：下载适配包 flink-shaded-hadoop-2-uber-2.6.5-10.0.jar 并复制到 $FLINK_HOME/ lib 目录下。将 Flink 文件夹复制到 userprofile-slave2 机器相同目录下，参照步骤二配置环境变量并修改 $FLINK_HOME/conf/flink-conf.yaml 文件中的 jobmanager.rpc.address 属性。

```
# 将 Flink 文件夹复制到 userprofile-slave2 下面
scp -r flink-1.13.6 root@userprofile-slave2:/root/userprofile
# 修改 flink-conf.yaml 中的信息
jobmanager.rpc.address: userprofile-slave2
```

步骤七：通过 start-cluster 脚本启动 Flink 服务。启动成功后可以通过 jps 命令查看 master 和 worker 服务节点启动的进程，也可以通过浏览器访问 http://userprofile-slave1: 8081/#/overview 查看 Flink 运行管理页面。

```
# 启动服务
$FLINK_HOME/bin/start-cluster.sh
```

7.3　存储引擎安装

本节介绍画像平台所依赖的 ClickHouse、Redis 和 MySQL 的安装和配置过程。作为 OLAP 领域的佼佼者，ClickHouse 主要应用在分群功能和画像分析模块，可作为 Hive 表的 "缓存"，提高各类语句的执行效率。Redis 作为数据缓存主要用在标签查询、人群判存中，MySQL 作为业务数据库使用。其中 ClickHouse 和 Redis 将按照集群方式进行部署。

7.3.1　ClickHouse

步骤一：在 userprofile-master 上通过 yum 安装 clickhouse-server 和 clickhouse-client。

```
# 安装依赖 yum-utils
yum install yum-utils
# 配置安装源
rpm --import https://repo.yandex.ru/clickhouse/CLICKHOUSE-KEY.GPG
yum-config-manager --add-repo https://repo.yandex.ru/clickhouse/rpm/stable/
    x86_64
# 安装 clickhouse-server 以及 clickhouse-client
yum install clickhouse-server clickhouse-client
# 验证 ClickHouse 是否安装成功
yum list installed 'clickhouse*'
```

步骤二：新增配置文件 /etc/clickhouse-server/config.d/metrika.xml，配置 clickhosue 集群节点以及 ZooKeeper 信息。

```
# 新增配置文件 metrika.xml
vim /etc/clickhouse-server/config.d/metrika.xml
# 配置内容如下，包含节点信息和 ZooKeeper 等信息
<yandex>
  <clickhouse_remote_servers>
```

```
<clickhouse_3shards_1replicas>
  <shard>
    <internal_replication>true</internal_replication>
    <replica>
    <host>userprofile-master</host>
    <port>9660</port>
    </replica>
  </shard>
  <shard>
    <replica>
      <internal_replication>true</internal_replication>
      <host>userprofile-slave1</host>
      <port>9660</port>
    </replica>
  </shard>
  <shard>
    <replica>
      <internal_replication>true</internal_replication>
      <host>userprofile-slave2</host>
      <port>9660</port>
    </replica>
  </shard>
</clickhouse_3shards_1replicas>
</clickhouse_remote_servers>
<!-- ZooKeeper 相关配置 -->
<zookeeper-servers>
  <node index="1">
    <host>userprofile-slave1</host>
    <port>2181</port>
  </node>
  <node index="2">
    <host>userprofile-slave2</host>
    <port>2181</port>
  </node>
  <node index="3">
    <host>userprofile-master</host>
    <port>2181</port>
  </node>
</zookeeper-servers>
  <!-- 3 台机器中唯一不同的配置，需要与当前机器 IP 一致 -->
<macros>
<replica>userprofile-master</replica>
</macros>
<networks>
<ip>::/0</ip>
</networks>
<clickhouse_compression>
  <case>
    <min_part_size>10000000000</min_part_size>
    <min_part_size_ratio>0.01</min_part_size_ratio>
    <method>lz4</method>
```

```
      </case>
    </clickhouse_compression>
</yandex>
```

步骤三： 在 userprofile-master 上修改配置文件 /etc/clickhouse-server/config.xml。

```
# 修改配置文件
vim /etc/clickhouse-server/config.xml
# 配置内容如下
<!-- 修改端口为 9660，避免与其他组件端口冲突 -->
<tcp_port>9660</tcp_port>
<!-- 支持远程接口访问 -->
<listen_host>::</listen_host>
<remote_servers incl="clickhouse_remote_servers"/>
<zookeeper incl="zookeeper-servers" optional="true"/>
<macros incl="macros" optional="true"/>
<!-- 引入 metrika.xml-->
<include_from>/etc/clickhouse-server/config.d/metrika.xml</include_from>
```

步骤四： 参照步骤一在机器 userprofile-slave1 和 userprofile-slave2 上安装 ClickHosue。将 metrika.xml 和 config.xml 复制到 slave1 和 slave2 的相同目录下，并针对 metrika.xml 中的 macros 做个性化配置。

步骤五： 通过下列命令启动或者停止服务，服务启动成功后可以通过 clickhouse-client 连接 ClickHouse 服务并执行 select * from system.clusters 语句查看集群配置是否正常。

```
# 启动 ClickHouse 服务
systemctl start clickhouse-server.service
# 停止 ClickHouse 服务
systemctl stop clickhouse-server.service
```

7.3.2 Redis

步骤一： 下载 Redis 安装包（redis-6.2.5.tar.gz）并上传至 userprofile-slave1 机器 /root/userprofile 目录下，然后解压安装包。

```
# 解压安装包
tar -zxvf redis-6.2.5.tar.gz
```

步骤二： 编译并安装 Redis，成功后在安装目录下创建文件夹 7000、7001 和 7002，用于存储 Redis 节点数据。

```
# 进入 Redis 安装目录
cd /root/userprofile/redis-6.0.16
# 编译安装 Redis，耗时几分钟
make && make install
# 创建文件夹 7000、7001、7002
mkdir 7000
mkdir 7001
mkdir 7002
```

步骤三：依次在 7000、7001、7002 文件夹下配置节点 redis.conf 文件。

```
# 进入 Redis 安装目录
cd /root/userprofile/redis-6.0.16
# 将 redis.conf 文件复制到 7000、7001、7002 目录下，分别编辑 redis.conf
cp redis.conf ./7000/
cp redis.conf ./7001/
cp redis.conf ./7002/
# 以 7000 文件夹下 redis.conf 配置为例
vim ./7000/redis.conf
# 修改相关配置如下
protected-mode no
port 7000
cluster-enabled yes
cluster-config-file nodes-7000.conf
appendonly yes
# 同理配置 7001 及 7002 下的 redis.conf 文件
```

步骤四：在 userprofile-slave2 上重复步骤一到步骤三的操作。

步骤五：启动 userprofile-slave1 和 userprofile-slave2 上的 Redis 节点，任选一台机器并通过 redis-cli 进行集群配置，集群配置成功后可以通过 cluster nodes 命令查看详细的集群节点信息。

```
# 进入 Redis 安装目录
cd /root/userprofile/redis-6.0.16
# 在 userprofile-slave1 和 slave2 上启动 redis 服务
./src/redis-server 7000/redis.conf &
./src/redis-server 7001/redis.conf &
./src/redis-server 7002/redis.conf &
# 所有节点启动成功后，任意找一台机器执行下列命令，构建集群
./src/redis-cli --cluster create 192.168.135.129:7000 192.168.135.129:7001
  192.168.135.129:7002 192.168.135.130:7000 192.168.135.130:7001
  192.168.135.130:7002 --cluster-replicas 1
# 通过 redis-cli 连接集群
./src/redis-cli -p 7000 -c
```

7.3.3　MySQL

步骤一：从官网（https://dev.mysql.com/downloads/）下载 MySQL yum 安装源文件，本书使用的版本是 mysql80-community-release-el7-5.noarch.rpm。将安装文件上传至 userprofile-master 机器 /root/userprofile 目录下。

步骤二：通过 yum 安装 MySQL 并启动服务。

```
# 在 yum 中注入安装源
yum localinstall mysql80-community-release-el7-5.noarch.rpm
# 安装 mysql-server
yum install mysql-community-server
# 安装成功后启动 MySQL 服务
service mysqld start
```

步骤三： 获取 MySQL 临时密码，通过临时密码登录后设置正式密码。

```
# 查询获取临时密码
less /var/log/mysqld.log | grep temporary
# 用临时密码登录 MySQL 数据库
mysql -uroot -p
# 修改密码
alter user 'root'@'localhost' identified by '新的数据库密码';
```

步骤四： 为了实现不同 IP 均可访问 MySQL 服务，可通过下列命令修改 root 账号 host 信息。

```
# 选择数据库
use mysql
# 更新 root 账号 host 信息
update user set host = '%' where user = 'root'
# 重启数据库服务使配置生效
service mysqld stop;
service mysqld start;
```

7.4　工程框架搭建

本节将介绍画像平台工程项目的搭建过程，主要介绍服务端工程的搭建步骤。

根据业界工程实践经验，服务端工程可以依托 Spring Boot 构建 Maven 多模块项目，每个模块边界清晰且有特定的职能定位。为了对外提供高可用的微服务接口，工程通过集成 Spring Cloud 可以实现服务的注册、发现与消费。针对画像平台运行过程中使用的 MySQL、Redis、OSS 以及 BitMap，本节会介绍具体的工程配置及使用方式。针对画像平台任务执行依赖的大数据组件，本节会通过核心代码示例来说明如何连接 HiveServer2 以及 ClickHouse 执行 SQL 语句。本节在最后会简要介绍如何使用 Webpack + Vue 搭建前端框架。

本节会尽量简化配置过程、减少配置项内容，如果读者需要了解更详尽的配置可以参考官方文档。下文所有的搭建步骤都可以在个人电脑上进行，但需要提前安装好 Java、Maven 以及开发工具 Intellij IDEA。

7.4.1　服务端工程搭建

本节将通过操作截图和代码示例介绍如何搭建服务端工程，首先借助 Intellij IDEA 搭建一个多模块的 Spring Boot 项目；其次在项目中集成 Spring Cloud 服务框架，以支持微服务的注册与消费；然后在项目中引入画像平台工程所依赖的 MySQL 和 Redis；最后介绍如何连接 Hive、ClickHouse、DolphinScheduler 等大数据组件。

1. 通过 IDEA 配置多模块项目

如图 7-5 和图 7-6 所示，在 Intellij IDEA 中创建 Spring Boot 项目 userprofile-demo，并把其作为多模块项目的父模块。

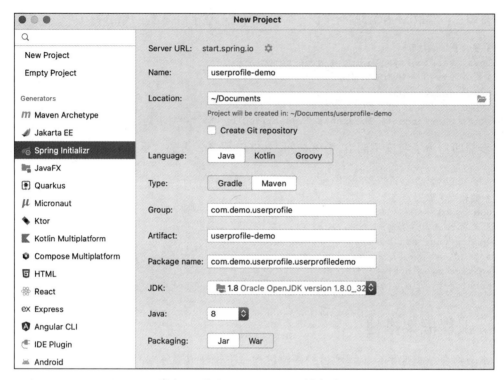

图 7-5　通过 Spring Initializr 创建项目

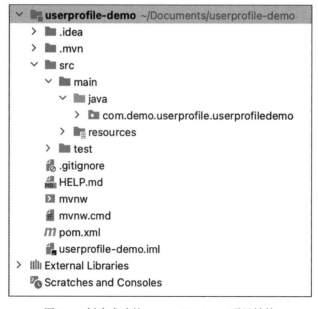

图 7-6　创建成功的 userprofile-demo 项目结构

如图 7-7 和图 7-8 所示，在 userprofile-demo 项目下创建子模块项目 userprofile-api。

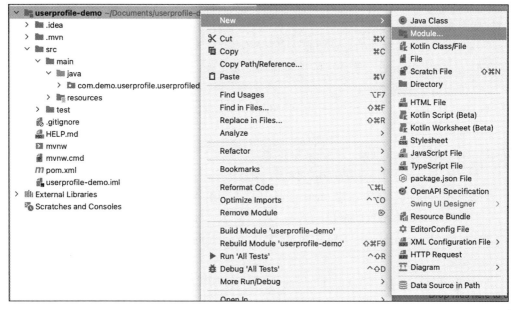

图 7-7 创建子模块项目

图 7-8 填写子模块信息

按照创建 userprofile-api 子模块的方式依次创建其他子模块，创建成功后删除各模块中的无用文件，最终多模块项目结构如图 7-9 所示。

该多模块项目中各模块的主要功能及职责定位如下所示。

❑ userprofile-demo：父模块，配置公共属性及依赖，可以传递给子模块项目。

❑ userprofile-sdk：对外提供封装后的服务接口，供第三方调用。

❑ userprofile-component：上层模块依赖的一些公共服务，如 Service、DAO 层的相关代码。

❑ userprofile-api：部署在 Tomcat 容器中，主要给画像平台提供 HTTP 形式的接口。

❑ userprofile-runner：用于微服务的提供方、定时任务等。

❑ userprofile-registry：Spring Cloud Eureka 服务注册模块。

各模块间的依赖关系如图 7-10 所示。

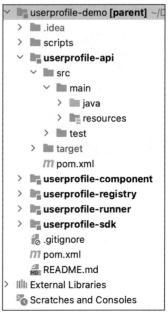

图 7-9　多模块项目结构

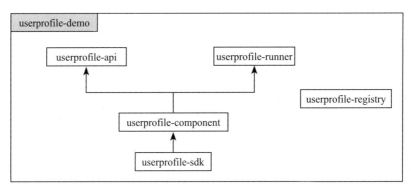

图 7-10　各模块间的依赖关系

按照上述依赖关系，父模块项目中 pom.xml 的关键配置如下所示。

```xml
<!-- 父亲模块依赖配置 -->
<parent>
  <groupId>org.springframework.boot</groupId>
  <artifactId>spring-boot-starter-parent</artifactId>
  <version>2.6.6</version>
  <relativePath/>
</parent>
<!-- 当前模块配置 -->
<groupId>com.demo.userprofile</groupId>
<artifactId>parent</artifactId>
```

```xml
<version>0.0.1-SNAPSHOT</version>
<name>parent</name>
<packaging>pom</packaging>
<!-- 多模块配置 -->
<profiles>
  <profile>
    <id>userprofile-demo</id>
    <activation>
      <activeByDefault>true</activeByDefault>
    </activation>
    <modules>
      <module>userprofile-api</module>
      <module>userprofile-component</module>
      <module>userprofile-runner</module>
      <module>userprofile-registry</module>
      <module>userprofile-sdk</module>
    </modules>
  </profile>
</profiles>
```

以 userprofile-component 子模块为例，pom.xml 的关键配置如下所示，其他子模块的配置与此类似。

```xml
<!-- 父亲模块依赖配置 -->
<parent>
  <groupId>com.demo.userprofile</groupId>
  <artifactId>parent</artifactId>
  <version>0.0.1-SNAPSHOT</version>
</parent>
<!-- 当前模块配置 -->
<groupId>com.demo.userprofile</groupId>
<artifactId>userprofile-component</artifactId>
<version>0.0.1-SNAPSHOT</version>
<name>userprofile-component</name>
<packaging>jar</packaging>
<!-- 配置依赖 -->
<dependencies>
  <dependency>
    <groupId>com.demo.userprofile</groupId>
    <artifactId>userprofile-sdk</artifactId>
    <version>0.0.1-SNAPSHOT</version>
  </dependency>
</dependencies>
```

 提示　具体详细配置可以参见项目开源代码。

2. 集成 Spring Cloud

微服务主要用于画像平台对外提供服务，其需要支持分布式部署及高并发调用场景。

Spring Cloud 作为一种微服务实现框架，主要包含服务注册与服务发现模块。本小节将重点介绍集成 Spring Cloud 所需的关键配置。

首先，在父项目 pom.xml 中配置对 Spring Cloud 的依赖。

```xml
<dependencyManagement>
  <dependencies>
    <dependency>
      <groupId>org.springframework.cloud</groupId>
      <artifactId>spring-cloud-dependencies</artifactId>
      <version>${spring-cloud.version}</version>
      <type>pom</type>
      <scope>import</scope>
    </dependency>
  </dependencies>
</dependencyManagement>
```

其次，Spring Cloud 的服务注册依赖 Eureka，本实践主要通过子模块 userprofile-registry 启动 Eureka 服务，在该模块 pom.xml 中需要增加如下相关依赖，服务启动涉及的配置在 src/main/resources/application.properties 中，其关键配置如下所示。

```
<dependency>
  <groupId>org.springframework.cloud</groupId>
  <artifactId>spring-cloud-starter-netflix-eureka-server</artifactId>
  <version>${eureka.version}</version>
</dependency>
# 服务名称
spring.application.name=UserProfileDemoRegistry
# 服务端口，可以自行调整
server.port=8888
# Eureka 服务 URL 以及默认 Zone
eureka.client.service-url.defaultZone=http://127.0.0.1:8888/eureka/
# Eureka 的自我保护机制
eureka.server.enable-self-preservation=false
# false 表示当前运行实例是注册中心，不需要从服务获取注册的服务信息
eureka.client.fetch-registry=false
# false 表示不将当前实例注册到 Eureka 服务
eureka.client.register-with-eureka=false
```

最后，创建启动类 UserprofileRegistryApplication.java 并运行，注册服务启动成功后的命令行显示信息如图 7-11 所示。

```java
// 注册中心服务端
@EnableEurekaServer
@SpringBootApplication
public class UserprofileRegistryApplication {
  public static void main(String[] args) {
    SpringApplication.run(UserprofileRegistryApplication.class, args);
  }
}
```

```
SLF4J: Failed to load class "org.slf4j.impl.StaticLoggerBinder".
SLF4J: Defaulting to no-operation (NOP) logger implementation
SLF4J: See http://www.slf4j.org/codes.html#StaticLoggerBinder for further details.


  .   ____          _            __ _ _
 /\\ / ___'_ __ _ _(_)_ __  __ _ \ \ \ \
( ( )\___ | '_ | '_| | '_ \/ _` | \ \ \ \
 \\/  ___)| |_)| | | | | || (_| |  ) ) ) )
  '  |____| .__|_| |_|_| |_\__, | / / / /
 =========|_|==============|___/=/_/_/_/
 :: Spring Boot ::                (v2.6.6)

十月 22, 2022 3:29:54 下午 org.apache.catalina.core.StandardService startInternal
信息: Starting service [Tomcat]
十月 22, 2022 3:29:54 下午 org.apache.catalina.core.StandardEngine startInternal
信息: Starting Servlet engine: [Apache Tomcat/9.0.60]
十月 22, 2022 3:29:55 下午 org.apache.catalina.core.ApplicationContext log
信息: Initializing Spring embedded WebApplicationContext
十月 22, 2022 3:29:55 下午 com.sun.jersey.server.impl.application.WebApplicationImpl _initiate
信息: Initiating Jersey application, version 'Jersey: 1.19.4 05/24/2017 03:20 PM'
十月 22, 2022 3:30:02 下午 org.apache.catalina.core.ApplicationContext log
信息: Initializing Spring DispatcherServlet 'dispatcherServlet'
```

图 7-11　注册服务启动成功后的命令行显示信息

注册服务启动成功后便可以支持服务的注册与发现，下面将通过一个简单的示例介绍如何发布和消费服务。服务的发布以及消费需要在 POM 中添加如下依赖。

```
<!-- 消费服务所需依赖 -->
<dependency>
  <groupId>org.springframework.cloud</groupId>
  <artifactId>spring-cloud-starter-openfeign</artifactId>
</dependency>
<!-- 提供服务所需依赖 -->
<dependency>
  <groupId>org.springframework.boot</groupId>
  <artifactId>spring-boot-starter-web</artifactId>
</dependency>
<dependency>
  <groupId>org.springframework.cloud</groupId>
  <artifactId>spring-cloud-starter-netflix-eureka-client</artifactId>
</dependency>
```

在 userprofile-component 模块下增加服务代码 SayHelloServer，该服务的注册名称是 sayHelloServer，其中包含方法 getHelloWords，支持传入 name 参数并返回拼接后的字符串给调用方。

```
@RestController("sayHelloServer")
public class SayHelloServer {
  @ResponseBody
  @RequestMapping(value = "/getHelloWords", method = RequestMethod.GET)
  public String getHelloWords(String name) {
```

```
      return name + "" + "hello";
  }
}
```

为了将上述服务注册到 Eureka，在 userprofile-runner 中添加启动类 UserprofileServiceP roviderApplication 及如下配置，运行代码后便可以将服务注册到 Eureka。

```
// 服务提供方启动类
@EnableEurekaClient
@EnableAspectJAutoProxy
@SpringBootApplication(scanBasePackages = {"com.demo.userprofile"})
@MapperScan(value = "com.demo.userprofile")
public class UserprofileServiceProviderApplication {
  public static void main(String[] args) {
    SpringApplication.run(UserprofileServiceProviderApplication.class, args);
  }
}
spring.application.name=UserprofileServiceProvider
# Server 端口
server.port=9999
# Eureka 服务 Url
eureka.client.service-url.defaultZone=http://127.0.0.1:8888/eureka/
eureka.client.register-with-eureka=true
eureka.client.fetch-registry=true
```

如图 7-12 所示，通过浏览器可以查看已经注册到 Eureka 上的服务详情。

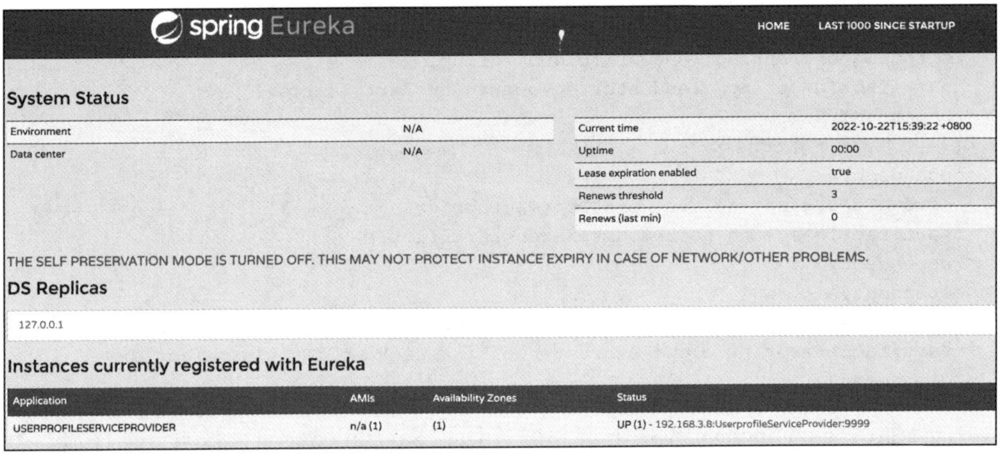

图 7-12　通过 Eureka 查看服务注册详情

3. 连接 MySQL 与 Redis

本书代码示例中使用 MyBatis-Plus 实现数据库的增、删、改、查等操作。首先，在项目中配置 mybatis-plus 和 mysql-connector 的依赖。

```
<!-- 添加 mybatis-plus 依赖 -->
```

```
<dependency>
  <groupId>com.baomidou</groupId>
  <artifactId>mybatis-plus-boot-starter</artifactId>
  <version>3.4.0</version>
</dependency>
<dependency>
  <groupId>mysql</groupId>
  <artifactId>mysql-connector-java</artifactId>
  <version>8.0.22</version>
</dependency>
```

其次，增加 properties 文件用于存储 MySQL 连接配置，数据库使用的是 7.3.3 节已经搭建好的 MySQL 数据库。

```
# 增加数据库连接配置
spring.datasource.url=jdbc:mysql://userprofile-master:3306/userprofile?serverTimezone=
  Asia/Shanghai&useUnicode=true&characterEncoding=utf-8
spring.datasource.username=root
spring.datasource.password= 数据库密码
spring.datasource.driver-class-name=com.mysql.cj.jdbc.Driver
```

最后，编写简单的代码便可实现对数据表的操作。以数据表 useprofile_test 插入数据为例，其代码实现主要分三步：

❑ 第一步，创建数据表 userprofile_test，并创建对应实体类 UserprofileTest。

❑ 第二步，创建实体类 UserprofileTest 对应的 Mapper 类 UserprofileTestMapper。

❑ 第三步，创建服务类 UserProfileTestService，并在其中使用 Mapper 类插入数据。

```
// 第一步
@TableName("userprofile_test")
@Data
public class UserprofileTest {
  // 对应数据表字段 id
  private Long id;
  // 对应数据表字段 name
  private String name;
  // 对应数据表字段 age
  private int age;
}
// 第二步
@Mapper
public interface UserprofileTestMapper extends BaseMapper<UserprofileTest> {
}
// 第三步
@Service
public class UserProfileTestService extends ServiceImpl<UserprofileTestMapper,
  UserprofileTest> {
  // 添加条目内容
  public boolean addTestItem(String name) {
    UserprofileTest newItem = new UserprofileTest();
```

```
    newItem.setName(name);
    newItem.setAge(1);
    return baseMapper.insert(newItem) > 0;
  }
}
```

本书代码示例主要依赖 spring-boot-starter-data-redis 和 jedis 对 Redis 进行操作。首先，在 POM 中增加相关依赖。

```
<dependency>
  <groupId>org.springframework.boot</groupId>
  <artifactId>spring-boot-starter-data-redis</artifactId>
</dependency>
<dependency>
  <groupId>redis.clients</groupId>
  <artifactId>jedis</artifactId>
</dependency>
```

其次，增加 properties 文件用于存储 Redis 集群相关配置，此处使用 7.3.2 节已经搭建好的 Redis 集群。

```
# 配置 Redis 连接
spring.redis.cluster.nodes=userprofile-slave1:7000,userprofile-slave2:7000
```

最后，编写代码实现对 Redis 集群的访问和操作，如下代码展示了如何通过 JedisCluster 对 Redis 进行相关操作。

```
@Configuration
public class JedisClusterConfig {
  @Value("${spring.redis.cluster.nodes}")
  private String clusterNodes;
  // 构建 JedisCluster 实例
  @Bean
  public JedisCluster getJedisCluster() {
    String[] serverArray = clusterNodes.split(",");
    Set<HostAndPort> nodes = new HashSet<>();
    for (String ipPort : serverArray) {
      String[] ipPortPair = ipPort.split(":");
      nodes.add(new HostAndPort(ipPortPair[0].trim(), Integer.valueOf(ipPortPair[1].
        trim())));
    }
    return new JedisCluster(nodes, new GenericObjectPoolConfig());
  }
}

@Component
public class RedisUtil {
  @Autowired
  private JedisCluster jedisCluster;
  // 通过 Key 和 Value 设置缓存
  public void set(String key, String value) {
```

```
      jedisCluster.set(key, value);
   }
   // 通过 Key 读取缓存内容
   public String get(String key) {
     return jedisCluster.get(key);
   }
}
```

4. 连接 HiveServer2 与 ClickHouse

标签生产、人群创建与画像分析功能都依赖 Hive 及 ClickHouse,工程代码主要通过 JDBC 连接到 HiveServer2 和 ClickHouse 来提交 SQL 语句并执行计算任务。本节依赖 7.2.3 节及 7.3.1 节已经配置好的 Hive 及 ClickHouse,下面介绍其关键配置以及核心代码。

首先,添加相关依赖,连接 HiveServer2 依赖 hive-jdbc 及 hadoop-common,连接 ClickHouse 依赖 clickhouse-jdbc。

```
<!-- Hive JDBC -->
<dependency>
  <groupId>org.apache.hive</groupId>
  <artifactId>hive-jdbc</artifactId>
  <version>1.2.1</version>
</dependency>
 <!-- clickhouse jdbc-->
<dependency>
  <groupId>ru.yandex.clickhouse</groupId>
  <artifactId>clickhouse-jdbc</artifactId>
  <version>0.2.4</version>
</dependency>
```

其次,编写代码连接 HiveServer2 以及 ClickHouse,代码基本相同,主要差别是两者使用的 JDBC 驱动不同。

```
// 连接 HiveServer 关键代码示例
public class HiveService {
  private static String driverName = "org.apache.hive.jdbc.HiveDriver";
  public static void main(String[] args) throws SQLException {
    try {
      Class.forName(driverName);
    } catch (ClassNotFoundException e) {
      e.printStackTrace();
    }
    Connection con = DriverManager.getConnection(
        "jdbc:hive2://userprofile-master:10000", "root", "");
    Statement stmt = con.createStatement();
    String sql = "select id from default.test limit 10";
    ResultSet res = stmt.executeQuery(sql);
    while (res.next()) {
      System.out.println(res.getString(1));
    }
```

```
        }
    }
// 连接 ClickHouse 关键代码示例
public class ClickHouseService {
    private static String driverName = "ru.yandex.clickhouse.ClickHouseDriver";
    public static void main(String[] args) throws SQLException {
        try {
            Class.forName(driverName);
        } catch (ClassNotFoundException e) {
            e.printStackTrace();
        }
        String url = "jdbc:clickhouse://userprofile-master:8123";
        Connection con = DriverManager.getConnection(url, "", "");
        Statement stmt = con.createStatement();
        ResultSet resultSet = stmt.executeQuery("select * from system.functions");
        ResultSetMetaData metaData = resultSet.getMetaData();
        int columnCount = metaData.getColumnCount();
        while (resultSet.next()) {
            for (int i = 1; i <= columnCount; i++) {
                System.out.println(metaData.getColumnName(i) + ":" + resultSet.getString(i));
            }
        }
    }
}
```

5. 连接 DolphinScheduler

在画像平台中 DolphinScheduler 主要应用在自定义标签生产环节，使用该工具可以按指定调度周期生产标签数据。传统的使用方式需要在 DolphinScheduler 上通过手动操作配置相关流程及调度周期，为了实现画像平台与调度系统的无缝对接，本案例主要通过调用 DolphinScheduler 服务接口实现流程创建和调度管理。

首先，在 DolphinScheduler 管理平台上通过"令牌管理"功能申请 Token，在调用 DolphinScheduler 服务接口时需要传入申请到的 Token 作为调用方的唯一标识。

其次，可以访问 http://userprofile-master:12345/dolphinscheduler/doc.html 查看 DolphinScheduler 服务接口定义。本案例以 queryAllProjectList 接口为例，展示如何通过代码查询所有的项目列表。

最后，在工程代码中引入 retrofit 工具包来访问 Dolphinscheduler 提供的 HTTP 接口，其关键代码如下所示。

```
<!-- 引入 retrofit -->
<dependency>
    <groupId>com.github.lianjiatech</groupId>
    <artifactId>retrofit-spring-boot-starter</artifactId>
    <version>2.2.2</version>
</dependency>
@Component
@RetrofitClient(baseUrl = "${dolphinscheduler.api.url}")
```

```
public interface DolphinSchedulerHttpApi {
    // 查询获取所有项目列表
    @GET("/dolphinscheduler/projects/list")
    DolphinSchedulerProject getAllProjects(@Header("token") String token);
}
```

6. 使用 RoaringBitmap

RoaringBitmap 是 BitMap 的一种具体实现方式，本案例主要借助其存储人群数据。基于 BitMap 可以快速实现人群之间的交、并、差操作，提高了人群的组合速度，还可以实现人群数据快速去重以及判存服务。

通过添加相关依赖就可以便捷地使用 RoaringBitmap，其依赖配置及核心代码如下所示。

```
<!-- 引入 RoaringBitmap 依赖 -->
<dependency>
  <groupId>org.roaringbitmap</groupId>
  <artifactId>RoaringBitmap</artifactId>
  <version>0.9.0</version>
</dependency>
// 新建 Roaring64NavigableMap 并添加元素
Roaring64NavigableMap bitMap = new Roaring64NavigableMap();
bitMap.add(1L);
bitMap.add(2L);
// BitMap 之间的交并差操作
Roaring64NavigableMap bitMapA = new Roaring64NavigableMap();
Roaring64NavigableMap bitMapB = new Roaring64NavigableMap();
bitMapA.and(bitMapB);       // 求 A 和 B 的交集，最终结果保存在 A 中
bitMapA.or(bitMapB);        // 求 A 和 B 的合集，最终结果保存在 A 中
bitMapA.andNot(bitMapB);    // 求 A 和 B 的差集，最终结果保存在 A 中
// 遍历 BitMap 元素
bitMap.forEach(item -> {
    // 对元素 item 进行操作
});
```

7. 使用 OSS

画像平台产出的人群数据会存储在 Hive 及 OSS 中。人群数据经由 RoaringBitmap 压缩并序列化后可以存储到 OSS 中，后续便可以通过 OSS 快速获取人群数据。除了阿里云 OSS，很多其他云服务商也提供了对象存储服务，如腾讯云、七牛云等。本书主要介绍阿里云 OSS 的使用方式。

首先，在阿里云申请账号并创建 OSS Bucket——userprofile-demo，创建成功后如图 7-13 所示。

其次，获取阿里云 AccessKey，用于后续访问云服务。AccessKey 生成及查看页面如图 7-14 所示。

最后，添加 OSS 依赖并在 properties 文件中添加相关配置，通过 OSS SDK 中的接口便可实现数据的上传和下载操作，更多功能可参见官方文档说明。

图 7-13 在阿里云创建 OSS Bucket

图 7-14 AccessKey 生成及查看页面

```xml
<!-- 添加阿里云 OSS 依赖 -->
<dependency>
  <groupId>com.aliyun.oss</groupId>
  <artifactId>aliyun-sdk-oss</artifactId>
  <version>3.10.2</version>
</dependency>
```

```
# 添加阿里云 OSS 配置
aliyun.oss.file.endpoint=oss-cn-beijing.aliyuncs.com
aliyun.oss.file.keyid= 阿里云申请的 keyid
aliyun.oss.file.keysecret= 阿里云申请的 keysecret
aliyun.oss.file.crowdbucket=userprofile-demo
public class OssServiceUtils {
  @Value("${aliyun.oss.file.endpoint}")
  private String endpoint;
  @Value("${aliyun.oss.file.keyid}")
  private String accessKeyId;
  @Value("${aliyun.oss.file.keysecret}")
  private String accessKeySecret;
  @Value("${aliyun.oss.file.crowdbucket}")
  private String crowdBucket;
  // 上传文件
```

```
public boolean uploadFile(byte[] bytes, String fileName) {
  OSS ossClient = new OSSClientBuilder().build(endpoint, accessKeyId,
      accessKeySecret);
  try {
    ossClient.putObject(crowdBucket, fileName, new ByteArrayInputStream
        (bytes));
    return true;
  } catch (OSSException oe) {
    System.out.println(""Error Message:" + oe.getErrorMessage());
    System.out.println("Error Code:" + oe.getErrorCode());
  } catch (ClientException ce) {
    System.out.println("Error Message:" + ce.getMessage());
  } finally {
    if (ossClient != null) {
      ossClient.shutdown();
    }
  }
  return false;
}
```

7.4.2　前端工程搭建

本节将介绍如何搭建前端工程，首先需要安装并配置 Node.js，为前端项目运行提供基础环境；然后通过 Webpack 和 Vue 搭建一个简易的前端工程。

 提示　所有的配置都在本地机器上执行，使用的安装目录是 ~/Documents。

1. 配置 Node.js

从官网下载安装包 node-v16.14.2-darwin-x64.tar.gz，解压后的安装目录为 ~/Documents/nodev16.14.2。配置 Node.js 环境变量 NODE_PATH，配置生效后可以通过 node-v 命令校验环境配置是否生效。

```
# 编辑配置文件
vim ~/.bash_profile
# 添加以下配置
export NODE_PATH=/Users/xinglong/Documents/nodev16.14.2
export PATH=$NODE_PATH/bin:$PATH
# 通过 source 命令让环境变量生效
source ~/.bash_profile
```

2. 搭建 Vue 项目

通过 npm 全局安装 Webpack、Webpack-cli、Vue-cli，可通过 webpack -v 等命令校验是否安装配置成功，校验结果如图 7-15 所示。

```
# 全局安装 Webpack
```

```
npm install webpack -g
# 全局安装 Webpack-cli
npm install webpack-cli -g
# 全局安装 Vue-cli
npm install vue-cli -g
```

```
xinglong@xinglongdeMacBook-Pro nodev16.14.2 % webpack -v
webpack: 5.74.0
webpack-cli: 4.10.0
webpack-dev-server not installed
xinglong@xinglongdeMacBook-Pro nodev16.14.2 % vue --version
2.9.6
```

图 7-15　校验 Webpack 及 Vue 是否安装成功

通过 vue init webpack userprofile-web-demo 命令创建 userprofile-web-demo 项目，构建过程如图 7-16 所示。

```
xinglong@xinglongdeMacBook-Pro ideaprojects % vue init webpack userprofile-web-demo

? Project name userprofile-web-demo
? Project description A Vue.js project
? Author zhangxinglong
? Vue build standalone
? Install vue-router? Yes
? Use ESLint to lint your code? Yes
? Pick an ESLint preset Standard
? Set up unit tests Yes
? Pick a test runner jest
? Setup e2e tests with Nightwatch? Yes
? Should we run `npm install` for you after the project has been created? (recommended) npm
```

图 7-16　创建 userprofile-web-demo 项目

进入项目目录并运行 npm run dev 命令，项目启动成功后如图 7-17 所示。

```
xinglong@xinglongdeMacBook-Pro userprofile-web-demo % npm run dev

> userprofile-web-demo@1.0.0 dev
> webpack-dev-server --inline --progress --config build/webpack.dev.conf.js

(node:4114) [DEP0111] DeprecationWarning: Access to process.binding('http_parser') is deprecated.
(Use `node --trace-deprecation ...` to show where the warning was created)
13% building modules 29/31 modules 2 active ...ects/userprofile-web-demo/src/App.vue{ parser: "babylon" } is deprecated; we
now treat it as { parser: "babel" }.
95% emitting

DONE  Compiled successfully in 2351ms                                                    15:13:10

  Your application is running here: http://localhost:8080
```

图 7-17　项目启动成功

7.5　运行开源代码

假设读者已按照 7.1 ～ 7.3 节搭建了完整可用的画像平台运行环境，本节将主要介绍如何在此基础上运行开源的项目代码。

首先从 Gitee 下载源码并导入 IntelliJ IDEA，通过 Maven 编译成功后如图 7-18 所示。

图 7-18 导入服务端工程并编译成功

其次，在 MySQL 中创建数据库 userprofile，然后复制 /scripts/userprofile_demo.sql 中的 SQL 脚本，通过 MySQL 客户端或者 Navicate for MySQL 等管理工具运行 SQL 语句，运行成功后的数据表如图 7-19 所示。

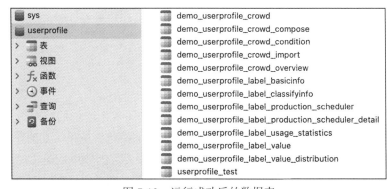

图 7-19 运行成功后的数据表

再次，根据自身环境配置修改表 7-3 中的配置。

最后，依次启动 userprofile-registry、userprofile-runner 和 userprofile-api，服务启动成功后，访问 http://localhost:8080/hello，接口返回结果如图 7-20 所示。

表 7-3　代码配置修改列表

所在工程	配置文档	配置内容

userprofile-api	application.properties	#API 服务端口号
		server.port=8080
		# Eureka 服务地址
		eureka.client.service-url.defaultZone

userprofile-component	common.properties	# MySQL 连接配置 spring.datasource.url spring.datasource.username spring.datasource.password # Redis 集群配置 spring.redis.cluster.nodes # 阿里云 OSS 配置 aliyun.oss.file.endpoint aliyun.oss.file.keyid aliyun.oss.file.keysecret aliyun.oss.file.crowdbucket # DolphinScheduler 接口路径 dolphinscheduler.api.url
userprofile-registry	application.properties	# Eureka 端口及路径配置 server.port eureka.client.service-url.defaultZone

userprofile-runner	application.properties	# 微服务端口号
		server.port=9999
		# Eureka 服务地址
		eureka.client.service-url.defaultZone

```
←  →  C  ⌂      ⓘ localhost:8080/hello

⠿ 应用

Hello, I am SayHelloService
```

图 7-20　服务启动成功后接口返回结果

7.6　本章小结

本章介绍了如何从 0 到 1 搭建画像平台。首先给出了一个详细的技术组件协作图，介绍了画像平台各类组件之间的对应关系；其次介绍了案例搭建所依赖的基础环境配置，包括虚拟机的安装、Java 环境配置、静态 IP 配置等，为后续大数据环境搭建奠定了基础；然后分别介绍了大数据环境和存储引擎相关组件的安装和配置过程，每一部分都包含详细的配置步骤；最后介绍了服务端工程框架搭建步骤，并给出了连接和使用大数据组件的核心代码。

本章内容只是一个引子，其中安装包的版本可能已经不是当前最新版本；代码示例并不是一套完整的可以直接投入业务使用的画像平台代码，其中部分代码可能也不是最佳实践示例。希望读者以此作为基础，根据自身实际业务需求进行修改、完善。

第 8 章 *Chapter 8*

画像平台应用与业务实践

通过画像数据可以呈现大数据的价值，构建画像平台的目的是通过工具化的手段提高画像数据的使用效率。本章将介绍画像数据和画像平台在实际业务中的使用情况，通过各类案例可以切实体会到画像的价值以及重要性，引导读者在不同的业务场景下合理地使用画像数据和服务。

本章首先介绍画像平台各核心功能模块的使用方式和应用案例，也是对各章节功能模块所支持业务场景的汇总；其次介绍用户生命周期的主要划分方法，结合不同周期下用户特点介绍用户画像的使用方式，画像的使用可以贯穿用户整个生命周期，对任何业务都具有参考和借鉴价值；最后介绍几个不同业务方向下的画像实践案例，其中包括用户增长、用户运营、电商卖货、内容推荐和风险控制，通过具体实践介绍用户画像在各类业务中的综合使用方式以及业务收益。

8.1 画像平台常见应用案例

本节主要围绕画像平台 4 个核心功能模块的应用案例进行介绍，通过实际案例可以了解用户如何使用画像平台并解决了哪些问题。

8.1.1 标签管理应用案例

1. "最近一周发布文章数" 离线标签的生成

应用背景：用户发布文章的数目以及频率代表了用户的生产活跃度，运营人员期望通过画像平台新增 "最近一周发布文章数" 标签来表示用户的生产活跃情况。

应用方式：运营人员通过画像平台标签管理功能新增该离线统计标签，基于用户每日发布文章明细数据可以配置统计规则，即 T 日统计所有用户 $T{-}7$ 日到 $T{-}1$ 日发布的文章数目总和。该标签支持每日自动更新，T 日需要按时产出 $T{-}1$ 日全量用户的标签数据。

应用结果："最近一周发布文章数"标签定时产出后会存储在 Hive 表中供用户使用，在画像平台人群圈选和画像分析功能中可以直接使用该标签。运营人员可以分析所有用户在该标签上的分布占比，了解用户发布作品的分层情况。基于该标签可以划分出不同用户的生产活跃度等级，并针对不同等级用户采取不同的鼓励策略。

2."当日用户被举报次数"实时标签的生成

应用背景：用户被举报次数表达了该用户的风险程度，当用户在短时间内被频繁举报时需要及时进行风险干预。为了提高风控效率，风控人员希望新增"当日用户被举报次数"实时标签，当标签数值超过一定阈值后及时向风控系统发送报警信息，这样他们就可以根据用户的实际情况判断是否对用户进行封禁等操作。

应用方式：风险控制团队向画像平台提出实时标签需求并描述具体应用场景，画像平台找到用户举报事件流并进行实时数据消费，同时计算每个用户当日被举报次数并构建为实时标签。

应用结果：在实时数据消费过程中，当"当日用户被举报次数"标签值超过报警阈值时，平台会自动向相关风控人员发送报警消息。风控人员接收到报警消息后可以查看用户被举报原因，其中包含被举报次数和详情，进而手动快速封禁用户。通过该标签还可以实现自动化用户封禁功能，无须人工干预即可封禁用户，极大地提高了风控效率。该实时标签直接存储在 Redis 中，也可直接提供给标签查询服务使用。图 8-1 展示了该标签的生产过程和应用逻辑。

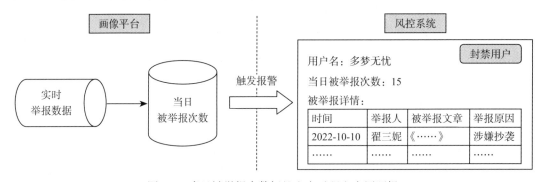

图 8-1 当日被举报次数标签生产过程和应用逻辑

3."活动预约参与者"导入标签的生成

应用背景：一般大型运营活动都会进行提前预约，运营人员希望分析预约用户在后续活动中的表现。如果预约用户在后续活动中的表现明显优于未预约用户，则后续可以加大预约活动的投放力度。

应用方式：运营人员使用画像平台标签管理中的新增导入类标签功能，将参与预约活动的用户导入画像平台并构建"活动预约参与者"标签。对于有预约行为的用户，该标签的数值为1；对于未预约的用户，该标签的数值默认为0。该标签为一次性标签，无须自动更新。

应用结果：运营人员把所有参与活动并且有消费行为的用户通过Hive表导入的方式在画像平台创建了人群，通过分析该人群"活动预约参与者"标签占比，发现80%的用户为预约用户。然后分析所有分享了活动页面的用户，其中有预约行为的用户占比为75%。以上结论证明了参与预约活动的用户在活动中的表现更加积极，可以带来更多的商业价值，后续可以提高预约活动的宣传力度并提高预约用户量。

4."是否有车"挖掘标签的生成

应用背景：客户端计划后续增加"汽车"频道，在该频道中展示汽车相关资讯内容。为了了解潜在的用户规模和用户特征，产品经理期望增加"是否有车"标签。

应用方式：客户端产品经理向画像平台提出新增"是否有车"标签需求，该标签属于挖掘类标签，画像平台算法工程师先后开展数据收集与分析、模型评估与训练和模型上线等工作。用户是否有车属于预测问题，根据预测数值可以进行二分类，最终其标签数值分为是和否。该标签每天定时更新，T日计算$T-1$日全量用户标签数值。

应用结果："是否有车"标签产出后在画像平台上支持人群圈选和分析功能。客户端产品可以分析有车用户的用户量级，以及有车用户的性别、年龄、兴趣爱好等画像分布情况，根据分析结果可以制定更合适的产品方案。

5."常住省"标签占比波动报警

应用背景：数据研发工程师开发的用户"常住省"标签注册到画像平台，并应用在人群圈选和画像分析功能中。为了保证后续服务质量，需要监控该标签的数据质量和可用性。

应用方式：通过画像平台标签管理中的标签监控功能，配置"常住省"标签的监控指标并配置报警功能。监控指标包括每日数据量级、产出时间、标签值占比波动等，当监控出现异常后可以向数据研发工程师发送报警信息。

应用结果：通过监控报警可以及时发现标签异常，降低业务损失。某日"常住省"标签值占比波动较大发出报警，数据研发工程师及时干预并中断了标签数据的使用。经排查该标签数值波动较大是由于上游地理位置识别服务异常造成的，之后进行了数据修复，保证了"常住省"标签的数据质量。图8-2展示了常住省标签波动的触发原因和报警逻辑。

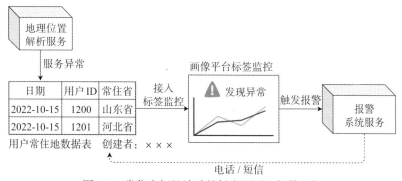

图8-2　常住省标签波动的触发原因和报警逻辑

8.1.2 标签服务应用案例

1. "用户兴趣分"在频道展示中的应用

应用背景：客户端上有很多内容频道，比如军事、社会、游戏、体育等。产品经理期望做到千人千面，即不同用户的频道排序不同，且频道按照用户对频道的兴趣分值进行倒序排列。

应用方式：通过画像平台标签管理功能配置"用户兴趣分"标签支持标签查询服务，后续可以通过接口查询指定用户的兴趣分值。用户兴趣和客户端的频道存在一对一映射关系，客户端首先调用标签查询服务获取指定用户的兴趣列表及分值，然后将兴趣映射到频道后按照兴趣分值大小进行排序。

应用结果：频道的排序更具个性化，排序靠前的频道更能体现用户的兴趣所在。实验证明用户对频道的点击率有明显提升，用户后续的评论和转发行为也有明显增加。图 8-3展示了用户兴趣分与客户端频道排序的关系。

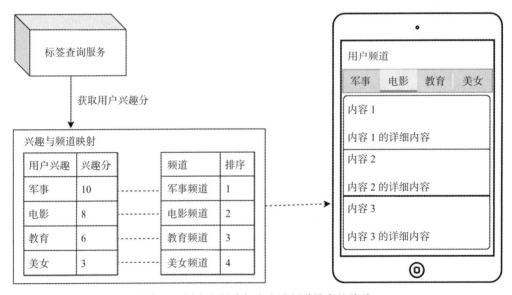

图 8-3　用户兴趣分与客户端频道排序的关系

2. 元数据查询服务辅助构建指标平台

应用背景：为了统一管理各类指标，公司搭建了指标管理平台，平台包含各业务涉及的关键指标，每一个指标包含指标名称、统计口径、数据源、指标数据分布等信息。画像平台本身包含大量的指标类标签，需要对接并展示到指标管理平台上。

应用方式：指标管理平台通过标签元数据查询服务获取画像平台的各指标类标签信息，指标管理平台将接口返回结果封装后展示到平台上面。

应用结果：指标管理平台展示了公司各业务的关键数据指标，提高了指标数据查询效率；管理平台通过统一的指标口径和数据源头，降低了各业务使用不同数据源造成的数据差异和业务损失。

8.1.3　分群功能应用案例

1.圈选对军事感兴趣的人群并用于 Push 平台

应用背景：运营人员每天会整理当前军事冲突热门事件并通过 Push 平台推送给对军事感兴趣的用户，刚开始主要通过手动的方式在画像平台创建人群，然后导入 Push 平台进行推送。为了降低人力成本，提高推送效率，运营人员希望人群每天可以自动更新，然后推送到 Push 平台并完成自动化推送。

应用方式：运营人员在画像平台上通过规则圈选创建对军事感兴趣的人群并配置为每日自动更新。Push 侧通过人群接口每日定时拉取人群数据，然后遍历人群中的每一个用户并推送 Push 消息。

应用结果：运营人员只需要在画像平台创建一次人群，在 Push 侧仅需要配置每天的推送素材，通过系统间接口调用减少了人工操作步骤，极大地降低了人力成本。

2.基于 LBS 圈选学校附近用户

应用背景：调研人员期望了解当代大学生的就业观念，主要通过私信的方式给用户推送调研问卷。调研人员指定了几所国内高校，期望在这些高校中分别选取几十人进行问卷调研。

应用方式：调研人员通过画像平台 LBS 人群圈选功能找到了几所高校附近出现过的用户，并结合用户年龄等标签提高了用户圈选的精确度。生成人群之后，私信平台可以通过接口拉取人群数据并进行私信推送。

应用结果：通过 LBS 圈选出的学校附近用户大部分是大学生，不仅可以实现精准的私信触达而且可以减少对无关用户的打扰，最终帮助调研人员顺利完成既定工作。以此类推，针对特定场合，如医院、公园、电影院、旅游景点等，都可以进行精细化的人群圈选。

3.基于组合人群赠送优惠券

应用背景：在"三八"妇女节当天电商平台会给女性用户赠送商品优惠券，主要通过画像平台的规则圈选找出所有女性用户并构建人群，当用户在人群中时则赠送优惠券。为了屏蔽黑灰产用户，风控团队通过文件提供了一批用户名单，需要在推送优惠券时排除掉该部分用户。

应用方式：在画像平台上通过规则圈选创建女性用户人群 A，通过文件导入的方式创建黑灰产用户人群 B，通过组合人群的方式创建人群 A 与 B 的差集人群 C，人群 C 支持判存服务，最终通过判断用户是否在人群 C 中来决定是否赠送优惠券。

应用结果：通过人群组合的方式便捷地满足了业务需求。业务人员为了给指定用户（不分男女）赠送优惠券，还创建了一个白名单人群 D，将人群 C 与人群 D 求并集后生成了新的人群 E。人群 E 不仅覆盖了原有的赠送人群范围，而且可以向特定用户群体赠送优惠券。图 8-4 展示了人群 E 的生成逻辑。

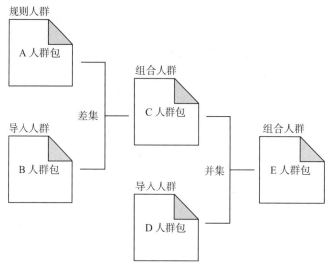

图 8-4　E 人群的生成逻辑图

4. 使用人群拆分功能支持外呼对比实验

应用背景：智能外呼团队为了测试不同话术在外呼效果上的差异，将同一个外呼人群随机平均拆分成 4 个子人群，然后针对不同子人群中的用户采用不同话术进行外呼，最终通过对比外呼效果来选出最佳话术。

应用方式：外呼团队在画像平台上创建外呼人群，并借助人群拆分功能将该人群按照 25%、25%、25%、25% 的比例拆分为 4 个子人群，在外呼平台导入 4 个子人群并配置不同的话术进行外呼操作。

应用结果：人群拆分功能实现了对原人群的随机拆分，拆分过程完全随机且不受任何外部因素干扰，这一特点保证了实验的有效性。最终通过对比不同子人群外呼效果找到了最合适的话术，其有效性相比其他话术提高了 15%，外呼团队也针对性地提高了该话术在外呼中的占比。

5. 人群判存在新功能引导上的使用

应用背景：客户端应用中增加了网页小游戏功能模块，为了测试该模块的实际运行状况并评估用户的喜爱程度，产品经理希望前期仅面向种子人群开放小游戏功能入口。

应用方式：产品经理在画像平台上创建种子人群并申请该人群支持判存服务，客户端调用判存服务判断当前用户是否在种子人群中，如果在则展示小游戏功能入口。

应用结果：通过种子人群精准限制了小游戏功能的透出范围，高性能的判存服务保证了服务调用的稳定性。该实验证明了小游戏的价值，后续通过种子人群扩量不断地提高了覆盖用户的量级。产品经理根据用户反馈不断优化和完善了小游戏的功能，最终小游戏模块全量上线。

8.1.4　画像分析应用案例

1. 借助人群分析实现活动复盘

应用背景：电商运营组织了一场直播带货活动并取得了不错的效果，在活动复盘时需要统计出进入直播间和购买商品的用户群画像分布，其中包括性别、年龄、兴趣爱好、常住省等。传统的复盘统计方式依赖数据分析师进行离线数据统计，但是分析师人力比较紧张，无法按期产出分析结果，所以运营人员希望借助画像平台人群分析功能实现快速的用户群体分析。

应用方式：在画像平台通过 Hive 表导入人群的方式创建了进入直播间用户人群 A 和购买商品人群 B，并且通过画像分析功能计算了人群 A 和 B 在性别、年龄等标签上的画像分布。电商运营人员可以直接使用分析结果中的图表数据，画像平台也支持下载分析数据并进行二次加工。

应用结果：电商运营人员基于画像平台可视化页面可以快速配置、生成导入人群，半个小时内便产出了人群画像分析结果，极大地提高了人群分析效率。电商运营人员通过人群间的画像对比找到了人群 A 和 B 的画像差异以及购买群体的显著特征，后续在类似活动的推广中可以针对性地提高具有该特征用户的覆盖度。

2. 辅助新 App 搭建核心数据看板

应用背景：某 App 刚上线不久，产品负责人希望可以快速搭建一套数据看板，用于查看该 App 每日活跃用户数变化趋势、有充值行为的用户数变化趋势，以及全量用户的性别、年龄分布等数据。该 App 关键日志数据已接入画像平台，用户标签数据也比较完善。

应用方式：在画像平台上基于明细数据可以计算出该 App 下每日活跃用户数和有充值行为的用户数；通过创建全量用户人群并配置为每日自动更新，可以分析全量用户每日画像分布变化。上述分析结果可以汇总到一张数据看板中并分享给相关负责人。

应用结果：在短期内快速构建了一套数据看板，在看板中可以查看业务关注的各类指标。基于该看板可以轻松地拓展分析内容，满足了业务快速迭代的需求。画像平台数据看板也支持指标订阅和报警功能配置，可以每日自动推送关键指标给相关用户；当数据出现波动并触发报警时可以第一时间通知相关人员进行处理。

3. 大 V 运营查看涨掉粉数据

应用背景：大 V 运营是生产运营的主要业务方向，为了提高大 V 作者的作品数量和质量，需要详细了解大 V 作者的运营数据，辅助大 V 作者发表更受欢迎的作品。涨掉粉数据可以直接反映出当前作者的受欢迎程度，还可以在该数据基础上进行归因分析并找到作者涨掉粉的主要原因。

应用方式：通过画像平台用户查询功能可以查询大 V 作者的画像标签信息，了解大 V 作者的基本属性和行为指标数据，按照时间范围可以查看大 V 作者发表作品数、作品被点赞数等指标的变化趋势。使用画像平台涨掉粉功能可以查询大 V 作者的涨掉粉详情数据，包括涨掉粉数据趋势图、相关作品带来的涨掉粉数据等。

应用结果：运营人员通过用户查询和涨掉粉数据可以快速了解大 V 作者的运营状况，在与大 V 作者的沟通中更加有的放矢，辅助其在后续生产过程中更加高效地涨粉。当针对某些大 V 作者开展了专项运营推广活动后，通过涨掉粉分析功能可以查看活动效果。通过涨掉粉数据还可以反向筛选出最近涨粉或者掉粉比较显著的大 V 作者，辅助大 V 运营人员及时采取针对性的运营动作。

4.注册流程优化分析

应用背景：App 上原有的用户注册流程较长，其中涉及用户输入手机号、验证码、头像、性别、省份等信息，而且对于用户头像的图片质量要求较高，在这种情况下大概有 4% 的用户无法完成注册。为了提高用户注册完成率，产品经理调整了注册流程，减少了非必要的信息填写和校验步骤。为了证明新流程的有效性，产品经理希望借助画像平台分析功能统计新流程注册完成率以及完成注册的平均耗时。用户注册行为明细数据已接入画像平台，数据包含点击注册按钮以及注册完成等关键事件的详细数据。

应用方式：使用画像平台行为跨度分析功能，其中初始行为选择"点击注册按钮"，目标行为选择"注册完成"。通过跨度分析可以计算出注册行为时间跨度以及完成注册的行为转化率。

应用结果：行为跨度分析结果显示，在新流程下用户注册耗时降低了 40%，最终注册行为完成度提高到 98%，相比原有流程有显著提高。通过分析可以发现，老流程注册时间主要消耗在头像上传和验证码输入上，当头像照片验证异常时用户放弃注册的比例较高。图 8-5 是注册流程优化前后的功能示意图。

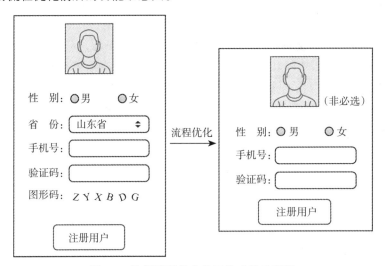

图 8-5　注册流程优化前后的功能示意图

8.2　用户生命周期中画像的使用

用户生命周期反映了用户在产品中所处的使用阶段，不同生命周期的用户运营策略不同，画像数据和服务可以在各阶段通过不同的方式发挥有利作用。本节首先介绍业界常见的用户生命周期划分方式，然后分别介绍每一个生命周期下用户运营的主要关注点，并结合画像数据和服务给出了主要使用方式和赋能手段。

8.2.1 用户生命周期的划分方式

用户从接触一款产品、使用产品到最终离开，是一个过程，该过程可以根据用户使用产品的情况划分为不同的生命周期阶段。一般用户生命周期可以划分为引入期、成长期、成熟期、休眠期和流失期，但并不是每一个用户在使用产品的过程中都会经历所有的生命周期阶段，比如一个新用户刚注册便离开，其只经历了部分生命周期阶段。

下面展示了一个比较通用的生命周期划分方案。

❑ 引入期：通过各种方式从外部流量中拉取到了新用户，用户可能完成了注册和登录，但是还没有使用产品功能。

❑ 成长期：用户开始体验产品功能，并且经历了一个完整的使用路径；或者用户在产品中第一次贡献了价值，比如完成了一次购买或者充值等关键行为。该阶段用户已经了解了产品功能并认识到了产品价值，对产品有了认可度。成长期的用户行为积累一段时间后就进入了成熟期。

❑ 成熟期：用户开始深入使用产品功能，出现了频繁登录、重复购买等行为。该阶段用户是产品的主要活跃用户，贡献了主要的日活用户量和商业价值，属于运营重点维护的用户群体。

❑ 休眠期：用户使用产品的频率降低，并且在一段时间内不再创造新的商业价值。

❑ 流失期：用户在一段时间内都没有使用过产品。

上述不同阶段中提到的"商业价值"和"一段时间"与具体产品功能和统计口径有关。商业价值可以指充值金额、送礼金额、广告收入、用户打赏等，一段时间可以具体到3日、7日、1月、3月等。

用户生命周期的划分有助于提高产品的商业价值。一款产品的主要目标是获得业务收益，业务收益正比于用户量和单用户价值。用户量的增长主要依赖增加新用户并减少存量用户流失，新用户的增加主要依赖各种拉新手段。为了减少存量用户的流失，需要使用各种运营策略。用户生命周期的划分可以辅助实现精细化运营从而提高拉新效率，减少用户的流失数量。单用户价值的提升主要依靠增加用户使用产品的有效时长，这样才能在较长的时间内不断提高单用户的整体价值，而使用时长的增加离不开对用户生命周期的掌握。归根结底，利用用户生命周期数据可以更深入地了解用户所处状态以及价值，通过延长用户高价值阶段的时长可以最终提高产品的商业价值。

有了明确的生命周期划分原则，便可以将用户按行为特点划分到不同阶段，运营人员后续可以针对不同阶段的用户进行精细化运营。针对引入期的用户，要注重用户拉新以及新用户留存；针对成长期的用户，要做功能引导并促进其转化为成熟期用户；针对成熟期的用户，要做好休眠和流失预警，通过运营手段保持用户活跃度；针对休眠期的用户，要及时干预并拉活；对于流失期的用户，要做好拉回。总之，生命周期运营的目标就是提高成熟期用户的数量，增加流入，减少流出，提高引入期和成长期用户转化到成熟期的比例，降低成熟期用户转变为休眠期和流失期用户的数量。图8-6展示了不同生命周期阶段用户的转化和运营思路。

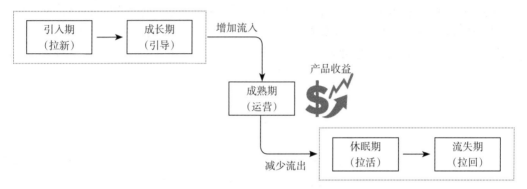

图 8-6　不同生命周期阶段用户的转化和运营思路

8.2.2　引入期画像的使用

引入期用户的运营重点是拉新，拉新就是通过各种方式获取新用户。用户是产品价值的创建者，只有不断地吸引更多的用户使用产品，才能持续提升产品价值。常见的拉新方式包括广告投放、分享裂变和线下地推等。下面将介绍用户画像数据和服务在以上3种拉新方式中的具体使用方法。

广告投放是通过付费的方式从各类广告渠道获取目标用户。常见的广告投放渠道包括信息流广告、搜索引擎广告、应用市场广告、App预装等。广告投放的目标是尽量花较少的钱获取到更精准的目标用户，借助画像数据可以辅助实现广告精准投放。比如通过广点通投放信息流广告时可以配置人群定向，其配置规则可以参考产品中现存用户的画像分布特点进行制定。借助画像平台人群分析功能可以深入了解当前产品存量用户的画像分布，比如大部分用户为中年女性用户，那么在广点通进行人群定向时可以偏重选择中年女性用户，这无疑将提升广告投放用户的精准度。在RTA（Real Time API，实时API）和RTB（Real Time Bidding，实时竞价）广告投放中，为了实现用户拉新，需要过滤掉平台已有用户。此时可以在画像平台创建全量用户人群并支持判存服务，在广告投放过程中通过调用判存服务过滤掉老用户，从而实现精准拉新。

分享裂变借助产品自身的分享功能，引导现有用户将产品功能或者内容通过分享行为宣传出去，最终吸引新用户使用产品。分享裂变的目标是在较少的分享次数下尽量获取更多的新用户，主要受两个因素影响：分享的内容质量和分享者的号召力。被分享的内容很难控制，但是可以通过运营手段引导具有号召力的用户进行分享来提高分享裂变拉新效果。

通过画像平台人群圈选功能可以找到应用中好友数较多且与好友互动较为频繁的用户群体。实验证明，通过引导该群体主动分享可以带来不错的拉新效果。

相比广告投放和分享裂变这类线上拉新方式，线下地推的效率较低但是效果明显。线下地推需要业务人员走到街头，通过赠送小礼品或者优惠券等方式现场拉取新用户注册并使用产品。为了提高产品在不同地区的用户覆盖率并提高地推效率，可以选择用户覆盖率较低的地区进行地推。借助画像平台基于地域的分析能力可以找出覆盖率较低的区域，针对这些区域开展地推拉新活动。实验证明，这些区域的拉新效果较好。

借助画像平台的行为明细分析功能可以跟踪不同渠道新增用户的留存情况以及拉新成本，通过数据对比可以找出性价比最高的拉新渠道。图 8-7 展示了画像平台在用户引入期的主要应用。

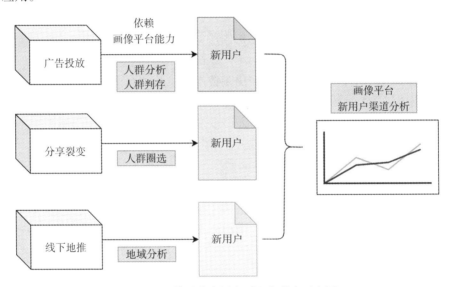

图 8-7　画像平台在用户引入期的主要应用

8.2.3　成长期画像的使用

成长期用户的运营重点是引导，通过引导加快用户体验完整的产品功能或者贡献一次产品价值。用户只有在体验了完整的产品功能后才能全面地感受到产品的功能价值，进而在多次使用产品后转变为忠实用户并持续在产品中贡献价值。为了描述方便，本节以工具类产品和电商类产品为例介绍常见的用户引导方案以及画像在其中起到的作用。

工具类产品常见的引导方式是新用户指引。当用户首次进入产品之后，通过新用户指引，用户可以逐步使用产品核心功能。比如垃圾清理软件可以引导用户使用清理功能，屏幕截图软件可以引导用户体验截图功能，日程管理软件可以引导用户编辑第一个日程等。工具类产品可以借助画像平台进行页面分析和漏斗分析，通过页面分析可以了解各页面以及页面元素的使用情况，通过漏斗分析可以统计用户在关键操作流程上的转化数据。依据分析结果可以找出新用户使用产品功能时存在的主要问题，从而辅助优化产品功能并实现更好的用户指引。

电商类产品常见的引导方式是发放新人优惠券。在用户首次使用产品时赠送新人福利，比如新人一元购、新人满减券等。用户在优惠券的吸引下很容易完成第一笔订单，同时体验了产品的核心功能。电商类产品也可以借助画像平台进行漏斗分析，找出用户在购买商品过程中各环节的转化率，后续通过优化流程可以不断提高购买成功率。在发放优惠券的过程中可以调用画像平台标签查询服务获取用户风控信息，如果该用户被识别为黑灰产用户，则停止发放优惠券。利用标签实时预测服务可以预估新用户的性别信息，然后根据预测结果发放不同的优惠券或者展示不同的商品清单，进而提高用户的购买成功率。

当用户体验了完整的产品功能或者贡献了一次价值之后，可以通过签到和打卡功能强化用户的使用习惯。比如连续使用一周工具类产品后可以免费使用 VIP 功能，每日登录电商类产品可以领取代金券等。用户在反复使用产品一段时间后很容易由成长期用户转变为成熟期用户。

为了提高用户引导转化效率，可以使用画像平台进行各页面间的访问路径分析，计算不同页面间的流转关系并通过桑基图展示出来。产品经理根据分析结果可以不断优化产品功能，提高用户在关键操作路径上的转化效率。

8.2.4 成熟期画像的使用

成熟期用户的运营重点是做好日常运营。成熟期用户已经熟悉了产品功能并且在产品中持续贡献价值，是产品中最重要的用户群体。为了维护该部分用户，运营人员需要深入了解成熟期用户主要的特点，提供个性化的内容和服务；通过适当的运营活动保证用户的活跃度；做好用户流失预警，当发现用户有流失倾向时及时干预。

大部分成熟期用户已经使用了一段时间的产品功能并积累了大量的用户数据，基于这些数据可以统计或者挖掘出很多用户特点。比如基于用户的浏览数据可以挖掘出用户的兴趣爱好，在内容推荐过程中可以作为算法特征应用到推荐模型中，最终提高用户的使用体验。同理，可以挖掘用户的婚育情况、学历情况、资产状况等，基于这些标签数据可以进行精细化的运营。比如在某场母婴类电商直播卖货推广活动中，为了提高直播成交金额，可以借助画像平台筛选已婚已育的女性并推送活动信息。有了画像标签之后，可以借助画像分析功能深入了解人群特点，通过分布分析可以了解人群的性别、年龄和地域分布，通过人群间对比分析可以找到每个人群的突出特点。

为了保证成熟期用户的活跃度，需要增强用户的存在感和归属感，可以借助 VIP 会员、年度总结和等级勋章等运营手段来实现。VIP 会员是一种双赢方案，用户可以使用更高阶的功能或者享用更好的服务，而且用户成为会员后对产品的忠诚度更高，在 VIP 有效期内会反复使用产品功能。此处需要注意，VIP 能够实现双赢的前提是 VIP 确实物有所值。年度总结一般发生在年末，是指总结用户近一年的功能使用情况并推送给用户，这不仅可以加强产品与用户之间的联系，而且用户会乐于分享有意思的统计数据给自己的好友，无形间起到了宣传产品的效果。图 8-8 是某垃圾清理类 App 年度总结报告示例，图中通过一些醒目的数字展示了用户的使用情况，通过类比和排名等方式放大了用户的使用效果。等级勋章也是一种常见的运营手段，根据用户的使用情况确定用户的等级，不同等级的权限或者标识不同，用户为了提高等级会增加使用频率。画像平台可以为以上运营活动提供基础数据和分析服务，比如用户年度总结时可以通过标签查询服务获取用户行为统计标签值，如近一年的点赞次数、发表文章数等。用户的等级和是不是 VIP 也可以加工为画像标签，用于人群创建和画像分析功能中。

恭喜！您今年共清理垃圾

500TB

相当于 250 部电影，2000 首歌曲！

您 2022-01-15 第一次使用清理功能。

截至今天，您一共使用了 120 次清理功能。

您的垃圾清理量级高于 96% 的用户。

当前系统非常干净，继续努力！

分享

图 8-8　某垃圾清理类 App 年度总结报告示例

为了减少从成熟期转变为休眠期和流失期的用户数量，需要及时感知用户的活跃度变化，在用户活跃度降低时及时干预。根据用户的活跃数据可以生成如下标签：连续活跃天数、活跃等级、最近一次活跃距今的天数等。连续活跃天数代表了用户的具体活跃情况，可根据该标签灵活地圈选连续活跃天数在指定范围内的用户；活跃等级是对用户活跃程度的抽象，当用户的活跃等级出现降级时需要及时关注；最近一次活跃距今的天数可以评估用户的流失状况，当超过一定阈值后可以认为用户已经进入休眠期或者彻底流失。

8.2.5　休眠期画像的使用

休眠期用户的运营重点是拉活。休眠期用户的典型表现是活跃度降低或者不再贡献价值，当用户进入休眠期之后如果不能及时干预则很可能成为流失用户。由于用户还在使用产品功能，休眠期最有效的拉活手段是 Push 推送，Push 消息的送达率较高且成本较低。

对于休眠期用户，首先要分析其进入休眠的主要原因。可以借助画像平台圈选出近期活跃度降低的用户并分析其画像特点，比如当发现大部分用户的流失时间点与 App 某版本的发布时间吻合时，可以推测流失原因可能与版本更新带来的不好的使用体验有关。通过与大盘用户进行 TGI 对比分析可以找到该批用户画像分布的突出特点，比如当用户群体中女性占比显著偏高时，可以有针对性地进行排查。借助画像平台明细行为数据查询能力可以抽样查看部分用户的行为轨迹，通过实际数据排查用户流失的具体原因。也可以通过用户访谈的方式直接联系用户并咨询活跃度降低的主要原因。同理，对于依然活跃但是不再贡献价值的用户，也可以通过上述方式分析其具体原因，比如用户会员到期、商品优惠力度不足、喜欢的主播停播等，此时需要结合具体业务场景进行深入分析。

对于找到具体休眠原因的用户，可以有针对性地进行运营干预，但是在实际场景中很难找到用户活跃度降低的具体原因，此时可以通过 Push 实现用户的拉活。Push 的关键在于推送素材和策略，好的素材可以勾起用户的点击兴趣，好的策略可以在不打扰用户的情况下提高用户点击率。常见的 Push 素材包括用户感兴趣的内容、好友近况、热门内容和优惠活动。借助算法推荐能力可以找出用户最感兴趣的内容并进行推送；获取用户交互频率较高的好友近况信息并进行推送，比如好友近期发布了一篇热门文章，可以推送给用户阅读；热门内容可以选择社会热点、突发事件或者区域热点等内容进行推送；优惠活动可以将最新的优惠信息、打折商品、满减活动等推送给用户。借助画像平台分群功能可以圈选出待推送的用户群体，比如向不同地域的用户群体推送不同的热点事件，向不同消费等级的用户推送不同的优惠活动等。借助画像平台还可以实现 Push 推送后的画像分析，通过漏斗图可以展示每一次 Push 的推送—到达—点击数据，运营人员根据分析结果可以不断优化推送素材和策略。

8.2.6　流失期画像的使用

流失期用户的运营重点是拉回。流失期用户是指一段时间没有使用过产品的用户，这些用户可能已经卸载了 App，为了拉回用户可以采用短信推送、邮件推送和广告投放等方式。流失用户拉回的价值在于用户已经使用过产品并有一些了解，拉回后可以迅速转变为成熟期用户。

短信推送、邮件推送和 Push 推送的推送逻辑类似，也同样需要注重推送内容和推送策略。短信推送主要依赖文字，其表现形式单一，相对 Push 的推送效果会差一些。由于大家日常使用邮件较少，邮件推送的内容虽然比较丰富但是推送效果较差。从推送成本的角度来看，短信推送＞ Push 推送＞邮件推送。通过画像平台可以圈选出满足条件的流失用户人群，然后借助 ID 转换功能可以将人群中的 UserId 转换为手机号或者邮件账号，最后将人群数据同步到短信和邮件触达平台后便可以实现推送。为了验证不同文案拉回效果的优劣，借助画像平台人群拆分功能可以将人群等比例拆分为多个子人群，通过为不同的子人群配置不同文案便可以进行拉回效果对比并最终选出推送效果最好的文案。短信和邮件的推送效果分析同样可以借助画像平台的人群投放分析功能来实现。

广告投放可以用于用户拉回，广告渠道可以优先选择信息流广告和应用市场。通过画像平台可以圈选出已经流失的用户并借助 ID 转换功能将其转化为 IMEI 或者 OAID 人群，进而在广告投放时上传人群并严格按照人群用户范围进行定向投放。为了实现人群精细化投放，可以利用其他标签进行人群细分，比如按照性别、年龄、不同省份、不同兴趣等划分人群，不同的细分人群可以配置不同的广告投放素材和策略。画像平台可以实时消费广告投放数据并分析不同广告订单的投放效果，依据投放效果及时调整投放策略。图 8-9 展示了画像平台在广告投放中的主要应用方式。

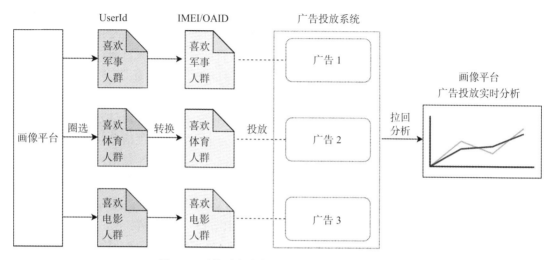

图 8-9 画像平台在广告投放中的主要应用方式

8.3 画像平台业务实践

本节将结合实际业务场景介绍用户画像的综合使用方式，业务场景涉及用户增长、用户运营、电商卖货、内容推荐等，在介绍每一个场景时会详细介绍其需求背景、业务目标、合作方式和主要收益。合作方式涉及画像标签、人群管理和人群分析等数据服务和平台功能，是对用户画像的综合运用。通过本节可以了解用户画像如何服务各类业务并最终满足实际需求，提高业务收益。

8.3.1 用户增长

用户量级是评估一款产品商业价值的核心指标，用户增长业务的主要目标就是提高产品有效用户量。增长的主要思路是"开源节流"，开源即找到更多的新用户源头，借助拉新的方法吸引更多用户进入产品；节流即避免用户的流失，借助各类运营手段降低用户流失率。下面将详细介绍两个用户增长业务与画像平台合作的实际案例。

1. 广告投放新增用户统计分析

需求背景：广告投放是用户增长业务实现拉新的主要方式之一，对于内容类产品其主要投放渠道包括信息流广告和应用市场。常见的信息流广告投放渠道有腾讯广告、新浪微博、字节巨量引擎、百度信息流、快手磁力引擎等；常见的应用市场包括手机百度助手、360手机助手、华为应用市场、小米应用商店、应用宝、91手机助手等。不论是信息流广告还是应用市场，在通过广告投放进行拉新的过程中都可能涉及多种渠道的混合使用，当产品中有新增用户时便需要通过归因来明确用户来源。在本案例中，用户增长广告投放团队提出了对新用户来源进行统计分析的业务需求，希望借助画像平台辅助其做好新用户归因统计和后续的用户行为分析。

用户归因的实现方式有多种：设备号归因、渠道包归因、剪贴板归因和IP+UA（User Agent，用户代理）归因等。设备号归因主要应用在付费广告投放中，目前在业界使用比较广泛且技术比较成熟，主要根据用户安装时的IMEI、OAID、IDFA等进行归因。渠道包归因将渠道信息打包到安装包中，当用户安装带有渠道号的App时便可以归因到具体的投放渠道，但是由于其在付费投放的流程中容易被拦截和修改，所以渠道包归因主要应用在自然新增用户的渠道归因中。剪贴板归因是在用户安装App之前将相关信息存储在用户剪贴板中，安装成功后通过读取剪贴板内容来判断安装渠道。但该方式涉及用户隐私，在用户未授权的情况下无法使用和读取剪贴板内容，所以一般作为辅助归因方式。IP+UA归因主要对比用户安装前后的IP和UA信息，如果一致便可以确定用户的渠道来源，但是由于IP容易变动，UA的重复性较高，所以使用该方式进行归因的精确度不高。

用户增长业务采用了多种归因方式相结合的方法来确定用户来源，当用户注册并第一次进入App时会将归因信息写入实时数据流Kafka中，其他业务通过消费该数据流可以了解新增用户的渠道来源。

业务目标：
❏ 可以实时查看不同广告投放渠道下新增用户量变化趋势。
❏ 根据新用户归因结果构建"用户来源"标签，使用该标签可以进行人群圈选和画像分析。
❏ 构建新用户渠道分析看板，支持按时间范围查看各渠道新增用户量变化趋势，支持查看不同渠道新增用户的画像分布。在分析看板上可以配置报警策略，当渠道新增用户量波动超过10%时可以发出报警信息。

合作方式： 画像平台通过事件分析、新增标签和分析看板等功能满足了广告投放新增用户统计分析的需求，增长业务需要提供新用户所在渠道实时数据流并在画像平台进行相关配置。

为了获取不同渠道实时新增用户数据，画像平台需要消费用户增长提供的实时数据流，该数据流包含了新增用户的UserId、渠道来源和注册时间。画像平台将实时数据消费结果直接写入ClickHouse明细数据表中，为了方便按日期统计新增用户量，该明细数据表以日期作为分区。借助画像平台事件分析功能可以统计每个渠道下的实时新增用户量，此时便满足了广告投放团队查看不同渠道下实时新增用户量级的需求。

新增用户来源渠道数据最终也会落盘到Hive表中，画像平台数据研发工程师基于该数据表可以生成"用户来源"标签。用户来源标签包含全量用户的来源信息，需要每日进行离线更新计算，即 T 日离线生成 $T-1$ 日全量用户数据，此时可以通过合并 $T-1$ 日新增用户和 $T-2$ 日全量用户数据的方式实现。该标签数据可以通过标签管理功能注册到画像平台并设置其支持规则圈选和画像分析功能。后续使用该标签可以筛选出指定广告投放渠道下的用户群体并进行人群画像分析，比如找到所有腾讯广告带来的新增用户并分析性别分布、平均在线时长、累计贡献价值等。

各广告渠道的新增用户事件分析和人群画像分析结果可以汇总到一张分析看板中，该看板包含了各投放渠道近一个月的新增用户量级变化趋势图，各渠道下用户的性别、常住省分布以及每日贡献价值变化趋势等。增长广告投放人员可以根据业务需求配置合适的指标监控，比如当小米商城新增用户量级同比下降 10% 时发送短信报警，方便投放人员及时发现问题并进行干预。图 8-10 是广告投放新用户统计分析看板的内容示意图。

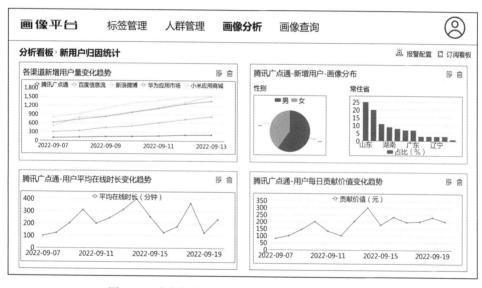

图 8-10　广告投放新用户统计分析看板的内容示意图

主要收益：

❑ 增长广告投放团队可以实时了解各渠道的新增用户量，当用户量级出现波动时可以及时干预来降低投放损失。

❑ 通过对比不同投放渠道用户群体的平均贡献价值指标可以找到贡献价值最高的投放渠道，结合渠道投放成本可以选出性价比最高的投放渠道。增长广告投放团队可以有针对性地提高相关渠道的投放力度，用最小的成本获取最有价值的用户。

2. 流失用户定期 Push 拉活

需求背景： 为了实现用户拉活目标，增长业务团队组建了用户拉活团队，该团队主要依赖的拉活方式包括 Push 消息、短信，以及邮件拉活、广告投放拉活等，其中性价比最高的 Push 消息是其主要的拉活手段。

Push 消息可以分为常规 Push 和特殊 Push。常规 Push 比较偏向例行化推送消息，即每日定期给待拉活用户推送消息；特殊 Push 主要指特殊需求下的 Push，比如配合热点事件、大型活动等进行推送。常规 Push 原有工作流程是先在画像平台创建人群，然后在 Push 平台配置人群 ID 以及推送素材后进行消息推送。在执行一段时间后发现该流程存在以下两个问题。

- ❑ 人力成本高。为了实现定期推送，拉活团队每日都需要配置推送内容；有时为了实现精细化推送需要创建大量人群，其配置工作量出现陡增；遇到节假日也需要例行配置推送内容。靠人力解决常规 Push 需求需要消耗大量的人力成本。
- ❑ 配置效率低。Push 推送涉及画像平台和 Push 平台两个平台，配置人员需要先在画像平台创建人群，等人群创建成功后再跳转到 Push 平台进行配置，配置的效率较低，而且当需要配置的 Push 内容较多时容易出现遗漏或者差错。

为了解决常规 Push 存在的上述问题，用户拉活团队期望画像平台与 Push 平台合作，通过技术手段实现自动化的例行 Push。也就是说，画像平台需要支持人群自动更新，Push 平台需要支持自动拉取人群数据，在匹配合适素材后自动推送，画像平台需要支持集中查看人群历次推送效果以及推送中各阶段的用户画像信息。

业务目标：

- ❑ 画像平台新增用户活跃相关标签，可以根据用户活跃情况创建人群并支持自动更新。
- ❑ 画像平台人群可自动同步至 Push 平台，完成素材匹配后可以实现自动投放。
- ❑ 在画像平台上可以查看指定人群历次 Push 效果以及各阶段用户画像信息，根据投放效果优化 Push 内容。
- ❑ 用户拉活团队借助常规 Push 保证每日用户拉活量级为 N 万人。

合作方式：画像平台通过新增标签、人群自动更新和投放分析满足了流失用户定期 Push 拉活的需求，Push 平台支持定期拉取最新人群并在匹配素材后进行投放，用户拉活团队在画像平台和 Push 平台上完成相关配置。

判断用户是否需要被拉活的主要参考是用户近期的活跃情况，比如当用户已经连续 15 天未活跃时，那么其可以划分到待拉活人群中。为了满足灵活的人群圈选需求，在画像平台需要新增"距今最近一次活跃天数"标签，该标签属于离线统计类标签，其标签数值表达了用户最近一次活跃距离当前的天数。画像平台数据研发工程师可以根据用户每日活跃明细数据统计生产出该标签，待标签生产完成后将其注册到画像平台并配置其支持人群圈选功能。该标签支持按数值范围筛选用户，比如筛选出距今最近一次活跃天数在 15 ～ 30 天的用户。人群圈选过程中还可以结合其他标签进行精细化筛选，比如找出指定地域、年龄段下最近未活跃的用户。创建的人群需要配置为每日定时更新，画像平台会每天检测人群所涉及的标签数据变更情况，当发现最新标签数据后便会自动更新人群内容。人群在第一次创建完成之后需要在 Push 平台上进行投放配置，后续便不再需要人工参与。

画像平台所有人群状态更新消息会写入消息队列中，Push平台通过监听该消息队列可以感知画像人群状态变化情况。Push平台检测到相关人群更新成功之后会自动拉取最新的人群数据并进行Push推送。Push平台的所有推送行为数据会写入消息队列中，其中包括消息的推送、到达和点击信息，每一条信息中都包含推送所关联的人群ID。画像平台通过消费Push消息队列可以统计出每次Push的效果数据，借助漏斗分析可以统计出推送—到达—点击各环节之间的转化数据，还可以深入分析某个具体环节下所有用户的画像分布。比如对于某人群的某次Push，通过画像平台人群投放分析可以发现，最终点击该消息的用户中女性占比超过了80%。图8-11展示了流失用户定期Push拉活的实现逻辑。

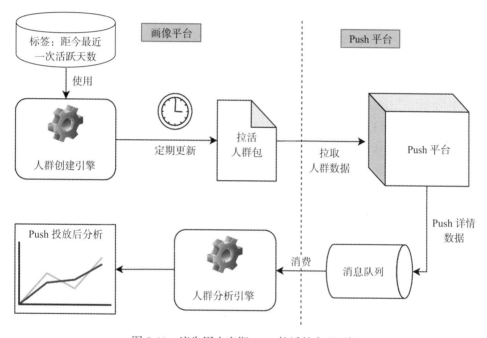

图 8-11　流失用户定期 Push 拉活的实现逻辑

主要收益：

❑ 降低了30%的人力成本。对于例行化常规Push，用户拉活团队无须每日安排人员进行拉活人群配置，释放了大量的人力资源；通过技术手段实现了自动化Push，降低了人工配置的出错率。

❑ 提高了Push策略迭代效率。借助画像平台可以及时监控Push投放效果，依据效果好坏可以及时调整Push的素材、推送用户范围以及例行化推送时长，通过不断优化最终提高了拉活用户量。

8.3.2　用户运营

用户运营是为了维持用户与产品之间的关系，通过各类运营手段提高用户的活跃度和忠诚度，争取把用户留存在产品内并持续创造价值。用户运营需要做好两件事：一是做好运营工具，辅助提高运营效率，支持高效地开展运营工作；二是做好分析工具，深入了解产品和用户，基于分析结果精准地采取运营动作。画像平台在这两方面都可以起到一些辅助作用，下面会有针对性地介绍两个实践案例：作者任务平台搭建和明星账号粉丝及受众画像分析。

1. 作者任务平台搭建

需求背景：对于内容类产品来讲，保证优质内容的持续产出是维持产品质量的前提，而优质内容的产出主要依赖产品中的高质量作者。作者运营是用户运营工作中的重要环节，在维持作者活跃度、提高作者产出上起到非常重要的作用。向作者发布任务并给予奖励是作者运营中一种常见的运营手段，比如连续一周每天发布 1 篇文章可以获取作品推广奖励，一周内发布 3 篇与热门事件相关的文章可以获取优惠券等。

作者运营团队目前已经搭建了自己的任务管理平台，但是平台的功能比较简单，目前只支持通过文件上传的方式确定一批用户然后下发任务。在当前平台上发布任务需要经历以下步骤：运营人员首先向数据研发工程师提出作者筛选的需求，比如查找所有粉丝量在 1 万到 10 万之间的青少年教育类作者；数据研发工程师排期后完成作者的筛选并将结果写入 Hive 表中供运营人员使用；最后运营人员将 Hive 表中的数据下载到文件并上传到任务平台，同时下发任务。随着精细化运营的推进，负责作者运营的人员每天都需要配置大量的作者任务，这种方式不仅效率较低，而且给数据研发工程师和运营人员带来了较大的工作量和较高的人力成本。

运营人员期望借助画像平台辅助其完成任务平台的迭代升级。任务平台需要支持按规则圈选和数据导入的方式筛选作者。其中，规则圈选使用的标签主要由作者运营团队提供；支持人群的拆分功能，方便进行任务间的 AB 实验；支持人群共享，作者运营团队内同事可以互相分享优质人群。

业务目标：

❏ 完成任务平台的迭代升级。升级后的平台支持通过规则圈选和导入人群的方式创建人群，同时支持人群拆分和共享功能。

❏ 节约人力成本，提高任务发布的效率。80% 的任务下发可直接借助任务平台实现，不再占用数据研发人力；任务下发耗时由当前的天级缩短至分钟级，支持运营人员快速测试。

合作方式：画像平台通过标签管理、元数据查询服务、人群圈选服务和人群附加功能满足了任务平台需求，作者运营团队需要提供人群圈选所需要的标签数据。

任务平台需要明确规则圈选所涉及的标签范围，对于画像平台已有的标签可以直接使用，对于任务平台特有的业务标签需要以 Hive 表的形式向画像平台侧提供标签源数据，借助画像平台标签管理功能直接完成标签注册。

在任务平台上构建规则人群筛选页面，页面上的展示元素包括标签名称、标签值列表以及标签注释，此处需要调用画像平台元数据查询服务获取相关信息。

在任务平台上创建的规则人群和导入人群配置信息通过人群创建接口传递到画像平台侧，该接口会同步返回人群 ID 信息，在任务平台上可以使用返回的人群 ID 继续进行后续配置；画像平台人群创建引擎根据任务平台人群配置条件异步创建人群；任务平台通过画像平台提供的人群基本信息接口可以查询人群最新状态并及时更新任务平台上对应的人群信息，当人群创建完成后可以触发任务下发逻辑。同理，任务平台上的人群拆分和分享等功能也直接依赖画像平台已有的服务。

任务平台人群创建功能的实现过程基本等同于搭建一个轻量版的画像平台，如果从 0 到 1 搭建这一套服务需要大量的资源和时间，而借助画像平台的基础服务可以快速地实现任务平台的迭代升级。由于任务平台与画像平台实现了人群数据打通，任务平台创建的人群也可以在画像平台上进行更深入的画像分析，任务平台人群也可以直接应用到 Push、短信等各类投放平台中。

主要收益：

❑ 顺利完成任务平台的迭代升级。任务的配置效率明显提升，任务配置下发平均耗时降低到 10 分钟以内；减少了大量的数据研发工作，大部分任务配置不再需要数据研发工程师参与。

❑ 扩大了作者运营团队的能力范围。由于任务平台与画像平台打通了人群数据，所有任务平台人群也支持人群画像分析、人群投放分析等功能。

2. 明星账号粉丝及受众画像分析

需求背景：为了提高产品口碑和知名度，产品中一般会引入一些明星和大 V 账号，由明星运营团队负责跟进明星引入效果并开展运营活动来提高明星在产品中的影响力。了解明星用户的切入点有多个，比如分析明星的活跃情况、粉丝量变化、作品受欢迎程度、话题热度和搜索热度等。活跃情况可以反映明星用户使用产品的频率和发布作品的数目，如果用户活跃度下降则需要及时进行干预，尽量提高明星用户使用产品的频率；粉丝量代表了明星用户的受欢迎程度，当粉丝量出现大量减少时需要及时关注，快速找到掉粉原因并降低用户损失；作品受欢迎程度可以基于明星用户发布作品的曝光、评论、点赞和分享数量进行评估，通过统计分析找到受欢迎作品的主要特点，后续可以有针对性地增加相似作品的数量；话题热度和搜索热度代表了明星用户当前的受关注程度，也可以反馈明星用户的影响力大小。

除了上述分析内容，为了更全面深入地了解明星账号的运行状况，运营团队希望借助画像平台查看明星用户的粉丝和受众画像分析结果。其中粉丝是明确指向关注用户的群体，受众是指观看过明星账号作品的用户。为了实现精细化分析功能，粉丝画像需要支持按 3 日、7 日、30 日、180 日进行筛选，受众画像分析需要支持按照作品 ID 以及受众的活跃程度进行筛选。画像分析的维度需要支持性别、年龄、兴趣爱好、在线时长等各类标签，对于属性类标签支持下钻分析，对于指标类标签支持按时间段查看数据变化趋势。图 8-12 是用户粉丝及受众画像分析功能示意图，图中通过饼状图和柱状图展示了粉丝性别和常住省分布情况。

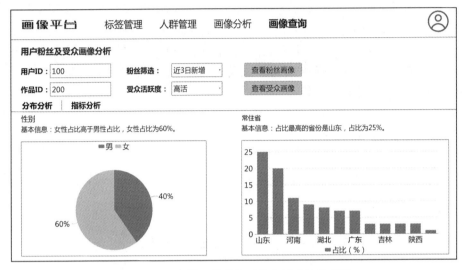

图 8-12　用户粉丝及受众画像分析功能示意图

业务目标：

❑ 画像平台支持用户粉丝及受众画像分析功能，覆盖的用户范围包括所有明星账号。

❑ 借助粉丝及受众分析功能可以深入了解明星账号运行状况，得到的分析结果可以辅助提高明星账号运营效率。

合作方式： 该合作主要由画像平台侧独立完成，在画像查询模块中支持明星粉丝和受众分析功能，开发角色涉及数据研发工程师和前后端研发工程师。

首先数据研发工程师需要找到所有用户的粉丝 Hive 数据表，其中包含所有用户间的关注关系数据。通过该数据表和明星账号数据表计算交集可以过滤出所有明星的粉丝数据，在满足用户需求的基础上极大地缩小了数据量级。同理，为了实现受众画像分析，需要找到所有作品的受众用户数据表和用户活跃统计数据表，通过数据表之间的连接操作可以筛选出明星账号作品的受众数据。整理后的粉丝和受众数据会写入 Hive 表中。为了加快后续的分析速度，Hive 表中的数据会同步至 ClickHouse 表中，借助其优越的性能实现分析提速。

有了粉丝和受众数据后，画像平台服务端研发工程师将其与画像宽表进行连接操作来计算不同群体的画像分布，并在分布分析的基础上支持下钻分析和交叉分析。前端研发工程师可以复用其他分析结果的前端代码来展示粉丝和受众画像分析结果。为了分析明星账号的粉丝和受众特色，该功能还支持不同群体间的画像对比，其主要通过计算 TGI 来找出不同群体间的显著差异。

主要收益：

❑ 通过画像平台可视化功能可以便捷地查看指定明星账号的粉丝和受众画像分析结果，

运营人员可以更全面地了解用户特点，显著地提高了明星运营的工作效率。
- 通过深入分析明星账号的作品受众画像，指导部分明星账号发布了一些作品，作品的受欢迎程度较高且在短期内提高了用户的粉丝量。

8.3.3 电商卖货

电商卖货是很多产品的获利方式之一，好的电商卖货环境不仅可以提升产品商业价值，而且可以吸引更多的商家和用户使用产品。本节会介绍电商卖货常见的两种应用场景——优惠券发放和直播卖货，画像平台可以在其中起到关键的辅助作用。

1. 优惠券发放

需求背景：为了提高电商客户的成交额，电商服务团队经常协助客户设计并发放优惠券，虽然取得了不错的业务效果，但是每次都需要安排专人服务客户，不适用于客户数量较多且频繁发放优惠券的场景。电商服务团队希望将优惠券的配置和下发功能能通过平台的形式提供给商家使用。原因有两点，一是可以释放电商团队的人力，二是商家更了解自身产品和消费者特点，配置的优惠券也更贴近实际需求。电商服务团队期望使用画像平台的基础服务快速搭建出优惠券发放平台。

优惠券有很多种类：满减券、折扣券、直减券和运费券。满减券在商品购买金额超过一定数额后可以使用，比如满100元减20元。折扣券可以直接在购买金额的基础上进行打折，如9折优惠券。直减券可以直接在购买金额的基础上扣减对应金额，比如5元券。运费券主要在结算时抵扣运输费用。每一种优惠券都需要配置相应的获取条件和使用条件，即在什么情况下可以获取到优惠券以及满足什么条件可以使用优惠券。比如用户访问商家首页便可以直接领取优惠券，但是需要购买零食类商品后才可以使用。其中优惠券获取条件也支持指定用户群体，即位于群体中的用户才可以领取优惠券，此处可以借助画像平台的人群创建和人群判存服务来实现。

业务目标：
- 搭建优惠券发放平台，平台支持多种优惠券类型；支持商家自主配置优惠券及发放策略，商家可以指定人群进行优惠券发放。
- 画像平台提供高可用的人群基础服务，保证优惠券发放的稳定性。

合作方式：画像平台通过人群创建和人群判存等服务支持了该需求，电商服务团队需要提供商家圈选所需要的标签源数据。

商家优惠券发放属于比较独立的业务，为了与其他业务实现服务和数据隔离，画像平台新增了独立的业务线：商家优惠券，所有相关标签、人群和服务都配置在该业务线下。基于业务线可以灵活地实现服务扩缩容，保证了服务的高可用；数据间的隔离屏蔽了其他业务数据的影响，保证了数据产出的稳定性。商家主要通过规则圈选的方式找到满足条件的用户并配置优惠券，比如筛选出浏览过指定商品的高活跃女性用户。电商服务团队需要按业务需求明确标签范围并提供对应的标签源数据，所有标签通过画像平台标签管理模块进行注册并配置其支持人群圈选功能。优惠券发放平台借助画像平台元数据查询服务、人群创建服务和人群查询服务实现了规则圈选功能，商家可以直接通过可视化的功能创建人群并配置优惠券。

如果指定人群发送优惠券，那么需要依赖画像平台人群判存服务来判断当前用户是否在人群中。为了设置人群支持判存服务，在商家配置优惠券的过程中可以直接调用画像平台判存接口进行设置，其核心要素包括人群 ID 和判存有效时间。判存有效时间与优惠券的发放时间相关，原则上判存的时间范围要包含优惠券的发放时间范围。画像平台根据判存配置将人群写入判存服务，在优惠券发放期间通过调用判存服务判断指定用户是否可以领取优惠券。图 8-13 展示了判存服务在优惠券发放中的使用逻辑。

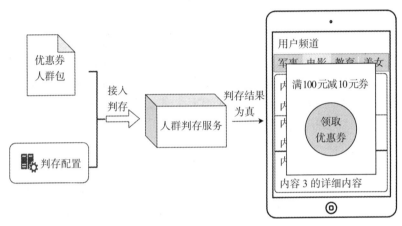

图 8-13　判存服务在优惠券发放中的使用逻辑

主要收益：

❑ 优惠券配置由专人服务模式升级为平台配置模式，节约了大量人力；支持各类商家自行配置优惠券，提高了优惠券覆盖的商家范围；个性化的优惠券配置提高了用户的使用体验；借助人群创建和判存服务，优惠券的发放更加精细化，商家成交额有所提升。

❑ 画像平台提供的基础服务运行稳定，累计创建了很多人群并发放了大量优惠券。

2. 直播卖货

需求背景：直播卖货是最近两年比较流行的商品售卖方式，直播间内主播可以与观众实时互动，相比传统售卖方式提升了观众的消费体验。为了进一步提高直播卖货的交易额，直播运营团队希望借助画像平台数据和服务来助力直播卖货业务。

一场电商卖货直播可以分为直播前、直播中和直播后三部分，每一部分都有其核心关注点，画像平台在其中可以起到一些辅助作用。

❑ 直播前主要做好直播选品和直播预热。选品的依据主要是主播的粉丝画像、过往直播受众画像以及相同品类商品历史售卖数据。比如粉丝画像和受众画像中女性占比较大，那么可以多选择一些女性用品进行售卖；如果某品牌口红在之前直播中比较受欢迎且售卖量较大，也可以选择同品牌其他型号进行售卖。直播预热主要依赖直播前的宣传，主播可以发布一些视频或者文章进行直播预告，也可以通过广告投放的方式在直播前和直播中进行宣传，从而吸引更多用户进入直播间。以上提到的粉丝和受众画像分析、广告投放中的人群创建都可以依赖画像平台实现。

- 直播中主要依赖主播、场控、运营和助理等人员协同合作，按照规划好的直播流程开展直播。直播卖货流程一般都会按顺序依次介绍每一款商品：主播首先引出商品的主要卖点，其次详细介绍产品或者实际体验产品，然后从主观和客观的角度评价商品，最后吸引大家购买商品。直播中非常考验主播的临场应变能力，当出现突发状况时要及时做出应对。在直播期间，主播可以借助实时分析看板了解直播动态，比如直播间当前在线人数、直播间在线用户画像分布、当前订单数量以及成交额等，然后根据直播间实时信息可以及时调整直播策略、改变直播话术、调整售卖商品顺序等。直播间实时分析看板可以借助画像平台实时分析功能实现。

- 直播后主要做复盘。首先从执行的角度总结直播过程中各角色间的配合是否有问题，有没有做得不好或者需要改进的地方；其次从数据的角度了解本场直播的主要指标，如直播间累积用户数、峰值用户数、成交订单数、成交金额、观众互动次数等，也可以对比过往直播间的指标数据了解变化趋势。直播后分析看板可以使用画像平台分析看板功能实现。

直播运营团队希望向头部的电商主播提供直播分析工具，可以在直播前、中、后各环节中使用以辅助提升直播卖货的效果。

业务目标：

- 构建直播分析工具，支持直播前的粉丝和受众分析、直播中用户实时画像分析以及直播后的数据复盘。

- 画像平台提供稳定的分析服务，支持所有头部电商主播的直播分析需求。

合作方式： 画像平台通过人群分析、人群创建、实时画像分析等服务支持该需求，直播运营团队基于这些服务封装实现直播分析工具。

为了支持直播前选品，可以使用画像平台人群分析功能对主播粉丝和直播受众进行画像分析，此时需要找到作者粉丝数据表和直播受众数据表，通过与画像宽表连接可以计算出人群画像占比。为了提高直播预热广告投放的精准度，可以借助画像平台创建人群并用于广告投放中。

为了构建直播中实时分析看板，画像平台需要消费直播间实时行为数据，包括用户进出直播间、用户互动、直播下单和购买等行为数据，数据经处理后写入 ClickHouse 中用于分析提速。画像分析引擎基于实时明细数据定期计算直播间的在线人数、订单数量和当前用户的画像分布等，直播分析工具每隔几秒会请求画像平台服务获取最新的分析数据。当直播结束进行复盘时也可以利用上述行为数据计算整场直播的各类指标。为了查看指定时间范围下的某主播所有直播场次的数据变化趋势，画像平台会记录头部主播每场直播的分析数据。

画像平台通过 SDK 提供所需服务接口给直播运营团队使用，接口支持权限校验、限流以及失败重试等机制，保证了服务的可用性。

主要收益：

❑ 提高了直播分析的效率和时效性。主播使用辅助工具可以快速了解直播动态，根据直播间实时数据变化及时调整直播策略。

❑ 直播分析工具服务了大量的头部主播，用户使用反馈良好，后续可以推广给更大范围的直播用户使用。

8.3.4　内容推荐

只有向用户不断输出优质的且符合用户需求的内容，用户对产品的依存度才会不断提升，而这需要借助算法能力进行精准的内容推荐。算法模型的训练依赖大量的高质量数据，用户画像可以作为重要的数据来源。本节将结合案例说明画像标签数据和标签预测服务在内容推荐中的重要作用。

1. 汽车频道内容推荐

需求背景：为了丰富内容维度，客户端产品中新增了汽车频道，该频道主要包含汽车行业现状、品牌发展、车型介绍、汽车保养维护等内容。负责该频道建设的团队比较独立，有自己的产品、算法和工程研发人员。团队面临的主要问题是如何快速地借助算法能力进行汽车内容推荐，从而提高汽车频道内容点击率。汽车频道的算法团队希望借助画像平台已有的标签数据和部分实时标签快速实现模型训练并上线，首要目标是找到对汽车感兴趣的用户。

从算法模型的角度可以将寻找对汽车感兴趣的用户看成一个预测问题，即预测用户是否对汽车感兴趣。当用户对汽车感兴趣的概率超过指定阈值时，便可以向用户推荐汽车相关的优质内容。预测模型的实现包括离线训练和线上服务两个环节，其中离线训练涉及数据准备、数据分析、模型训练与测试、模型调优等环节，线上服务涉及模型上线、线上特征获取与实时预测等环节。离线训练依赖大量的用户特征数据，其中包括很多用户画像标签；线上服务的用户特征获取环节需要实时查询用户特征数据，依赖画像标签查询功能。

业务目标：

❑ 快速完成模型训练并上线，模型线上服务支持实时预测用户对汽车是否感兴趣，根据预测结果判断是否向用户推荐汽车频道优质内容。

❑ 画像平台支持稳定的离线标签数据产出，支持高可用的在线标签查询服务。

合作方式：画像平台通过离线标签数据表和标签查询服务支持该需求。汽车频道算法研发人员使用离线标签数据表做模型训练；工程研发人员负责模型的工程化实现，通过调用标签查询服务获取用户特征并进行实时预测。

离线模型训练所需的用户特征包括基础属性和行为数据：基础属性包括用户的性别、年龄、城市等级、婚育状况、用户兴趣等数据；行为数据包括用户点赞、评论、分享数据，以及用户关注作者类型，搜索关键词等。其中部分行为数据在线上模型预测中需要使用实时数据，比如当日使用时长、网络类型等，在离线训练阶段需要尽量模拟出实时数据的效果。汽车频道算法研发人员需要提供训练数据涉及的用户范围，画像侧数据研发人员需要整理出该批用户所需的标签数据并以离线 Hive 表的形式提供给对方使用。为了配合后续模型的升级迭代，离线数据表中涉及的标签内容也会按需进行调整。

模型训练达到一定的准召率之后便可以发布上线，当用户访问产品时平台会根据模型实时预测结果判断是否展示汽车类热门内容。实时预测时需要向模型输入当前用户的各类特征，此时可以调用画像平台标签查询服务获取用户的各类标签数值，包括画像平台生产的实时标签数据，比如当日在线时长、当前网络状态等。将用户所有特征数据输入模型便可以预测出用户对汽车内容感兴趣的概率值，当数值超过指定阈值后可以向用户展示汽车频道内容。由于模型支持在线实时预测，其不仅适用于老用户，而且适用于新增用户，但是由于新增用户的特征较少，预测结果准确率较低。

可以将命中了推荐策略的用户同步至画像平台，这样做一方面可以实时监测推荐覆盖的用户量级，当用户量与预期不符时可以通过调整推荐阈值进行干预；另一方面可以分析用户的画像特征，了解命中策略的用户群体主要特点并针对其相似群体增加汽车内容的展示频率。

主要收益：短期内实现了汽车兴趣预测模型的训练与上线，满足了汽车频道快速测试的需求。画像平台支持了稳定的离线标签数据和查询服务，助力汽车频道推荐模型不断迭代升级，最终完善了整个产品的内容体系。

2. 新用户性别实时预测

需求背景：性别是用户最重要的画像属性之一，在产品运营和内容推荐中可以作为重要的参考特征，所以性别标签的准确率可以间接影响用户的使用体验。针对老用户，由于其使用了一段时间产品功能并积累了大量的行为数据，借助算法能力预测其性别的准确率较高；针对新用户，由于其缺乏行为数据，性别的预测难度较高。

新用户的使用体验非常影响后续的用户留存。当用户首次登录并使用一款新的产品时，刚开始的使用体验会直接影响用户对产品的认知和评价，如果体验较差，用户再次使用产品的意愿就会降低。如果用户刚进入产品便可以预测其性别并及时完善后续的内容推荐和运营策略，这无疑可以提升用户使用体验并最终提高新用户留存率。

推荐团队希望画像平台辅助实现新用户实时预测，其预测结果会作为重要的特征用于新用户内容推荐中。新用户性别预测结果也会融入现有的性别标签数据中，通过标签查询服务也可以获取到新用户性别数据。

业务目标：

❑ 画像平台提供新用户实时预测服务，保证预测结果的准确率；支持通过标签查询服务获取已完成预测的新用户性别标签数值。

❑ 新用户性别预测结果应用在新用户内容推荐中，借此提高新用户留存率。

合作方式：画像平台通过标签实时预测服务以及标签查询服务支持业务需求，推荐团队将用户性别实时预测结果应用到内容推荐模型中。

画像平台侧算法研发工程师主要负责实时预测模型的构建，其模型训练及优化过程与书中描述的其他案例类似，此处不再赘述。实时预测最大的难点在于特征的选择，由于新用户刚使用产品，能够获取到的用于模型训练的特征有限，主要包括用户的操作系统、手机品牌、网络类型、注册地点等用户注册后便可以拿到的特征信息。画像平台侧研发工程师负责实时预测模型的工程化实现。当新增用户首次登录进入产品时，推荐团队可以调用性别预测服务获取预测结果，该结果作为特征直接用于后续的内容推荐中。

新用户性别预测结果会同步保存到画像平台侧标签服务中，拓展了性别标签查询服务覆盖的用户范围，其不仅可以包含历史全量用户，而且可以覆盖当日新增用户。其他业务通过标签查询服务可以直接获取到当日新增用户的性别标签数据。图 8-14 展示了性别实时预测服务在本案例中的主要作用。

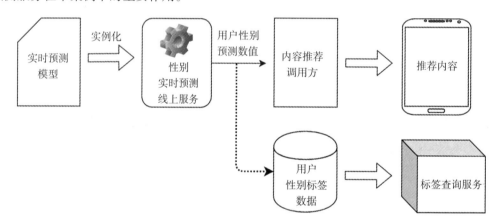

图 8-14　性别实时预测服务的主要作用

主要收益：新用户推荐内容更加精准，提高了新用户首次使用产品的体验，用户留存有所提高；提升了性别标签查询服务所覆盖的用户范围，适用的业务场景更加广泛。

8.3.5　风险控制

风险控制是指通过采取各种措施和方法，减少甚至消灭风险事件，或者在风险事件发生时降低业务损失。互联网公司都非常重视风险控制，本节结合青少年保护和屏蔽黑灰产用户两个案例介绍画像平台在其中起到的主要作用。

1. 青少年保护

需求背景：互联网正在改变着每个人的生活方式，特别是对于青少年来讲，其生活和学习已经融入互联网中，如果不能合理地使用网络那么将会直接影响其人生观和价值观。互联网本身是一个工具，可以提高大家获取信息的效率，但是网络上的内容良莠不齐，只有引导青少年合理地使用网络才能发挥互联网的积极作用。目前各类产品都在积极支持"青少年模式"，目的是保护青少年免受不良信息的影响。

风控团队向画像平台提出了构建"是否青少年"标签的需求，该标签主要应用于如下场景中：

❑ 在客户端 App 中，当用户被判断为青少年时产品会默认进入青少年模式。

❑ 在客服系统举报页面展示用户"是否青少年"标签数值，作为客服人员处理被举报人的重要参考内容。

业务目标：新增"是否青少年"标签，标签准确率满足业务需求。在上述三个场景中使用该标签，最终提高产品在青少年保护上的能力水平，降低青少年相关举报的数量。

合作方式：画像平台通过标签生产、标签查询服务满足了业务需求，风控团队也可以在画像平台人群创建和画像分析等功能模块中使用该标签。

画像平台算法研发工程师采用合适的算法模型挖掘出"是否青少年"标签，标签数据存储在 Hive 表中且定期更新。通过画像平台标签管理完成标签注册和配置，其不仅支持规则人群和画像分析功能，而且在服务化后可用于标签查询服务。客户端通过标签查询服务可以获取标签数值，当用户是青少年时，默认切换至青少年模式；客服系统调用标签查询服务获取用户关键标签数值，并在合适的位置显示用户是否青少年，从而辅助客服人员处理举报内容。图 8-15 是客户平台用户举报处理功能示意图，其中"是否青少年"标签作为被举报人的关键画像信息被展示出来。

图 8-15　客服平台用户举报处理功能示意图

主要收益：通过"是否青少年"标签提高了青少年保护力度；向青少年用户推荐了大量的优质内容，提高了青少年的使用体验；青少年类投诉案件数量明显减少。

2. 屏蔽黑灰产用户

需求背景：随着互联网的普及，网络黑灰产发展得更加成熟，其一般通过技术手段或者人工方式操作网络信息内容来获取违法利益。黑灰产会损害公众的经济利益，破坏网络生态秩序，威胁关键信息基础设施稳定运行，危害个人信息安全和互联网行业的发展，所以很多公司都会成立专门的风控团队治理黑灰产用户。

目前黑灰产涉及的业务范围比较广泛，比如电商平台薅羊毛、社交平台刷粉、直播平台刷量、短视频平台刷点评赞数据等。黑灰产的攻击方式主要分为机器作弊和真人作弊两种：机器作弊是通过代码程序模拟真实用户的各类行为，成本低、危害大，但是容易被识别；真人作弊背后是一个真实的人，识别难度较大。目前主要依赖技术手段限制黑灰产用户，比如设置 IP 黑名单、限制设备的登录用户数、限制单 IP 访问接口的频率等，通过机器学习算法也可以辅助提高黑灰产用户的识别准确率。

公司风控团队已经通过技术手段找到了一批黑灰产用户，由于识别准确率无法做到100%，为了降低黑灰产用户对产品的影响，需要在各类关键环节中屏蔽黑灰产用户，比如不能领取优惠券、参与活动抽奖等。风控团队希望构建"是否黑灰产用户"标签，借助标签查询服务支持各类业务团队使用；在画像平台构建黑灰产用户人群并分享给公司所有用户使用，各业务团队在创建人群时可以使用该人群过滤掉原人群中的黑灰产用户。

业务目标：构建"是否黑灰产用户"标签，可用于人群创建和画像分析，支持标签查询服务；在画像平台上构建黑灰产用户人群，供其他业务直接使用，辅助降低各业务受黑灰产的影响。

合作方式：画像平台通过新增标签、标签查询、人群组合满足风控团队的需求，风控团队提供黑灰产用户数据用于构建标签和创建人群。

风控团队挖掘的所有黑灰产用户数据存储在 Hive 表中，该表以日期作为分区，每个分区都存储了当前日期下的全量黑灰产用户。以该数据表为基础可以构建"是否黑灰产用户"标签，表中所有用户的标签值为1，未在表中的用户标签值默认为0。在画像平台标签管理模块注册该标签并配置为每日更新，标签支持人群创建、画像分析和标签查询服务。

依赖风控团队提供的黑灰产用户 Hive 表，通过画像平台 Hive 表导入人群的方式可以创建一个每日定时更新的"黑灰产用户"人群，该人群默认所有画像平台用户可见且可以直接使用。当业务期望在现有的人群上排除掉黑灰产用户时，可以在画像平台上创建一个组合人群，使用现有人群和黑灰产用户人群做差集即可。同理，为了找到业务人群中的所有黑灰产用户，也可以通过组合人群进行人群间的交集运算。

各业务团队还可以通过标签查询服务获取用户的黑灰产用户标签数值，根据标签值控制后续业务逻辑。如在发放红包的过程中，当发现用户属于黑灰产用户时便停止发放并限制其领取红包；黑灰产用户在点赞作品时不记录点赞次数，即点赞操作无效；黑灰产用户频繁搜索内容时提示操作异常等。通过在各业务环节中限制黑灰产用户使用，有效地降低了其对业务的影响。

主要收益：快速地构建了"是否黑灰产用户"标签，风控团队黑灰产用户数据借助画像标签和人群的形式快速服务了各类业务，有效地降低了业务损失。

8.3.6 其他业务

本节会介绍两个其他业务场景下的实践案例：第一个案例主要通过画像平台人群 Lookalike 功能实现游戏种子人群的扩量，从而实现更大范围且更为精准的游戏宣传效果；第二个案例介绍人群在 AB 平台中的使用方式，通过支持指定人群进行对比实验提高实验配置的灵活性。

1. 寻找对游戏感兴趣的人群

需求背景：很多公司都会尝试拓展游戏业务：一是游戏可以实现快速变现，增加公司的现金流；二是热门游戏能够带来大量的新增用户，带动公司其他业务发展。打造一款热门游戏除了需要过硬的游戏质量，也需要有针对性地开展游戏宣传活动。

公司游戏团队近期开发了一款新的手游，前期计划通过公司自身的产品进行宣传并寻找一批资深用户，期望通过用户的使用反馈不断地调整并优化游戏内容。考虑到宣传成本以及宣传初衷，游戏团队希望借助算法能力精准触达用户，首先找到潜在对游戏非常感兴趣的用户，然后在用户使用产品时强插一些游戏宣传内容。游戏团队从过往几款游戏玩家数据中挖掘出了一批种子用户，但是其用户数量不满足新手游的宣传诉求。游戏团队希望借助画像平台人群 Lookalike 功能实现人群扩量，扩量后的人群可以直接用于游戏宣传。

业务目标：借助人群 Lookalike 功能实现人群扩量，扩量后的人群可用于内容强插，最终使下载并安装新款手游的用户量达到游戏团队要求。

合作方式：画像平台通过人群 Lookalike 功能、组合人群、人群判存等服务满足业务需求，游戏团队只需要做一些简单的人群创建和配置工作，最终游戏下载和安装数据需要同步给画像平台侧做人群投放分析。

游戏团队首先需要将挖掘到的种子用户上传到画像平台并构建为人群，然后配置该人群执行 Lookalike 扩量操作，其中用户相似性的计算原则选择了"按消费行为相似"，目标人群大小设置了业务期望的数目。画像平台人群创建引擎依据相似人群配置进行种子人群扩量，按照消费行为相似原则，计算出与种子人群中每一个用户最相似的头部用户，然后汇总构建出最终的目标人群。在此基础上，借助画像平台人群组合功能可以在目标人群中补充白名单用户并且剔除一批黑名单用户。

画像平台与内容强插平台实现了人群数据打通，画像平台人群可以直接配置在强插订单中。游戏团队在内容强插平台配置订单并绑定了画像平台人群，此处要设置强插的有效时间以及期望曝光的数量。到达指定时间后，当用户在产品中浏览内容时，强插平台会调用画像平台人群判存服务来判断是否在当前用户内容中插入游戏宣传内容，当强插的曝光量级达到指定数量后会自动关闭强插订单。

强插内容的曝光、游戏素材的点击、游戏下载和安装等实时数据会写入消息队列中，画像平台通过消费以上实时数据来构建游戏宣传漏斗分析图，其中包括从曝光到安装的各行为间的转化率数据。游戏团队通过投放分析看板可以了解强插效果，并分析各环节的用户特点，尤其是最终安装了新款游戏的用户画像分布。图 8-16 展示了人群 Lookalike 功能在游戏宣传中的应用逻辑。

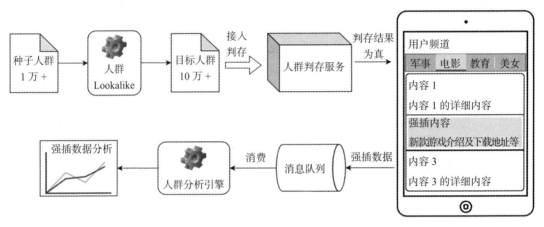

图 8-16　人群 Lookalike 功能在游戏宣传中的应用逻辑

主要收益：帮助游戏团队快速精准地获取到了第一批游戏玩家，借助人群画像分析可以深入了解玩家画像特点。以上玩家对于新游戏的使用和反馈促进了后续游戏的优化升级。

2. 在 AB 平台中使用人群

需求背景：AB 平台主要用于辅助各业务做好对比实验，通过比较实验组与对照组的关键指标数据找出最佳方案。AB 实验可以应用在各种业务环节中，比如对比不同 UI 风格下用户的留存数据，判断新增功能是否对用户使用时长有正向帮助，比较不同推荐策略下的内容点击率等。AB 平台的核心功能是实现数据分组，即将用户的流量合理地分配到实验组和对照组中。分组的策略包含流量分层和流量分流，由于用户流量有限，可以通过分层策略将流量重复应用到不同的对比实验中；在相同的分层下，可以通过分流策略将流量合理地分配到实验组或者对照组中。

公司拥有自建的 AB 平台，其分流策略支持按照 UserId 或者 DeviceId 进行流量划分，即相同的 UserId 或者 DeviceId 在实验期间会固定分配到某个分组下。但是 AB 平台流量的划分是由 AB 系统自动决定的，AB 实验创建者无法进行手动干预，比如无法指定某批用户固定分流到指定的实验组中。为了满足用户需求从而实现更加灵活的 AB 实验配置，AB 平台计划在配置实验时支持为实验组和对照组绑定人群数据。

AB 平台希望与画像平台合作，即配置中的人群数据统一由画像平台提供，用户在 AB 平台上只需要输入人群 ID 便可以完成实验配置。

业务目标：AB 平台支持在实验配置时为实验组或者对照组绑定画像平台人群数据，用户流量严格按照人群进行分流。

合作方式：画像平台通过人群基本信息服务和判存服务满足了本次需求，AB 平台只需要引入 SDK 并调用画像服务接口。

当用户在 AB 实验配置中指定人群 ID 后，AB 侧通过调用人群基本信息服务接口可以查询到人群名称、ID 类型、人群状态、人群创建者和人群用户量等信息。AB 平台根据返回结果校验人群是否可用，比如人群状态为异常状态时不可使用、人群 ID 类型与当前实验类型不匹配时不可使用。AB 实验配置完成后，其关联的人群需要支持判存服务，判存生效时间需要与 AB 实验的开启时间相吻合，此时可以通过画像平台接口直接进行人群判存配置。在 AB 实验开启过程中，通过调用画像平台人群判存服务可以获取流量中的用户属于哪个人群，然后将该流量分发到人群所在的实验组下即可。

在 AB 实验中使用人群要注意以下两点：同一个实验中，不同实验组的人群不能有重合数据，即一个用户最多属于一个人群，这样才能保证流量分发的唯一性；不同实验组的人群用户量级要与实验目标相匹配，比如只有一个对照组和一个实验组，其流量占比都是 50%，那么两个分组所配置的人群用户量级要相当，此处可以借助画像平台人群拆分等功能实现。

主要收益：AB 实验配置支持绑定人群，提高了实验配置的灵活性，拓展了 AB 平台适用的业务范围。

8.4 本章小结

本章从 3 个角度介绍了画像平台的使用方式。首先介绍了画像平台各类功能常见的应用案例，每一个案例都介绍了应用背景、应用方式和应用结果，此时只需要使用现有的平台功能便可满足各类需求。其次从用户生命周期的角度介绍了用户画像在用户各生命周期阶段中的主要作用。最后介绍了画像平台以及服务在用户增长、用户运营、电商卖货等业务中的使用方式，综合运用了平台功能和服务并最终帮助业务达成了业务目标。

通过本章可以感知到画像数据、平台功能和画像服务的使用范围非常广泛，这也再次证明了用户画像的价值。对于已经建设好的画像平台要尽量做好宣传，引导更多业务了解并使用平台功能和服务，助力各业务取得收益。

画像平台优化总结

本章将总结画像平台建设过程中的一些优化思路和个人感悟。通过本章，读者可以对画像平台一些核心功能的优化历程有一个更加详尽的认识，从而更好地将画像平台应用到自身业务中。

平台的优化涉及方方面面，包括数据生成、功能建设以及架构设计。本章首先会介绍画像平台采用任务模式的原由以及主要收益；其次详细介绍规则圈选功能的优化历程以及 BitMap 在画像平台各类核心模块中的应用方式；画像宽表的生成对于平台至关重要，本章会展开介绍宽表的生产提速过程；然后基于日常技术调研总结，延伸介绍如何做一个类似神策的平台，其中包含一些核心模块的实现逻辑和开源方案；最后总结一些常见的技术优化思路并结合画像平台建设过程进行详细说明。

提示　本章目的是汇总介绍一个完整的优化思路或者技术方案，部分内容在之前章节中也穿插介绍过，但为了加深理解，部分文字会有些重复。

9.1　任务模式

如图 9-1 所示，一个完整的画像平台涉及多个业务环节：资源就绪检测、人群创建、画像计算、画像分析报告产出、人群数据落盘、其他人群后置操作等。如果该流程中各环节按顺序依次执行，则需要检测当前环节是否需要执行，若需要执行，则等待执行成功后再进入下一个环节。人群创建和画像计算等环节依赖大数据离线计算，当资源紧张时其执行时间较长，此时需要在代码中循环等待当前环节执行成功，该实现方式明显存在可用性差和可扩展性差的问题。

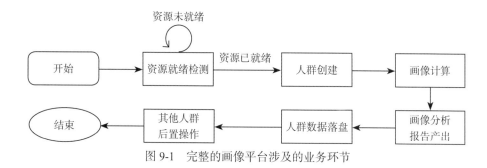

图 9-1　完整的画像平台涉及的业务环节

可用性差表现在如下方面：

❑ 当流程中某环节出现异常且需要重新执行时，整个流程作为整体将再次从头开始执行，资源消耗大且推迟了结果的产出。

❑ 在单个进程中需要集中资源依次计算流程中的各类任务，计算过程出现异常的概率较大。

❑ 无法控制不同流程间各环节执行优先级，当存在高优人群时，无法保证按时产出。

可扩展性差表现在如下方面：

❑ 以流程作为画像平台的计算单元，计算粒度较大，工程上很难通过扩容实现计算能力线性提升。

为了解决按顺序执行的弊端，在画像平台中可以引入任务模式。任务模式的实现逻辑如图 9-2 所示，主要包含任务池和任务调度模块。以图 9-1 中的流程为例，可以将其中所有环节都拆分成细粒度的任务并放到任务池中，通过任务调度模块分发任务并实现任务间的并发执行。下文将详细介绍任务模型的实现方案以及使用该模式的主要收益。

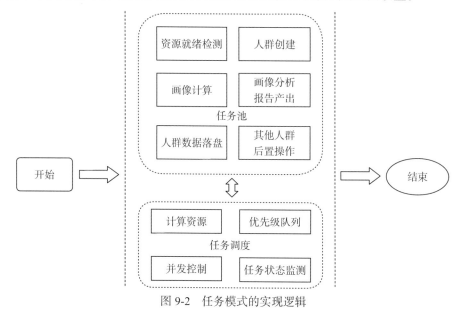

图 9-2　任务模式的实现逻辑

9.1.1 任务定义及执行模式

如何将一个完整的流程拆分成多个任务？其拆分粒度可以定义为：可单独执行的不可再分割的业务模块。可单独执行意味着任务比较独立，不依赖其他任务的计算结果；不可分割主要是指业务上不能再细分，比如人群创建环节是不可分割的，而人群分析可以拆分成两步：画像计算和画像报告生成。基于以上拆分原则，表 9-1 展示了一个任务需要包含的关键属性。

表 9-1　任务需要包含的关键属性

任务属性	属性解释
id	主键 ID，任务的唯一标识
batch_id	批次 ID，当存在子任务概念时，一个 batch_id 可能对应多个任务；但是当任务粒度不可再分时，一个 batch_id 仅对应一个任务
task_status	任务的执行状态，主要包含初始状态、处理中、处理完成、异常状态等
create_time	任务创建时间戳
update_time	任务最近一次更新时间戳
task_type	任务类型，如人群创建、画像报告生成等
resource_type	资源类型，每一种任务关联到对应的资源类型，如 Hive、ClickHouse、本地资源（CPU/ 内存）等
task_detail	任务详情，用于描述任务的详情信息
executor	任务执行者，用于记录任务执行时所在机器信息
ready_time	任务可执行的开始时间，默认是 0，即创建后即可执行
retry_times	任务执行重试次数

什么时候创建任务？触发创建任务的场景主要分为以下两个。

❑ 业务功能触发：由画像平台业务功能触发，比如平台用户创建一个人群、配置人群拆分、点击人群下载等。

❑ 前置任务触发：前置的任务结束后触发创建后续任务，比如画像报告的生成依赖于画像计算任务，当画像计算任务完成后可自动触发生成画像报告的任务。

当任务创建成功后，其执行模式可以采用多进程任务抢占和并发执行的方式，如图 9-3 所示。新增任务可以根据其优先级和并发控制机制进入不同的任务执行队列中，计算资源池中的进程通过任务抢占的方式获取待执行的任务信息，每个进程只负责自己需要执行的任务并及时更新任务状态。

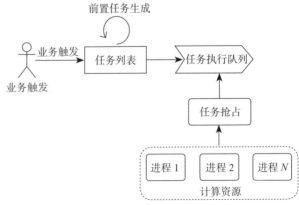

图 9-3　多进程任务抢占和并发执行模式

9.1.2 任务优先级及并发控制

当任务执行队列中存在很多任务时，如果随机执行则无法保障高优先级任务及时执行，所以任务需要支持优先级配置。优先级的设置需要考虑多种因素，下面提供两个在画像平台业务中需要主要考虑的关键要素。

❑ 任务来源：画像平台的任务来源比较多样，以人群创建任务为例，该任务可能来自画像平台页面化创建，也可能来自第三方通过 SDK 接口调用创建。第三方依据其业务特点可以划分为不同优先级，比如 Push、短信等触达类平台优先级可以设置得高一些，因为人群的产出耗时直接影响了触达效率。

❑ 任务类型：画像平台涉及的任务类型较多，不同任务类型关联的功能模块不同。人群圈选和分析任务涉及人群创建的主流程，可以设置为高优先级任务；人群下载、人群落盘等任务涉及的功能对响应时间不敏感，可以设置为低优先级任务。

图 9-4 展示了一种结合任务来源和任务类型的优先级控制方案。首先从 0 到 2 划分了三个不同优先级的队列池，然后在每一个池子中按照任务来源创建不同的优先级队列。

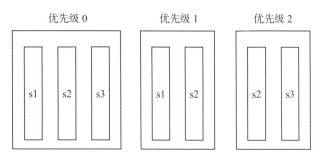

图 9-4 结合任务来源和任务类型的优先级控制方案

任务按照来源及类型进行指定队列，出队列时首先按照优先级高低依次从每个队列池中获取所有来源的队列集合，然后从各来源队列中获取任务。如图 9-4 中所示，队列池优先级 0 ＞ 优先级 1 ＞ 优先级 2，首先获取优先级为 0 的池中所有的队列集合（s1、s2、s3），然后采用轮询或者随机的方式从各个来源对应的队列中获取任务。

现在平台可以保证高优任务及时执行，但如何控制任务的并发度？画像平台的很多功能涉及各类计算并消耗多种资源，比如 Hive 资源、ClickHouse 资源、本机内存等。任务执行时可以根据当前资源使用情况进行并发控制，防止资源过载造成系统可用性降低。由表9-1 可知，每一个任务都设置了任务类型，每一种任务类型都可以关联到不同的资源类型，不同资源类型下的任务执行时可以根据当前资源使用情况进行并发控制。

9.1.3 父子任务拆分

有些任务涉及的数据量较大，比如将一个包含两亿用户的人群数据写入 Kafka 中并同步给第三方使用，将存储于 Hive 表中的用户量级为四亿的人群数据加载到内存进行计算。

如果该类任务只在一个机器节点上执行会存在以下风险。

❑ 任务执行时间过长：因为数据量比较大且单进程执行，在资源有限的情况下执行时间会较长。

❑ OOM 风险：数据经由内存处理，较大的数据量容易引发内存溢出问题。

为了规避以上风险，一些涉及大数据量的任务可以拆分为多个子任务。各子任务在不同进程上可以并发执行，减少了任务整体执行时间；每台机器上仅执行一个子任务，降低了资源消耗量从而避免了 OOM 问题。

如图 9-5 所示，一个父任务根据拆分策略可以拆解为多个子任务，所有子任务处理完成之后需要合并执行结果并修改父任务状态。拆分策略决定了一个父任务的拆分粒度，可以把该父任务关联的数据量级作为主要考虑因素。假设父任务是读取人群 BitMap 数据并写入 Kafka，可以根据 BitMap 中包含用户的量级进行拆分，比如按每 100 万用户拆分一个子任务，这会间接影响子任务的数量以及最终所有任务完成时间。

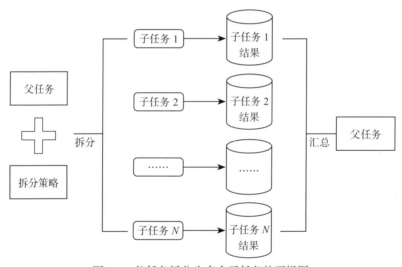

图 9-5　父任务拆分为多个子任务的逻辑图

9.1.4　任务异常检测与重试

任务的属性中包含任务状态和任务重试次数：当任务执行出现异常时任务状态会被标记为异常状态；任务每执行一次，重试次数增加 1。通过这两个属性可以检测任务的执行状态并实现任务重试。在画像平台业务中，任务出现异常的原因包括但不限于：

❑ 任务运行时资源紧缺，任务出现超时异常。

❑ 任务执行依赖的其他信息缺失，任务不满足执行条件。

❑ 任务代码运行时异常。

❑ 任务执行时所在进程被杀死或者意外终止。

任务异常被捕获后可以存储到任务异常信息中，通过任务重试可以再次执行任务。任务的重试次数需要设置上限，超过一定次数后可以通知相关人员进行人工干预或者直接标识任务为失败状态。由于任务所在进程被杀死造成的任务终止可能无法捕获到异常信息，因此可以启动定时任务扫描和监控功能，当任务在某个状态下的持续时间超过一定阈值时可以将任务状态重置为初始化状态，保证任务最终可以顺利完成。

9.1.5　便捷的横向拓展能力

任务模式实现了一个流程中各个环节的解耦，并借助分布式系统实现了任务的并发执行。不同的任务执行在不同的进程上面，随着进程的增加，可并行执行的任务数目也会增加，这为系统支持横向扩展奠定了基础。结合容器云技术，可根据当前任务量实现自动扩缩容，在保证服务可动态扩展的同时最大化利用系统资源。

综上所述，基于任务模式可以解决传统顺序执行模式下可用性差和可扩展性差的问题，最终保证系统的高可用以及可扩展性。

❑ 高可用：当任务出现异常时可实现最小成本的重试，业务流程可以按时完成；支持任务优先级，可以保证高优业务关联的任务优先执行；任务分散到不同进程中，降低了资源过度集中带来的系统风险；不同业务环节因为任务模式实现了解耦，在业务流程中增删环节更加快速，系统功能迭代更加便捷。

❑ 可扩展性：随着画像平台的用户量及业务计算量增加，系统可以通过横向扩展来支持更大规模的用户量，满足更大的计算需求。

9.2　人群创建优化进阶

第 5 章介绍了一些人群创建的优化思路，但是分散在不同的段落中。本节将以规则人群为例，完整地描述人群创建耗时从分钟级降低到秒级响应的优化进阶过程。

9.2.1　人群圈选需求

数据工程师给了下面一张 Hive 宽表 userprofile_demo.user_label_table，其表结构及数据示例（部分）如表 9-2 所示。

表 9-2　userprofile_demo.user_label_table 表结构及数据示例（部分）

dt	userId	sex	province	fans_count	interest	live_or_not	receive_gift_count	100+列数据
2022-01-01	1001	男	山东省	100	[" 美食 "," 体育 "]	1	5	…
2022-01-01	1002	男	河北省	200	[" 宠物 "," 体育 "]	0	1	…
2022-01-01	1003	女	山东省	200	[" 美食 "," 影视 "]	1	2	…
2022-01-01	1004	男	河北省	400	[" 美食 "," 军事 "]	1	0	…
2022-01-01	1005	女	山东省	1000	[" 美食 "," 体育 "]	0	1	…

该宽表包含海量用户的 200 多个标签数据。数据表以日期作为分区，单个分区下有一

亿多行数据。随着时间推移，数据行数和列数都会逐渐增加。

产品需求是基于这张宽表实现人群圈选功能：用户通过可视化的页面选择标签并配置筛选条件，系统可以快速找到满足条件的用户并生成人群。以表 userprofile_demo.user_label_table 为例，其可能存在的最复杂的查询需求：筛选出 2022 年 1 月 1 日到 1 月 7 日期间每日评论次数都大于 2 次、粉丝数范围属于 [200，800] 且喜欢军事的山东省男性用户。

9.2.2 简单直接的解决思路

实现上述需求的核心是构建如下 SQL 语句并找到所有满足条件的 UserId，其中 WHERE 条件取决于用户在画像平台上的标签选择和筛选配置。

```
SELECT
  DISTINCT userId
FROM
  userprofile_demo.user_label_table
WHERE
  sex = '男'
  AND province = '山东省'
  AND (
    fans_count >= 200
    AND fans_count <= 800
  )
  AND...
```

如何执行上述 Hive SQL 语句？可以通过 Hive JDBC 连接 HiveServer 并提交 SQL 语句，这种模式和使用传统 MySQL 数据库的模式比较相似，工程上可以快速上手且开发效率较高。解决了 SQL 执行问题，那如何将查询结果存储为人群？可以通过下面的 SQL 语句将用户查询结果插入人群结果表中。

```
INSERT OVERWRITE userprofile_demo.crowd_result_table
SELECT
  DISTINCT userId
FROM
  userprofile_demo.user_label_table...
```

其中人群结果 Hive 表为 userprofile_demo.crowd_result_table，其表结构及数据示例如表 9-3 所示。该表中 crowd_id 作为分区键，方便按人群 crowd_id 获取所有 user_id。

表 9-3　userprofile_demo.crowd_result_table 表结构及数据示例

crowd_id	user_id	ctime
100	1001	数据写入时间戳
101	1002	数据写入时间戳
102	1003	数据写入时间戳
103	1004	数据写入时间戳
104	1005	数据写入时间戳
...	...	...

当人群应用到第三方平台时，需要拉取指定人群下的所有 UserId 数据。通过人群结果 Hive 表传递数据不仅涉及数据权限与安全问题，而且传递效率低且服务不稳定。为了解决这个问题，引入了 BitMap（Java 代码中使用的是 RoaringBitmap），可以将人群中的所有 UserId 存储到 BitMap 并持久化存储到阿里云 OSS 中，通过 BitMap 与第三方平台进行人群数据交互可以实现秒级完成。

到目前为止，用户可以通过可视化的方式创建人群，人群数据最终存储在 Hive 表和 OSS 中，主要借助 BitMap 对外提供人群数据，其架构如图 9-6 所示。

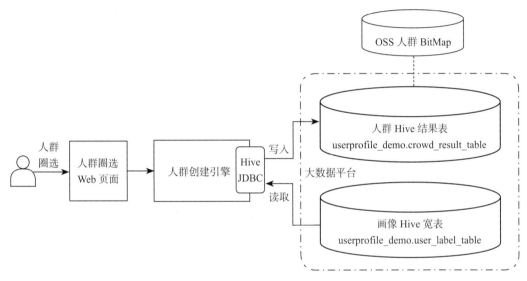

图 9-6 基于 Hive 表实现人群圈选

9.2.3 将 ClickHouse 作为缓存

随着人群创建数目的增加，完全基于 Hive 表圈选人群的问题逐渐暴露出来：集中创建人群的产出效率较低。这个问题的主要原因是所有人群创建任务都集中在一个离线队列中，而且任务没有划分优先级，不同任务抢占资源从而造成人群产出延迟。

针对上述问题主要有两种解决方法：

❑ 人群任务划分优先级。人群创建任务区分不同优先级，高优先级任务放到高优队列优先执行。

❑ 更换执行引擎。将大数据任务执行引擎从默认的 MapReduce 切换至 Spark，提高计算速度。

按上述思路修改后运行效果不如预期。在资源有限的情况下，任务优先级与人群产出时间没有明显正相关关系，优先级高的队列资源虽然充裕，但是资源饱和度可能也高，最终人群产出整体时间也可能较长。执行引擎切换到 Spark 后速度提升明显，但是对资源的消耗也相应增加。

ClickHouse 主要应用在 OLAP 场景中，工程上考虑将其作为 Hive 表的"缓存"来加速人群圈选的速度。人群圈选的初衷是找到所有满足条件的用户，可以把用户筛选语句直接交由 ClickHouse 引擎执行。当满足条件的用户比较少时可以一次性查询出所有用户结果；当用户量级比较大时，直接通过单条 SQL 语句查出所有结果很容易超过 ClickHouse 集群的内存和 I/O 限制，此时可以通过下述两种方式来解决。

1）借助 offset 与 limit 分批次查询 UserId 并汇总查询结果。其核心代码如下所示，通过 offset 调整偏移量，通过 limit 值调整每一批次的人群数目，limit 的数值大小影响了分批次查询的次数并最终影响人群的产出时间。

```
SELECT
  userId
FROM
  userprofile_demo.user_label_ch_table
WHERE
  dt = '2022-01-01'
  AND sex = '男'
  AND province = '山东省'
  AND (
    fans_count >= 200
    AND fans_count <= 800
  )
ORDER BY
  userId
LIMIT
  -- 分批次查询数据 --
  0, 10000
```

2）通过 ClickHouse 原生 BitMap 查询 UserId。ClickHouse 支持将查询出的数字类型结果封装成 BitMap 直接返回客户端，该方式可以节约网络传输带宽，使得单批次可以支持更大量的用户查询需求，最终可以降低人群的产出时间。

```
SELECT
  groupBitmapState(userId) as bitmap
FROM
  userprofile_demo.user_label_ch_table
WHERE
  dt = '2022-01-01'
  AND sex = '男'
  AND province = '山东省'
  AND (
    fans_count >= 200
    AND fans_count <= 800
  )
ORDER BY
  userId
LIMIT
  0, 10000
```

通过以上两种方式从 ClickHouse 查询出的 UserId 可以在内存中直接写入 BitMap，有了人群 BitMap 便可以直接向第三方提供人群数据。为了满足 Hive 表形式的人群使用需求，后续还可以将人群 BitMap 落盘到人群结果 Hive 表中。如图 9-7 所示，人群圈选功能的实现已经从单纯的 Hive 查询转变为 ClickHouse 查询优先、失败后 Hive 兜底的方式，人群圈选速度提升明显，人群产出时间从几十分钟降低到几分钟。

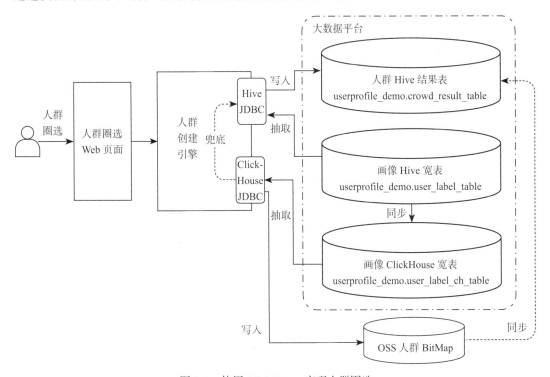

图 9-7　使用 ClickHouse 实现人群圈选

9.2.4　SQL 优化

随着人群数目继续增加，ClickHouse 查询语句并发度不断提高，集群偶尔出现资源过载的情况。扩大集群规模是最简单直接的方式，但性价比较低。在资源有限的情况下，首先想到的方法是设置人群创建任务优先级，借助任务调度降低查询并发量来减轻集群压力，从而提高高优人群的产出速度。虽然这种方式降低了高峰期的集群压力，但是增大了所有人群的平均产出时间。其次考虑从优化 SQL 语句入手，在资源量固定的情况下提高 SQL 执行效率。下面将以实际案例介绍 SQL 语句的优化方式。

查询 2022 年 1 月 1 日到 1 月 7 日期间开直播（live_or_not）天数超过 3 次且收礼数量（receive_gift_count）超过 10 个的山东省男性用户，其核心 SQL 语句如下所示。

```
(
  SELECT
```

```
      userId
    FROM
      userprofile_demo.user_label_table
    WHERE
      province = '山东省'
      AND dt = '2022-01-07'
)
INNER JOIN (
  SELECT
      userId
  FROM
    userprofile_demo.user_label_table
  WHERE
      sex = '男'
      AND dt = '2022-01-07'
)
INNER JOIN (
  SELECT
      userId
  FROM
      (
        SELECT
          userId,
          count(live_or_not) AS totalCount
        FROM
          userprofile_demo.user_label_table
        WHERE
          dt >= '2022-01-01'
          AND dt <= '2022-01-07'
          AND live_or_not = 1
        GROUP BY
          userId
        HAVING
          totalCount >= 3
      )
)
INNER JOIN (
  SELECT
      userId
  FROM
      (
        SELECT
          userId,
          sum(receive_gift_count) AS totalCount
        FROM
          userprofile_demo.user_label_table
        WHERE
          dt >= '2022-01-01'
          AND dt <= '2022-01-07'
        GROUP BY
          userId
```

```
        HAVING
            totalCount >= 10
    )
)
```

很容易看出，上述 SQL 语句存在一些优化点：山东省和男性两个条件可以合并成一条筛选语句，开播次数和收礼个数涉及的统计语句也可以合并到一起。最终结合标签类型以及筛选时间范围是否相同等因素对 SQL 语句进行了整合优化，优化后的语句如下所示，相比原始语句其执行时间缩短 40% 左右。

```
(
  SELECT
    userId
  FROM
    userprofile_demo.user_label_table
  WHERE
    province = '山东省'
    AND sex = '男'
    AND dt = '2022-01-07'
)
INNER JOIN (
  SELECT
    userId
  FROM
    (
      SELECT
        userId,
        count(live_or_not) AS num1, sum(receive_gift_count) AS num2
      FROM
        userprofile_demo.user_label_table
      WHERE
        dt >= '2022-01-01'
        AND dt <= '2022-01-07'
        AND live_or_not = 1
      GROUP BY
        userId
      HAVING
        (
          num1 >= 3
          AND num2 >= 10
        )
    )
)
```

以上人群创建思路是从宽表中正向查询出满足条件的 UserId，是否可以换个思路进行反向查询？比如先计算出所有性别标签值是男性的人群和常住省标签值是山东省的人群，两个人群做交集就是山东省男性用户。ClickHouse 支持基于 BitMap 的人群创建，可以将画像宽表中的数据转换成不同标签的 BitMap 数据，灌入 ClickHouse 之后借助 BitMap 的交并差操作实现人群创建。注意，BitMap 并不适用于所有的标签类型。对于性别、年龄等标签值可枚举的用户属性类标签，引入 BitMap 之后，亿级人群圈选时间由 3 分钟降低到 20 秒左右。图 9-8 展示了基于 BitMap 进行人群圈选的实现逻辑。

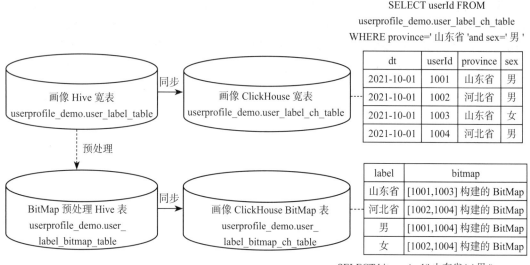

图 9-8　基于 BitMap 实现人群圈选

9.3　BitMap 在画像平台中的使用方案

BitMap 在画像平台建设中应用比较广泛，在之前的章节中也分别介绍了其在人群创建、画像分析、人群判存中的使用。本节将从 BitMap 基本原理入手，详细阐述其在各关键功能模块的主要使用方式、相关注意事项等。

9.3.1　BitMap 基本原理

Bit（位）Map（地图）被叫作位图，其实理解其原理之后，可能叫位映射更贴切一些。

为了理解 BitMap 的特点，先思考一道题目：有一个超大文件，文件中每一行记录着一个 int 类型的 UserId，现在有一台内存较小的机器，如何统计出去重后的用户数？如何快速判断指定 UserId 是否在这个文件中？如何对这些 UserId 实现快速排序？

BitMap 适合通过较小的内存解决大量数字的去重、排序和判存问题。图 9-9 展示了 BitMap 的基本实现原理，图中构建了一个位数组，数组的每一位只能表示 1 或者 0，其中数组的索引值可以映射到 UserId，当前索引上的数字是 1 时代表对应的 UserId 存在，是 0 时代表 UserId 不存在。从图 9-9 中可以看出，1 位便可以代表一个数字，Java 语言中单个 int 数值就包含 32 位，这无疑节约了大量的存储空间。通过逐行读取文件中的 UserId 并使用 BitMap 进行存储，可以轻松解答上述题目。

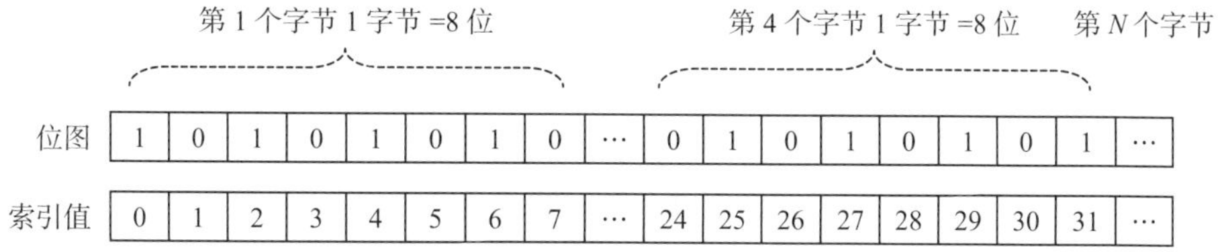

图 9-9　BitMap 的基本实现原理

位图不是万能的，其主要存在以下三个问题：

☐ 不适合统计元素出现的次数。以上述题目为例，如果需要统计出每一个 UserId 出现
的次数，那么位图无法实现，它只能通过 1 和 0 标识有和无。

☐ 数据稀疏时浪费存储空间。位图数据比较稀疏的时候可能造成空间浪费，比如文件
中只有 1 和 1000000000 这两个 UserId，为了使用位图而开辟的位数组大小已经远超
过两个 int 数字所使用的存储空间。

☐ 仅适合存储数字。BitMap 仅适合存储 UserId 等数字类型的人群，无法支持 DeviceId、
OAID、IMEI 等字符串类型的人群。

上面提到的是位图的基本原理，Java 中有位图的实现类 BitSet，由于 Java 中没有位这
个数据类型，所以 BitSet 通过 Long[] 数组来模拟位数组，但它无法解决数据比较稀疏、数
值跨度较大时的空间浪费问题。RoaringBitmap 是 BitMap 的另外一种开源实现，它考虑
了数据量的多少与存储空间的平衡问题。RoaringBitmap 将 32 位的数字分为高 16 位和低
16 位，其中低 16 位根据数据量的多少，可以通过 3 种数据结构来实现，ArrayContainer、
BitMapContainer 和 RunContainer，目的是尽量节约存储空间。

9.3.2　BitMap 在人群圈选中的使用方案

9.2.4 节介绍了如何基于 BitMap 实现的人群创建优化，但是 BitMap 也有其适用的业务
场景。

☐ 适合标签值可枚举且数量有限的标签。对于性别、年龄、兴趣爱好等标签，其标签
取值比较固定且数量有限，比较适合使用 BitMap 实现。对于粉丝数、在线时长、送
礼金额等标签，其标签值数量不可枚举，不适合用 BitMap 实现。即使是非连续值标
签，当标签值数量很多时也不适合用 BitMap 实现，比如"文章关键词"标签的取值
有百万量级，为每一个标签值生成一个 BitMap 的可行性较差。

☐ 适合基于单天数据进行人群创建。实际业务中用户的圈选诉求可能涉及多天，比如
筛选最近一周平均在线时长介于 10 分钟到 20 分钟之间且最近一周至少活跃 4 天的
用户，因为涉及时间段下的灵活数值统计，所以无法使用 BitMap 灵活实现。

基于 BitMap 可以实现 UserId 人群创建，但是在很多业务场景下需要基于 DeviceId 创
建人群。DeviceId 属于字符串类型，无法通过 BitMap 存储，如何解决这个问题？为了实

现人群创建流程及人群存储方式的统一，可以对所有的 DeviceId 离线生成一个对应的数字 ID，在人群创建过程中使用该数字 ID 来替代 DeviceId，IMEI、OAID、IDFA 等也可以采用这种方式处理。图 9-10 展示了设备 ID 人群与数字 ID 人群的映射逻辑。

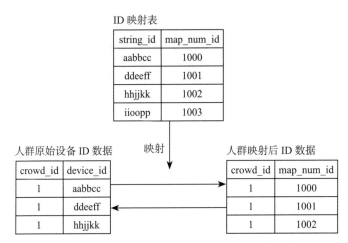

图 9-10　设备 ID 人群与数字 ID 人群的映射逻辑

每个人群都需要支持 Hive 表和 BitMap 两种存储形式。不同的人群创建方式，其 BitMap 和 Hive 表的产出先后顺序不同，有些人群创建方式是先产出 BitMap 而后落盘到 Hive 表中；有些人群创建方式是先产出 Hive 表，而后读取 Hive 数据并构建 BitMap。内存中的 BitMap 和磁盘上的 Hive 表数据可以采用如图 9-11 所示的方案实现彼此间的快速转换。

- ❑ Hive->BitMap：读取 Hive 表对应的 HDFS 文件，在内存中解析出 UserId 并直接构建 BitMap。Hive 表数据一般对应多个 HDFS 分片文件，可以并发读取这些文件来提高转换 BitMap 的速度。
- ❑ BitMap->Hive：将 BitMap 拆分为多个子 BitMap，然后并行将子 BitMap 写入本地文件后上传为 HDFS 文件，最后通过 Hive Load 语句加载到指定数据表分区中以实现将人群落盘到 Hive 表中。

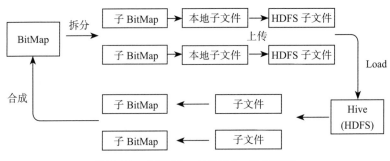

图 9-11　人群 Hive 与 BitMap 数据转换

9.3.3 BitMap 在分布分析中的使用方案

分布分析是指给定人群,计算其在指定标签不同取值下的占比情况。比如山东省用户构建的人群,其在性别上的男女分布如图 9-12 所示。

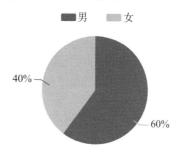

图 9-12 人群性别分布

再回顾一下规则人群创建涉及的两张 Hive 表,画像宽表 userprofile_demo.user_label_table(表 9-2)和人群表 userprofile_demo.crowd_result_table(表 9-3)。画像宽表中存储了 UserId 的所有标签数据,人群表中存储了指定人群对应的所有 UserId。

如果不考虑计算速度问题,基于上述两张 Hive 表做连接(JOIN)操作便可计算出指定标签的分布数据,比如获取 crowd_id = 1 的性别分布,其 SQL 语句如下所示。假设查询结果中男性有 500 人,女性有 500 人,人群用户数为 1000,那么男女比例各占 50%。

```
SELECT
  t2.sex,
  count(1) AS valueCount
FROM
(
    SELECT
      user_id
    FROM
      userprofile_demo.crowd_user_table
    WHERE
      crowd_id = 1
  ) t1
  INNER JOIN (
    SELECT
      userId,
      sex
    FROM
      userprofile_demo.user_label_table
    WHERE
      dt = '2021-10-01'
  ) t2 ON (t1.user_id = t2.userId)
GROUP BY
  t2.sex
```

通过 Hive 表计算画像分布的执行速度较慢,可以再次借助 ClickHouse 作为缓存来提速。此时的首要问题是如何将人群数据同步到 ClickHouse 人群结果表中，人群存储在 BitMap 和 Hive 中，由于其产出先后顺序不同，工程上需支持从两个源头读取数据并写入 ClickHouse 表中，其整体流程如图 9-13 所示。

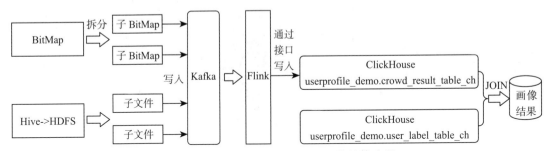

图 9-13　人群数据写入 ClickHouse 的整体流程

对于优先产出 BitMap 的人群，可以将人群 BitMap 拆分成多个子 BitMap，然后在多个进程中并行读取数据并写入 Kafka。对于优先产出 Hive 表的人群，可以并行读取 HDFS 分片文件后分批次写入 Kafka。Kafka 中的人群数据经由 Flink 消费后写入 ClickHouse 表中，通过消息队列实现了数据写入和消费的解耦，可以灵活地调整数据生产和消费速度。基于 ClickHouse 表实现人群分析的核心 SQL 语句如下所示。

```
SELECT
  sex,
  count(1) AS totalCount
FROM
  (
    SELECT
      userId,
      sex
    FROM
      userprofile_demo.user_label_table_ch
    WHERE
      dt = '2022-01-01'
  ) tt1
  INNER JOIN (
    SELECT
      userId
    FROM
      userprofile_demo.crowd_user_table_ch
    WHERE
      crowdId = 1
      AND ctime >= * * *
  ) tt2 ON (tt1.userId = tt2.userId)
GROUP BY
  sex
```

随着业务发展，有些需求方希望通过接口的形式调用人群分析服务，此时接口需要快速同步返回分析结果，基于原来 ClickHouse 表之间连接的实现方式变得不再适用。

分布分析的本质是计算指定人群在不同标签值下的用户数。画像平台的每个人群都有 BitMap 数据，以性别标签为例，如果能获取男性和女性所覆盖用户的 BitMap，与人群 BitMap 计算交集便可以计算出其中的男女性数量。基于上述思路，分布分析只需要在内存中通过大量的 BitMap 求交集的方式来计算画像结果。

图 9-14 展示了基于 BitMap 实现性别分布分析的计算逻辑。

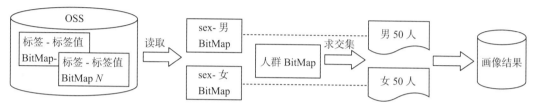

图 9-14　基于 BitMap 实现性别分布分析

9.3.4　BitMap 在判存服务中的使用方案

判存服务比较普遍的实现方式就是将人群数据灌入 Redis 等缓存中，然后查询数据是否存在。图 9-15 展示了将 Hive 表中某人群数据灌入 Redis 的具体过程。

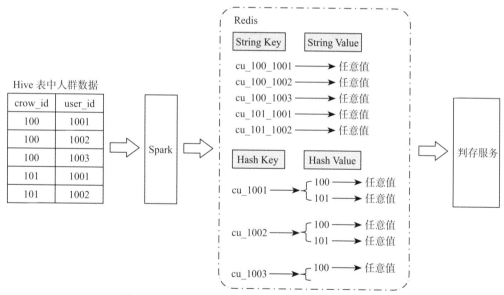

图 9-15　Hive 表中某人群数据灌入 Redis 的具体过程

Hive 表中存储着人群对应的 UserId 数据，通过 Spark 可以读取 Hive 中数据后写入 Redis 中。为了满足判存需求，常见的 Redis Key 的类型通常包含两种：string 和 hash。

使用 string 是最简单和直接的方式，将 CrowdId 与 UserId 拼接成 Key，其 Value 可以设置成任意值。此时 Key 的数目是所有人群用户数的总和，对 Redis 存储资源消耗较大。

为了减少 Key 的数量，另外一种实现思路是基于 hash 来实现，实际情况下人群的数目远远小于用户数，可以将 UserId 作为 Key，将该 UserId 所在的 CrowdId 作为 field。通过哈希方式可以极大减少 Redis Key 的数目，但是当人群过期的时候，需要通过工程化手段删除所有用户 Key 下对应的人群 field。

无论采用哪种 Redis 数据结构，基于上述 Hive 灌入 Redis 的过程存在两个明显问题。一是灌入 Redis 需要离线计算资源，当人群较大时灌入人群数据的耗时较长；二是 Redis 需要存储大量的 Key，资源消耗较大。为了解决这两个问题，可以基于人群的 BitMap 来实现判存服务，其实现逻辑如图 9-16 所示。基于 BitMap 实现判存服务的方式可以分为正反向两种：基于 CrowdId 可以正向查找人群 BitMap 并实现判存服务；反向通过 UserId 查找其所在 CrowdId 构建的 BitMap 并实现判存服务。

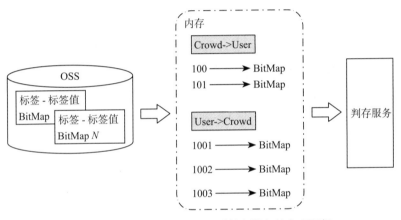

图 9-16　基于 BitMap 实现人群判存服务的实现逻辑

由于人群 BitMap 存储在 OSS 中，可以直接拉取到内存中支持判存，这种方式极大地缩短了人群判存的生效时间。人群数据过期后可以在内存中进行快速清理，人群数据更新后也可以在内存中实现便捷的数据替换。实验证明，一亿用户量级的人群放在 RoaringBitmap 中所占用的空间大小为 100 MB 左右，相比 Redis，存储空间大概节约了 60%。

9.4　画像宽表生成优化

人群创建和画像分析功能都需要使用画像宽表，画像宽表的生产技术方案也经历了一个不断优化、迭代的过程。最简单直接的方式是利用 LEFT JOIN（左连接）将各种上游标签表合并成画像宽表。随着标签数量的增加，为了提高宽表的生成速度，可以对上游标签表进行分组，待生成分组中间表后再合并生成宽表。为了避免上游数据不稳定时对生成宽表的影响，架构中引入了数据加载层，在数据加载层可以使用 Bucket Join 来提高数据表的合并速度。

9.4.1　多表左连接

画像宽表的生成就是将各种上游标签表合并生成一张数据宽表的过程，最简单直接的
方式是编写 SQL 语句，通过 LEFT JOIN 语句将各类标签表串联到一起并写入最终的宽表
中。图 9-17 展示了画像宽表的生成逻辑以及 SQL 语句示例。图中最左侧的数据表是基础
表，其中包含了全量用户数据，通过这种方式保证了最终生成的画像宽表中包含全量用户
的标签信息。

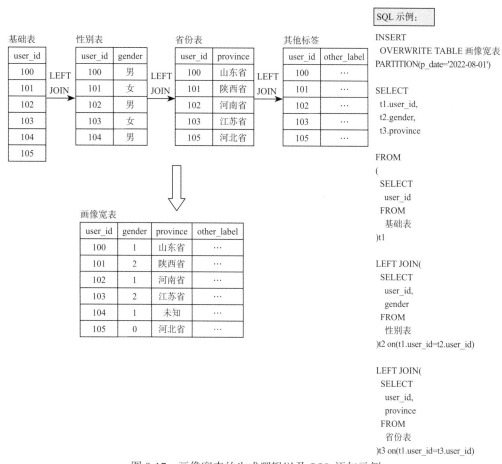

图 9-17　画像宽表的生成逻辑以及 SQL 语句示例

在画像平台开发初期，图 9-17 中的 SQL 语句主要由数据工程师编写。分析该 SQL 语
句可以发现两个特点：一是 SQL 语句具有规律性，补充更多标签的语句模式相同；二是随
着标签数量的增加，SQL 语句的可读性和维护性会逐渐下降，通过人工方式修改 SQL 语句
存在较大的业务风险。因此，画像平台可以通过工程化手段生成该 SQL 语句。一方面减少
了数据工程师的工作量，降低了人力成本；另一方面，可以快速支持标签的增、删、改等
操作，不再需要等待数据工程师排期，在流程上缩短了宽表的生成时间。工程化生成 SQL

语句的实现逻辑也比较简单，只需要读取标签元数据及宽表配置信息即可按照固定格式拼接成 SQL 语句。随着标签数量的增加，通过简单的左连接方式生成画像宽表的缺点也逐渐呈现出来。

- ❑ 短板效应。每个上游标签 Hive 表的就绪时间不同，单条 SQL 语句执行时会等待所有上游标签数据就绪，宽表生产有明显的短板效应。
- ❑ 计算资源集中。SQL 语句执行时涉及所有的上游标签数据，为了保证宽表及时产出，需要短时间内集中大量的计算资源进行计算，如果可用资源较少会造成宽表产出延迟。
- ❑ 数据回滚浪费资源。当某个标签数据出现异常时，需要重跑整个 SQL 语句来纠正问题数据，这将造成很大的资源浪费。

9.4.2　分组再合并

为了解决随着标签数量增加单条 SQL 语句存在的短板效应、计算资源集中等问题，可以采用分而治之的思路，通过标签分组再合并的方式来提高宽表生成速度。分组是将不同的标签按指定规则划分到不同的小组内，按照宽表的生产方式产出中间宽表；合并是将不同分组下的中间宽表再合并生成最终的画像宽表，其实现逻辑如图 9-18 所示，其中包含两种实现方法。

在方法一中，不同分组内都有一个用户基础表，通过 LEFT JOIN 其他标签表可以保证每一个中间宽表都包含了全量用户数据；在方法二中，不同分组内都没有用户基础表，不同标签之间通过 FULL JOIN（全连接）的方式实现标签的合并，在最终合并宽表时再使用用户基础表。当某个分组下的所有标签表数据量级都比较少的时候，采用方法二可以降低计算的数据量级。在实际生产环节，可以结合使用方法一和方法二，以最大程度提高宽表的生产效率。

分组的目的是最大化利用计算资源，综合提高宽表的生产效率。标签的分组策略需要考虑不同标签的产出时间，根据时间不同将标签划分到不同分组下，这样可以避免大量标签在短时间内的集中计算；不同分组间涉及的标签数据量级要尽量均衡，避免量级较大的标签集中出现在同一个分组下而造成资源消耗过大。图 9-19 展示了标签的分组示例，其中综合考虑了标签的产出时间和标签数据量级因素。

通过分组再合并的方式将宽表产出由集中化的单 SQL 产出升级为分批次产出，通过将计算压力分摊到不同的时间段有效地解决了单 SQL 资源集中的问题。当上游标签数据出现异常时，也只需要回溯中间表数据来修复问题数据，降低了数据修复造成的资源消耗量。但是分组再合并方式依旧无法解决某些标签产出时间较晚造成的短板效应，而宽表产出时间受最晚产出的标签影响较大。

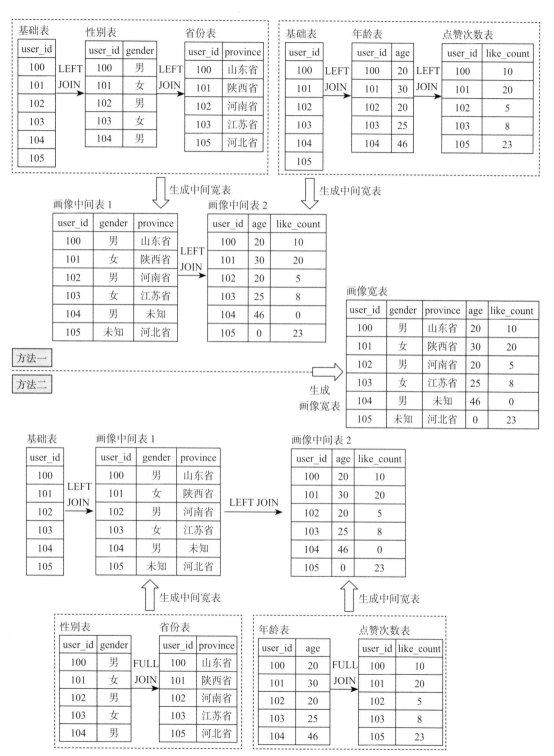

图 9-18 分组再合并生成画像宽表的实现逻辑

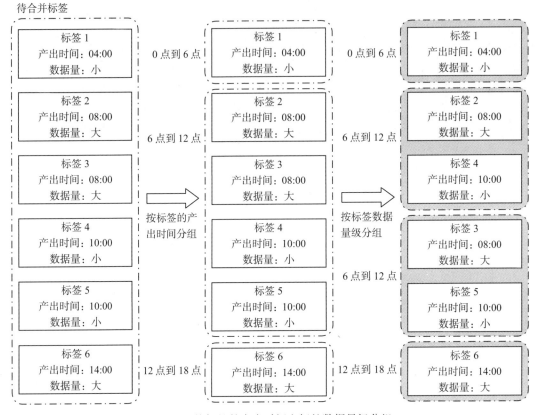

图 9-19 按标签的产出时间和标签数据量级分组

9.4.3 增加数据加载层

寒表的生产过程也直接依赖上游标签数据表，当上游表有变动时会直接影响宽表的生产，为了减少此类影响，可以增加数据加载层来解耦上游数据和宽表生产任务。数据加载层主要负责将上游数据加载到画像平台数据库中，其功能不只是简单的数据复制，在加载过程还可以完成对标签数据的编码、裁剪和压缩等操作，将原本在标签数据表合并过程中要做的事情迁移到数据加载过程中实现，这也间接提高了后续宽表的产出速度。图 9-20 展示了增加数据加载层之后的宽表生产流程。

数据加载层还可以配合解决上游标签产出较晚带来的短板效应问题。画像宽表中有一些标签数据与时间紧密相关，比如点赞次数、在线时长等用户行为统计类标签，其标签数值会随着时间的变化而变化；但也有一些标签数据与时间关系不大，比如性别、年龄、常住省、兴趣爱好等用户属性类标签，其标签值与时间没有直接关系。如果造成短板效应的标签属于属性类标签，可以在数据加载层实现标签日期降级，如果到达规定时间点时上游标签尚未产出，可以直接使用历史数据生成宽表。数据加载层可以保留标签不同版本的数据，当上游数据出现异常时可以指定任意版本快速完成宽表数据修复。

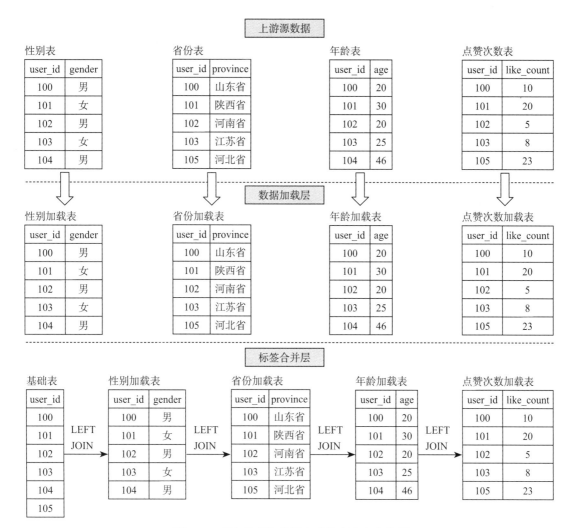

图 9-20 增加数据加载层之后的宽表生产流程

通过分组再合并、引入数据加载层等方式可以提高人群宽表的生产速度，但是最终生成画像宽表的过程依旧依赖不同表之间的连接操作，在连接过程中最影响执行效率的是数据的 Shuffle 过程。Shuffle 操作对计算资源和网络资源的消耗较大，只有减少 Shuffle 操作才能从根本上提升宽表的生产速度。

9.4.4 采用 Bucket Join

画像宽表的生成涉及多表连接且该过程依赖固定的数据列（如 user_id）进行关联，该场景非常适合使用 Bucket Join 来避免数据 Shuffle 过程，从而提高宽表的生产速度。为了支持 Bucket Join，需要将数据写入 Bucket 表中，写入过程采用按列分桶技术来决定数据分区。当所有标签表都设置好固定的 bucket 数目后，相同的 Join Key（如 user_id）在所有表中的数据分区是一致的。

图 9-21 展示了两张数据表进行 Shuffle Join 和 Bucket Join 的流程示意图，Shuffle Join 需要经过数据的 shuffle 和 sort 过程，对资源的消耗较大，也是影响表之间连接速度的主要因素。Bucket Join 在写入数据过程中直接按 bucket 数量将数据按顺序写入指定分区中，这样后续在数据表连接过程中便可以直接使用分区数据，再次避免了数据 Shuffle 过程。前者的普适性更好，可以实现任意数据表间的连接，但是 Bucket Join 需要预先确定好 Join Key 以及 bucket 数量，只适合在特定场景下使用。

在画像宽表的生产过程中，可以在数据加载层将上游标签数据表转换为 Bucket 表，基于 Bucket 表可以快速实现多表之间的合并操作。

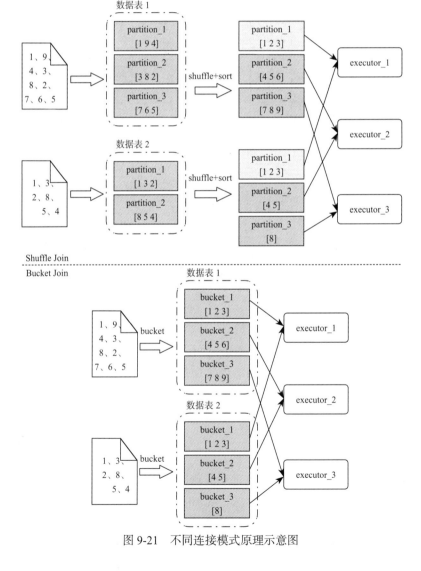

图 9-21 不同连接模式原理示意图

经由上述优化过程，宽表的生产时间缩短了 50% 以上。但是无论如何优化，上游标签表的加载和合并过程都需要消耗大量的计算资源。是否可以不使用画像宽表而直接使用众多的标签数据表来实现画像平台功能？画像宽表的目的是通过空间换时间，提前合并数据可以降低人群圈选和分析功能实现的复杂度，但在宽表中新增一个标签需要重新计算大量数据，这将造成大量资源浪费。如果所有上游标签表加载后直接应用于人群创建和分析，会提高系统的实现复杂度，所涉及的 SQL 语句结构更加复杂且执行时间较长，但是新增一个标签流程非常简单，将新标签加载到画像体系中并配置好元数据即可。如果业务中涉及大量的标签，但是在单次圈人和分析中所使用的标签并不多，且用户对平台功能的响应时间也无特殊要求时可以考虑放弃使用画像宽表。

9.5 ID 编码映射方案

在人群创建过程中使用到的 ID 数据类型比较多样，有 UserId、手机号等数字类型，也有 DeviceId、IMEI、OAID 等字符串类型。前面提到，为了统一人群创建逻辑并最终将人群数据压缩存储到 BitMap 中，可以将字符串类型的实体 ID 进行数字编码映射，在人群创建和分析过程中以该数字代替真实的字符串 ID。为了方便描述，本节以 DeviceId 为例进行介绍。

ID 编码需要满足以下两个原则。

❑ 唯一性：DeviceId 与数字 ID 之间保持严格的一对一关系，每一个 DeviceId 最终都能对应到一个数字 ID。

❑ 不变性：已经编码的 DeviceId，其数字 ID 不会改变。

在画像平台中，ID 编码需要覆盖全量的 DeviceId，技术上可以通过每日对新增 DeviceId 进行编码然后合并到历史全量编码中的方式来实现。图 9-22 展示了离线 ID 编码的主要流程。以 T 日的编码任务为例，首先需要找到 $T-2$ 日的最大数字编码 N，然后以 $N+1$ 作为数字起点对 $T-1$ 日的所有新增设备进行编码，此处可以通过数字编码的递增来保证数字编码的唯一性，最终将 $T-1$ 日的新设备编码合并到 $T-2$ 日全量设备编码表中。

数字编码最终会存储到 BitMap 中，为了提高 BitMap 的压缩率，DeviceId 对应的数字编码要尽量连续，这也是编码过程中采用数字递增方式的主要原因。如果数字编码跨度太大，实际保存到 RoaringBitmap 时容易引发内存消耗过大的问题，这与 RoaringBitmap 的实现原理和压缩方式有关。

在有些实时场景下，也需要对 T 日新增的 DeviceId 进行编码，通过离线计算进行编码的方式不再适用，此时需要搭建 ID 编码服务来支持实时编码。该服务需要解决的问题是如何对齐 T 日实时编码和 $T-1$ 日离线编码，从而避免重复编码的出现，主要有两种解决方法。

□ 方法一：将实时编码结果落盘数据表后与离线编码结果汇总到一起。该方法的前提是 T 日实时编码的起始编码数值需要大于 $T-1$ 日全量离线编码的最大值，且实时编码可以覆盖 T 日所有新增 DeviceId。该方法的实现方式比较简单，主要难点在于如何保证 T 日实时编码可以覆盖到所有新增 DeviceId，如果有数据遗漏会造成数据缺失。

□ 方法二：将 ID 编码服务封装成 UDF 函数供离线计算使用。对于部分 T 日新增设备，可以直接调用编码服务进行编码并将结果落盘到 Hive 表中；对于 T 日未覆盖到的新增设备，可以通过离线计算调用 UDF 函数实现编码，最终将各类编码结果汇总到一起。该方法可以覆盖各类设备，但是需要额外开发 UDF 函数且编码服务需要支持高并发调用。图 9-23 展示了支持实时编码的两种实现逻辑。

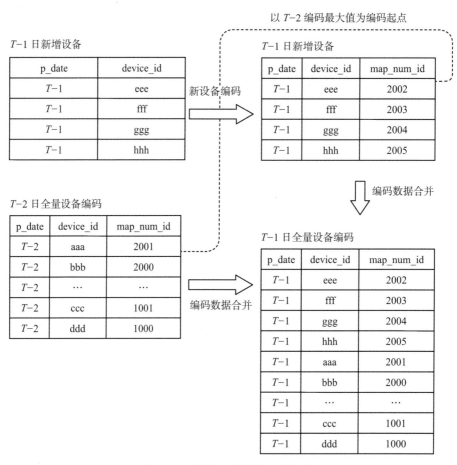

图 9-22　离线 ID 编码的主要流程

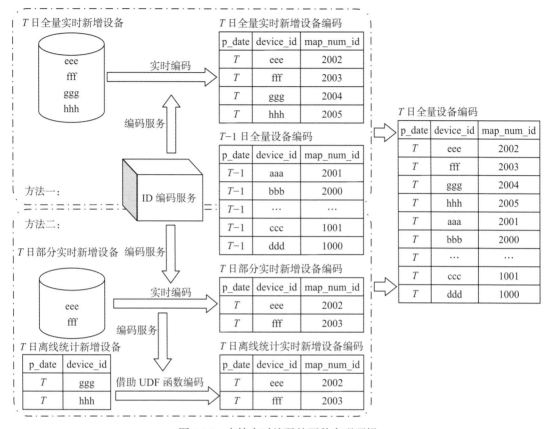

图 9-23　支持实时编码的两种实现逻辑

9.6　如何构建一个类似神策的平台

神策数据是国内专业的大数据分析和营销科技服务提供商，目前已为众多商家提供了数据服务。画像平台功能只是神策所有服务模块中的一部分，本节将根据神策对外提供的技术资料，按照个人理解描述如何构建一个类似神策的平台。

9.6.1　神策产品介绍

神策数据的定位是国内专业的大数据分析和营销科技服务提供商，公司致力于提供如下能力帮助企业实现全流程营销数字化。

神策数据目前提供的产品方案是"两云一台"。神策分析云可以整合广告投放、用户行为、业务经营等多种数据源，覆盖全场景的业务分析与用户洞察，为企业中的不同角色提供实时、多维度的数据分析和智能决策方案。神策营销云是覆盖公域私域、线上线下的全场景的数字化营销平台。神策数据根基平台是面向业务的全端数据基础平台，可以实时采集、治理、存储、查询、展示数据，并搭载数据智能引擎，高效积累数据资产，赋能业务应用场景，助力企业构建扎实的数据根基，实现数字化经营。

除了使用完整的产品方案，神策还提供可以单独购买使用的服务，表9-4中简要介绍了神策数据相关产品及应用场景。

表 9-4 神策数据相关产品及应用场景

产品名称	主要功能点	应用场景
神策分析	报表（配置数据形成报表）、概览（数据看板）、分析（事件、留存、漏洞）、书签、智能预警分析	基于全渠道采集的数据，可以实现各类分析功能，构建分析报表并设置预警信息等
神策用户画像	用户标签管理、用户分群、用户群画像	自定义生产标签，基于标签和行为明细圈选人群，人群画像分析
神策智能运营	运营计划、流程画布、微信运营、内容管理	制定运营计划，实现精准运营
神策智能推荐	物品库、栏位（推荐规则）	配置推荐物料和策略，借助算法能力实现智能推荐
神策 AB 测试	AB 实验	配置 AB 实验，实验效果分析
神策广告分析	渠道分析、渠道追踪	智能广告投放，投后效果分析
神策客景	客户全生命周期分析与运营工具	客户全生命周期管理

9.6.2 主要技术模块

神策的核心功能都直接或者间接依赖从业务侧收集到的各类数据，不同数据的来源不同，但是需要有统一的数据接入层。为了满足不同量级的数据接入需求，接入层需要支持横向扩展；收集到的数据需要按照业务要求经过清洗和整理之后存储起来；为了提供高效的分析功能，数据要配合性能要求写入合适的查询引擎中；所有功能最终都经由前端展示系统提供给用户使用，用户在页面上的操作转换为查询和分析命令后经由查询引擎执行。综上可知，为了实现一个类似神策的平台，从技术角度主要包含如图9-17所示的五个技术模块：数据采集与接入、ETL 处理、存储系统、查询引擎和前端展示系统。本节会分别介绍各模块的主要实现思路以及可以使用的开源技术方案。

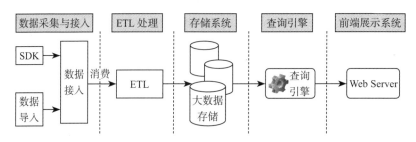

图 9-24 系统关键技术模块

1. 数据采集与接入

数据采集负责汇总各类渠道的业务数据，其中渠道可以分为客户端和服务端两类。客户端类渠道主要包括 Android、iOS、小程序、HTML5 等，数据主要来自客户端埋点，可以通过埋点 SDK 上报业务数据。服务端类渠道主要指服务端数据导入，导入的数据主要包含服务端业务日志，也可以是服务端已存在的业务数据，比如存储在业务数据库 MySQL 中的数据。

为了统一数据采集的接入方式，可以全部采用 HTTP 协议写入数据；为了减少数据传输的网络带宽消耗，可以对上传的数据进行压缩。数据最终通过负载均衡器进入服务端，负载均衡器可以支持横向拓展来适应不同量级的接入数据。收集到的数据最终会路由到不同的后端服务器上实现数据落盘，服务器可以使用 Nginx，其作为七层负载均衡器适用于解析 HTTP 协议的数据。数据可以先直接写入本地文件，一方面可以快速实现数据写入及保存，另一方面可以实现与后续 ETL 环节的解耦，方便 ETL 阶段按需处理数据。图 9-25 展示了数据采集与接入模块的主要流程。

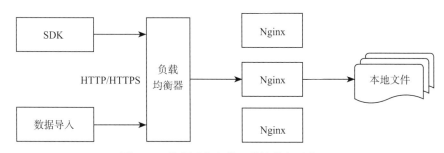

图 9-25　数据采集与接入模块的主要流程

神策已经开源了客户端数据采集 SDK，在项目中可以直接使用。服务端日志收集也有一些开源工具，如 Logstash、FileBeat，两者都支持 HTTP 协议传输数据。Logstash 基于 Java 实现，运行于 JVM 之上，但是运行过程中对资源的消耗较大；FileBeat 基于 Go 语言实现，占用资源较少。如果需要将业务数据库中已有的数据上传到数据收集服务，可以借助 Logstash 或者 syncer 实现。负载均衡器已经发展比较成熟，四层负载均衡器可以考虑使用 LVS，七层负载均衡器可以使用 Nginx 或者 HAProxy，也可以使用负载均衡云服务来实现，比如阿里云 SLB、腾讯云 CLB 以及 AWS ELB。

2. ETL 处理

采集到的数据经由 Nginx 写入本地文件之后，需要进行解析与加工。数据解析首先要将数据解压为原始的业务数据，然后校验数据内容是否合法、丢弃异常数据等。数据解析过程中可以监控数据质量，当出现大量异常数据时可以及时报警并进行处理。为了支持用户二次开发，数据解析与加工模块可以提供用户自定义插件功能，当用户对数据加工有特殊需求时可以通过插件进行干预。ID-Mapping 也可以在本环节实现，用户传入的每一条数据中都包含 UserId 或者 DeviceId 等，为了实现全局 ID 唯一，可以将原始 ID 转换为统一的 ID 后传递到后续环节。

经由数据解析与加工后的数据可以写入消息队列供后续环节进行消费。为什么不能直接进行数据写入？主要有两点考虑：一是数据写入消息队列后，所有相关方都可以消费消息来满足不同业务需求；二是实现了业务解耦和数据流量削峰，后续数据写入模块可以自行扩缩容以满足写入性能要求。图 9-26 展示了 ETL 处理模块的主要流程。

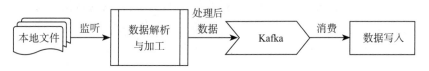

图 9-26　ETL 处理模块的主要流程

可以基于 JNotify 和 WatchDog 感知本地文件的变更，其中 JNotify 基于 Java 语言实现，WatchDog 基于 Python 语言实现，两者在业界使用都比较广泛。图 9-26 中显示的消息队列是 Kafka，其比较适用于大规模数据处理，其他开源消息队列还包括 RabbitMQ、RocketMQ 等。

3. 存储系统

经由数据解析与加工后的数据最终通过数据写入模块被写入存储系统中，最常见的大数据存储方式为 HDFS 文件或者 Hive 表；部分业务场景下为了加速查询及分析速度，可以借助一些高效的分析引擎实现，比如本书提到的 ClickHouse。数据写入模块可以借助 Flink 来实现，首先需要消费上游处理好的数据，然后使用 Hadoop 提供的接口实现数据写入（ClickHouse 也支持通过接口的形式写入数据）。目前业界有很多类存储引擎，需要根据数据特点和业务需求进行选择。图 9-27 展示了存储系统模块的主要流程。

图 9-27　存储系统模块的主要流程

4. 查询引擎

如图 9-28 所示，所有功能请求最终都会转化为数据执行任务，该任务通过 SQL 语句进行表达，最终借助查询引擎从 Hive 或者 ClickHouse 中找到满足条件的数据。为了提高计算速度，可以优先使用 ClickHouse 计算，计算失败或者异常后可以通过 Hive 进行兜底计算。由于 Hive 和 ClickHouse 的优劣势和所支持的业务场景不同，查询引擎需要支持按任务类型路由到不同执行引擎的功能。

查询引擎需要高度抽象，其暴露的功能接口与具体引擎无关，对外隐藏具体的执行细节。对于查询结果，经由查询引擎封装后返回调用方，比如将查询结果组装为图表格式数据后返回前端页面展示。

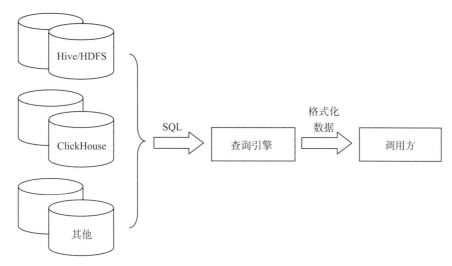

图 9-28 查询引擎模块的主要流程

5. 前端展示系统与其他模块

前端展示系统是用户可以直接感知和使用的功能系统。前端展示系统的功能与业务需求相关,各类功能需精心设计来提高用户使用的便捷性。前端开源框架也有很多,比如 React 和 Vue,本书第 7 章也介绍了基于 Vue 搭建前端框架的步骤。前端应该关注功能的可用性与结果的有用性,也就是说,可以让用户简便高效地使用平台功能并满足自身诉求,页面展示出的各类结果需要明确且易理解。

为了保证系统的可靠性与稳定性,平台需要提供完善的系统监控能力。从数据接入到各类平台功能的使用,涉及的基础组件和功能模块比较多,当某个环节出现问题时,平台需要及时感知并进行处理。如果提供商业化产品,需要监控当前 License 是否合法,保证商业利益。

为了监控系统中的软硬件运行状况,平台需要提供全面和完善的运维工具。商业化产品还需要支持自动化的版本升级,降低人工干预成本,提高部署效率。

9.7 平台技术优化思考

在专栏"许式伟的架构课"中作者提到架构没有最好只有更好,本书介绍的画像平台各功能模块的技术架构演进过程也能够体现这一点。刘欣在《码农翻身:用故事给技术加点料》中提到了一些软件开发中的规则,包括局部性原理、缓存、抽象、分层、异步调用以及分而治之,本书也体现了规则的存在。本节会介绍如何使用一些"规则"推动平台架构的不断优化,最终提供更加高可用的画像平台服务。

缓存在画像平台建设中应用广泛,标签查询、人群创建和人群判存服务中都会采用合适的缓存方案来提高服务性能。

❑ 在标签查询服务中，当请求量较少时可以直接使用 ClickHouse 查询指定用户的标签数值。随着调用量的增加可以使用 HBase 作为"缓存"，其可以满足一定的并发调用量且资源消耗较小。随着服务请求并发度的提高，可以改用 Redis 作为缓存。Redis 在业界使用广泛且性能表现优异，但是其基于内存的实现方式会带来资源成本较高的问题。

❑ 在人群创建服务中，基于 Hive 表可以实现基于规则的人群创建，但是其执行过程依赖底层大数据资源调度，人群的生产效率较低，遇到资源紧张时人群可能无法产出。为了提高规则人群生产速度，引入 ClickHouse 作为 Hive 表的缓存使用，可以将人群创建耗时从 Hive 的分钟级降低到秒级。ClickHosue 的高性能依赖于对 CPU 资源的充分利用，当人群创建的并发量到达一定数值后其性能也会逐渐下降。为了进一步提升人群创建速度和并发调用量，引入了标签 BitMap，BitMap 可以看作画像标签的"缓存"，在内存中基于 BitMap 的交并差操作可以快速创建人群。

❑ 人群判存服务一般直接使用 Redis 作为存储引擎，但是每次判存请求都会经由网络请求一次 Redis 服务器，为了减少网络请求从而进一步提升判存服务性能，可以直接将人群 BitMap 放到内存中来实现判存服务。相比通过网络请求 Redis 数据，内存中的 BitMap 数据也是缓存思路的体现。

合理的分层可以实现功能解耦，提高模块间调用的灵活性。标签实时预测服务以及画像宽表的生产过程中均使用到了分层思想。

❑ 标签实时预测服务需要将模型实例化后提供在线服务，以 XGBoost 模型为例，支持实时预测需要消耗大量的 CPU 和内存资源。随着模型数量的增加，在每一个服务节点上部署全部模型的实现方案存在一些弊端，更理想的方式是按照模型服务调用量来进行差异化部署。为了解决这一问题，实时预测服务中抽象出了 Proxy 层和服务层。Proxy 对外提供统一的服务接口，服务层按照模型请求量级和大小进行个性化部署，不同的模型预测请求经由 Proxy 层分发到不同的服务层节点。分层后不仅可以充分利用机器资源，而且由于接口和实现的拆分，模型的更新迭代更加简便。

❑ 画像宽表的生成需要合并上游各类标签数据，在宽表生产过程中，如果上游标签数据出现了变动，那么合并过程会受到锁影响而无法执行，这将延长宽表的产出时间。为了减少宽表生产过程中锁的影响，在宽表生产的架构中增加了数据加载层，其主要职责是将标签数据加载到画像库表中来摆脱对上游数据的直接依赖，并且在该层可对标签数据进行编码和转换等操作。数据加载层实现了数据的加载和处理操作，与数据表的合并操作实现了解耦，也使画像宽表的生成效率得到显著提升。

使用分治的方法可以将一个流程拆分后通过并行计算来提高执行效率。画像平台在优化人群创建流程和生产宽表流程中都采用了分治的思想。

❑ 在画像平台人群创建完成之后可能需要进行一系列的后置操作，如画像分析、人群数据落盘 Hive 表、人群数据下载、人群 ID 转换等。在一个代码流程中按顺序执行所有的后置操作的耗时较长，为了解决这个问题，画像平台将所有的操作抽象为任务并且支持在多个进程上并行计算来提高执行效率。要实现画像分析功能，需要先将人群数据写入 ClickHouse，当人群用户量较大时，通过单台机器遍历人群数据并写入 ClickHouse 的耗时较长。通过分治的思想，将人群数据（Hive 或者 BitMap）拆分为多块数据后并行写入 ClickHouse，提高了数据写入效率。

❑ 画像宽表的生成优化中介绍了分组再合并的优化方法，这也是分治思想的一种体现。原先生成宽表的方式需要通过很多数据表的连续操作来实现，资源消耗较大且耗时较长。采用分治的思想，将上游标签表按照标签的产出时间和数据量级划分到不同的分组并生成画像中间表，最终将中间表合并为画像宽表。该方式不仅提高了宽表的生产效率，而且分组后资源的使用量均摊到了不同时间段，提高了资源利用率。

抽象可以隐藏底层烦琐、复杂的细节，降低功能使用成本。画像平台在支持多种人群创建方式和多 ID 类型人群圈选上都使用了抽象的思想。

❑ 人群创建可以抽象地看作通过不同方式找到用户的过程。虽然人群创建的方式多种多样，但是所有人群创建过程都包含三步：保存人群基本信息和附加信息、创建人群、存储人群结果。基于这一抽象可以指导人群数据表设计，所有人群共性信息存储在基本信息表中，不同人群的个性化配置存储在各自的附加信息表中；人群创建代码可使用模板模式来实现，在抽象类中定义好接口供所有类型的人群创建子类继承并实现，一些共用方法可以在抽象类中实现并直接提供给子类使用。

❑ 为了支持所有 ID 类型的人群都可使用 BitMap 存储，可以将字符串类型的 ID 映射为数字 ID。代码执行层不再关心具体的实体 ID 类型，通过一套代码逻辑即可支持所有类型的人群。这是对实体 ID 类型的抽象映射，相比直接使用原始类型可以极大地降低工程实现复杂度。

画像平台涉及的技术较多，但是工程实现方案并不复杂。可以简单地认为标签管理就是通过各种方式生产标签，标签服务是把数据灌入缓存来提供查询服务，分群功能和画像分析都是将可视化页面操作转换为 SQL 语句后执行并获取结果。但是完成事情容易做好事情难！从业务和技术的角度总能找到更好的优化思路，需要不断地给用户提供更好的使用体验和画像服务。

9.8 本章小结

本章描述了画像平台建设过程中的一些优化方案和个人感悟。首先介绍了任务模式的使用，其提高了长流程业务场景下的服务可用性与可扩展性；其次详细介绍了人群创建业务的优化历程，人群创建时间从最初的几十分钟优化为秒级响应，有一定的实践参考价值；

之后又总结介绍了 BitMap 在人群创建、画像分析、人群判存各环节的主要应用方式；然后介绍了画像宽表生产的优化过程以及 ID 编码映射的实现方案；最后描述了构建一个类似神策的平台的技术方案。通过本章内容可以对画像平台各环节的优化过程有更加全面和具体的认识。

没有完美的架构和技术方案，只有最适合业务的架构和方案。本章提到的优化方案仅适用于特定的业务场景，但是其中体现的优化思路是相通的，期望对读者有一定的启发作用。